大数据、云计算、人工智能、信息安全人才培养丛书
“互联网+”新形态一体化教材

UML建模与设计模式

UML JIANMO YU SHEJI MOSHI

主　编◎张　帅　龙　颖　李志伟
副主编◎蒋荣军　刘　娟

扫一扫
学习资源库

◆微课视频
◆教学课件
◆电子教案

上海交通大學出版社
SHANGHAI JIAO TONG UNIVERSITY PRESS

内容提要

本书共24章，包括UML概述，模型概述，UML相关概念，静态视图，用例视图，实例视图，部署图，状态机视图，活动视图，交互视图，物理视图，模型管理视图，扩展机制，包和UML基础，UML环境，在开发过程中运用UML，UML视图实战案例，领域分析，收集系统需求，开发用例，交互，设计外观、感觉和部署，理解设计模式和嵌入式系统建模。本书可作为高等院校计算机相关专业“UML建模”“面向对象分析与设计”等课程的教材，也可作为软件设计与开发人员的参考用书。

图书在版编目（CIP）数据

UML建模与设计模式 / 张帅，龙颖，李志伟主编 . —上海：上海交通大学出版社，2021.4（2026.1 重印）

ISBN 978-7-313-24003-3

Ⅰ. ① U… Ⅱ. ①张… ②龙… ③李… Ⅲ. ①面向对象语言—程序设计 Ⅳ. ① TP312.8

中国版本图书馆 CIP 数据核字（2021）第 043912 号

UML 建模与设计模式
UML JIANMO YU SHEJI MOSHI

主　　编：张帅　龙颖　李志伟
地　　址：上海市番禺路 951 号
出版发行：上海交通大学出版社
电　　话：6407 1208
邮政编码：200030
印　　制：北京荣玉印刷有限公司
经　　销：全国新华书店
开　　本：889mm × 1194mm　1/16
印　　张：14
字　　数：330 千字
版　　次：2021 年 4 月第 1 版
印　　次：2026 年 1 月第 5 次印刷
书　　号：ISBN 978-7-313-24003-3
定　　价：54.00 元

前言

UML 是面向对象软件的标准化建模语言，因其简单、统一的特点，加上能表达软件设计中的动态和静态信息，目前已成为可视化建模语言的工业标准。UML 的目标是以面向对象图的方式描述任何类型的系统，具有很广泛的应用领域。其中最常用的是建立软件系统的模型，但它同样可以用于描述非软件领域的系统，如机械系统、企业机构或业务过程，以及处理复杂数据的信息系统、具有实时要求的工业系统或工业过程等。总之，UML 是一个通用的标准建模语言，可以对任何具有静态结构和动态行为的系统进行建模。

本书详细介绍了 UML 的基础知识以及 UML 在面向对象的软件系统分析与设计中的应用，并通过实例讲解了面向对象分析与设计过程，以及如何用 UML 为系统建模。本书共 24 章，包括 UML 概述，模型概述，UML 相关概念，静态视图，用例视图，实例视图，部署图，状态机视图，活动视图，交互视图，物理视图，模型管理视图，扩展机制，包和 UML 基础，UML 环境，在开发过程中运用 UML，UML 视图实战案例，领域分析，收集系统需求，开发用例，交互、设计外观、感觉和部署，理解设计模式和嵌入式系统建模。

本书具有如下特点：

（1）通过章前的“学习目标”“知识导图”明确本章要学习的内容，使学生做好学习的准备；通过文中的“说明”“提示”“注意”“知识拓展”等模块，丰富知识内容，提高学生的学习兴趣。

（2）在语言简炼的基础上，充分利用图、表形象地描述知识点，帮助学生更好地理解所学内容。最后结合应用实例对软件开发与 UML 建模进行详细阐述，使学生掌握软件开发方法和 UML 建模技术及其应用。追求实用性与可读性相结合，使学生能够将学到的面向对象技术应用于软件系统的分析、设计与开发中。

（3）计算机技术的发展速度很快，本书着重于对当前最新知识和主流技术的讲解，保证学生所学的知识和技术都与行业联系密切，使学生能够学有所用。

本书以编者多年的 UML 实践经验为基础，与四川聚比特科技有限责任公司深度合作，参考最新研究成果编写而成。书中的观点得到奇虎 360、安恒、蓝盾、永信至诚、易霖博等国内知名网络机构的认可，本书内容由浅入深，可作为高等院校计算机相关专业的教材，也可作为相关从业人员的参考用书。

由于编写时间仓促，加之网络技术发展迅猛，书中难免存在不足和疏漏之处，敬请广大读者批评指正！

目录

第 1 章 UML 概述

学习目标

❶ 了解 UML 的发行版本和标准化。

❷ 熟悉表达式和图表的语法。

知识导图

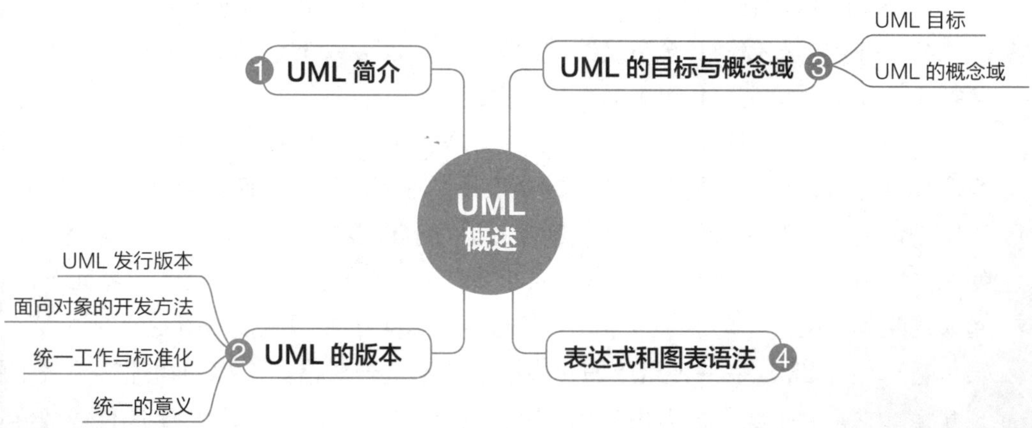

笔记

1.1 UML 简介

统一建模语言（Unified Modeling Language，UML）是一种通用的可视化建模语言，用于对软件进行描述、可视化处理、构造和建立软件系统制品的文档。它记录了对必须构造的系统的决定和理解，可用于对系统的理解、设计、浏览、配置、维护和信息控制。UML 适用于各种软件开发方法、软件生命周期的各个阶段、各种应用领域以及各种开发工具，是一种总结了以往建模技术的经验并吸收当今优秀成果的标准建模方法。UML 包括概念的语义，表示法和说明，提供了静态、动态、系统环境及组织结构的模型。它可由交互的可视化建模工具所支持，这些工具提供了代码生成器和报表生成器。UML 并没有定义一种标准的开发过程，但它适用于迭代式的开发过程。它是为支持大部分现存的面向对象开发过程而设计的。

UML 描述了一个系统的静态结构和动态行为。UML 将系统描述为一些离散的相互作用的对象并最终为外部用户提供一定的功能的模型结构。静态结构定义了系统中的重要对象的属性和操作以及这些对象之间的相互关系。动态行为定义了对象的时间特性和对象为完成目标而相互进行通信的机制。静态结构和动态行为从不同但相互联系的角度对系统建立的模型用于不同的目的。

UML 还可将模型分解成包的结构组件，以便软件小组将大的系统分解成易于处理的块结构，并理解和控制各个包之间的依赖关系，在复杂的开发环境中管理模型单元。它还包括用于显示系统实现和组织运行的组件。

UML 不是一门程序设计语言，但可以使用代码生成器工具将 UML 模型转换为多种程序设计语言代码，或使用反向生成器工具将程序源代码转换为 UML。UML 不是一种可用定理证明的高度形式化的语言，这样的语言有很多种，但它的通用性较差，不易理解和使用。UML 是一种通用建模语言，对于一些专门领域，例如用户图形界面（GUI）设计、超大规模集成电路（VLSI）设计、基于规则的人工智能领域，使用专门的语言和工具可能会更适合些。UML 是一种离散的建模语言，不适合对诸如工程和物理学领域中的连续系统建模。它是一个综合的通用建模语言，适合对诸如由计算机软件、固件或数字逻辑构成的离散系统建模。

1.2 UML 的版本

1.2.1 UML 发行版本

UML 是为了实现简化和强化现有的大量面向对象开发方法这一目的而开发的。当人类发明了抽象的编程语言后，随着软件开发规模的不断扩大，有一个问题一直困扰着软件开发人员，那就是如何在开发人员之间进行交流，因为编程语言比较抽象，所以交流也就成了一个难题。

为了解决这个难题，从 20 世纪 70 年代开始，就不断有面向对象的建模语言面世，但新的问题也随之而来了，正如前面讲的，有人把白粉笔定义为白色，有人把白粉笔定义为黑色，双方定义的语义基础不同，不同的建模语言交流起来就很困难。

面向对象软件工程的概念最早是由 Booch 提出的，他是面向对象方法最早的倡导者之一。后来，Rumbaugh 等人提出了面向对象的建模技术（OMT）方法，采用了面向对象的概念，并引入各种独立于语言的表示符。这种方法用对象模型、动态模型、功能模型和用例模型共同完成对整个系统的建模，所定义的概念和符号可用于软件开发的分析、设计和实现的全过程。在 1994 年，Jacobson 提出了 OOSE 方法，其最大特点是面向用例，并在用例的描述中引入了外部角色的概念。

笔记

1994 年 10 月，Grady Booch 和 Jim Rumbaugh 首先将 Booch 93 和 OMT-2 统一起来，并于 1995 年 10 月发布了第一个公开版本 UM 0.8，后来 Jacobson 也加盟到这一工作中，经过 Booch、Rumbaugh 和 Jacobson 三人的共同努力，于 1996 年 6 月和 10 月分别发布了两个新的版本，即 UML 0.9 和 UML 0.91，并将 UM 重新命名为 UML。

1996 年，一些公司和组织，比如 DEC、HP、IBM、Microsoft、Oracle、RationalSoftware 等成立了 UML 成员协会，以完善、加强和促进 UML 的定义工作。

1997 年 1 月 UML 1.0 发布，1998 年发布了 UML 1.2 版本，一年后发布了 UML 1.3 版本，2003 年 3 月发布了 UML 1.5 版本。

2017 年 12 月 UML 2.5.1 版本发布。

1.2.2 面向对象的开发方法

利用传统程序设计语言（如 Cobol 和 FORTRAN 语言）的软件开发方法出现于 20 世纪 70 年代，在 80 年代被广泛采用，其中最重要的是结构化分析和结构化设计方法 [Yourdon-79] 及其变体，如实时结构化设计方法 [Ward-85] 等。这些方法最初由 Constantine、Demarco、Mellor、Ward、Yourdon 和其他人发明并推广，在一些大型系统，特别是在与政府签约的航空和国防领域的系统中取得了一定突破。在这些系统中，主持项目的人员强调开发过程的有组织性和开发设计文档的完备和充分。结果不总是像预料的那么好，即许多计算机辅助软件工程（CASE）系统只是摘录一些已实现的系统设计的报表生成器。尽管如此，这些方法中仍包含了一些好的思想，有时在一些大系统中是很有效的。商业应用软件更不愿采用大型的 CASE 系统和开发方法，大部分商业企业都独立开发内部使用的软件，客户和缔约人之间没有对立关系，而这种关系正是大型政府工程的特征。一般认为商用系统比较简单，不论这种看法是否正确，反正它不需要经过外界组织的检查。

普遍认为，诞生于 1967 年的 Simula-67 是第一个面向对象的语言。尽管这个语言对后来的许多面向对象语言的设计产生了很大的影响，但是它没有后继版本。20 世纪 80 年代初，Smalltalk 语言的广泛使用掀起了一场“面向对象运动”，随之诞生了面向对象的 C、C++、Eiffel 和 CLOS 等语言。尽管面向对象的编程语言在实际使用中有一定的局限性，但它仍然吸引了很多人的注意力。在 Smalltalk 语言成名约 5 年后，第一批介绍面向对象软件开发方法的书籍出现了，包括 *Shlaer/Mellor*[*Shlaer-88*] 和 *Coad/Yourdon*[*Coad-91*]，紧接着又有 Booch 的 [*Booch-91*]、Rumbaugh/Blaha/Premerlani/Eddy/Lorensen 的 [*Rumbaugh-91*] 和 Wirfs-Brock/Wilkerson/Wiener[*Wirfs-Brock-90*]（注意：图书版权年往往包括上一年度 7 月份以后出版的书）。这些著作再加上 Goldberg/Robson[*Goldberg-83*]Cox[*Cox-86*] 和 Meyer[*Meyer-88*] 等有关程序语言设计的著作，开创了面向对象方法的先河。第一阶段在 1990 年末完成。稍后出版了 [*Jacobson-92*]，它建立在以前成果的基础上，介绍了一种稍

笔记

微不同的方法，即以用例和开发过程为中心。

在以后的 5 年中，大批关于面向对象方法的书籍问世，它们各有自己的一套概念、定义、表示法、术语和适用的开发过程。有些书提出了一些新概念，但总的来说，各个作者使用的概念大同小异。许多后继出版的书都照搬前人，自己再做一些小的扩充或修改。最早的作者们也没闲着，大部分人都更新了自己前期的著作，采纳了其他人一些好的思想。总之，出现了一些被广泛使用的核心概念，另外还有一大批被个别人采纳的概念。即使在被广泛接受的核心概念里，面向对象方法也有一些小的差异。这些面向对象方法之间的细微差异常使人不知依据哪个概念为好，特别是对非专业的读者来说。

1.2.3 统一工作与标准化

在 UML 之前，已经有一些试图将各种方法中使用的概念进行统一的初期尝试，比较有名的一次是 Coleman 和他的同事 [Coleman-94] 对 OMT[Rumbaugh-91]、Booch[Booch-91]、CRC[Wirfs-Brock-90] 方法使用的概念进行融合。由于这项工作没有这些方法的原作者参与，实际上仅形成了一种新方法，而不能替换现存的各种方法。第一次成功合并和替换现存的各种方法的尝试始于 1994 年在 Rational 软件公司的 Rumbaugh 与 Booch 合作。他们开始合并 OMT 和 Booch 方法中使用的概念，于 1995 年提出了第一个建议。此时，Jacobson 也加入了 Rational 公司开始与 Rumbaugh 和 Booch 一同工作。他们共同致力于设计统一的建模语言。三位最优秀的面向对象方法学的创始人共同合作，为这项工作注入了强大的动力，打破了面向对象软件开发领域内原有的平衡。而在此之前，各种方法的拥护者觉得没有必要放弃自己已经采用的概念而接受这种统一的思想。

1996 年，OMG 向外界发布了征集关于面向对象建模标准方法的消息。UML 的三位创始人开始与来自其他公司的软件工程方法专家和开发人员一道采用一套使 OMG 感兴趣的方法，并设计一种能被软件开发工具提供者、软件开发方法学家和开发人员这些最终用户所接受的建模语言。与此同时，其他人也在做这项富有竞争性的工作。1997 年 9 月，所有建议终于被合并成一套 UML 方法提交到 OMG，因此最后的成果是许多人共同努力的结果。

1997 年 11 月，UML 由 OMG 全体成员一致通过，并被采纳为标准。OMG 承担了进一步完善 UML 标准的工作。许多软件开发工具供应商声称他们的产品支持或计划支持 UML，若干软件工程方法学家宣布他们将使用 UML 的表示法进行以后的研究工作。UML 的出现似乎深受计算机界欢迎，因为它是由官方出面集中了许多专家的经验而形成的，减少了各种软件开发工具之间无谓的分歧。希望建模语言的标准化既能促进软件开发人员广泛使用面向对象建模技术，同时也能带来 UML 支持工具和培训市场的繁荣，因为不论是用户，还是供应商，都不用再考虑到底应该采用哪种开发方法。

知识拓展

核心组员

提出 UML 建议或进行 UML 标准修订工作的核心组员有下列人员：

数据存取公司：TomDigre

DHR 技术公司：EdSeidewitz

HP 公司：MartinGriss

IBM 公司：SteveBrodsky，SteveCook，JosWarmer

I-Lgix 公司：EranGery，DavidHarel

ICONComputing 公司：DesmondD'Souza

IntelliCorpandJamesMartin 公司：ConradBock，JamesOdell

MCI 系统企业：CrisKobryn，JoaquinMiller

ObjecTime 公司：JohnHogg，BranSelic

Oracle 公司：GuusRamackers

铂技术公司：DilharDesilva

Rational 软件公司：GradyBooch，EdEykholt，IvarJacobson，GunnarOvergaard，Karin Palmkvist，JamesRumbaugh

SAP 公司：OliverWiegert

SOFTEAM：PhilippeDesfray

Sterling 软件公司：JohnCheesman，KeithShort

Taskon 公司：TrygveReenskaug

1.2.4 统一的意义

"统一"这个词在 UML 中有下列相互关联的含义。

1. 在以往出现的方法和表示法方面

UML 合并了许多面向对象方法中被普遍接受的概念对每一种概念，UML 都给出了清晰的定义、表示法和有关术语。使用 UML 可以对已有的用各种方法建立的模型进行描述，并比原来的方法描述得更好。

2. 在软件开发的生命周期方面

UML 对开发的要求具有无缝性。开发过程的不同阶段可以采用相同的一套概念和表示法，在同一个模型中它们可以混合使用。在开发的不同阶段不必转换概念和表示法。这种无缝性对迭代式的、增量式的软件开发是至关重要的。

3. 在应用领域方面

UML 适用于各种应用领域的建模，包括大型的、复杂的、实时的、分布式的、集中式数据或计算的、嵌入式的系统。也许用某种专用语言来描述一些专门领域更有用，但在大部分应用领域中，UML 比其他的通用语言更好。

4. 在实现的编程语言和开发平台方面

UML 可应用于运行各种不同的编程实现语言和开发平台的系统。其中包括程序设计语言、数据库、组织文档及固件等。在各种情况下，前部分工作应当相同或相似，后部分

笔记

笔记

工作因各种开发媒介的不同而有某种程度上的不同。

5. 在开发全过程方面

UML 是一种建模语言，不是对开发过程的细节进行描述的工具。就像通用程序设计语言可以用于许多风格的程序设计一样，UML 适用于大部分现有的或新出现的开发过程，尤其适用于迭代式增量开发过程。

6. 在内部概念方面

在构建 UML 元模型的过程中，特别注意揭示和表达各种概念之间的内在联系并试图用多种适用于已知和未知情况的办法去把握建模中的概念。这个过程会增强对概念及其适用性的理解。这不是统一各种标准的初衷，但却是统一各种标准最重要的结果之一。

1.3 UML 的目标与概念域

1.3.1 UML 目标

UML 的开发有多个目标。首先，最重要的目标是使 UML 作为一个通用的建模语言，可供所有建模者使用。它并非某人专有，且建立在计算机界普遍认同的基础上，即它包括了各种主要的方法并可作为它的建模语言。至少，希望它能够替代 OMT、Booch、Objectory 方法以及参与 UML 建议制订的其他人使用的方法建立的模型。其次，希望 UML 采用源自 OMT、Booch、Objectory 及其他主要方法的表示法，即尽可能地支持设计工作，如封装、分块、记录模型构造思路。此外，希望 UML 准确表达当前软件开发中的热点问题，如大规模、分布、并发、方式和团体开发等。

UML 并不试图成为一种完整的开发方法。它不包括一步一步的开发过程。一个好的软件开发过程对成功地开发软件至关重要，在这里向读者推荐一本书 *Jacobson-99*。UML 和使用 UML 的软件开发过程是两回事，这一点很重要。希望 UML 可以支持所有的，至少是目前现有的大部分软件开发过程。UML 包含了所有的概念，这些概念对于支持基于一个健壮的构架解决用例驱动的需求的迭代式开发过程是必要的。

UML 的最终目标是在尽可能简单的同时能够对实际需要建立的系统的各个方面建模。UML 需要有足够的表达能力以便可以处理现代软件系统中出现的所有概念，例如并发和分布以及软件工程中使用的技巧，如封装和组件。它必须是一个通用语言，像任何一种通用程序设计语言一样。然而，这样就意味着 UML 必将十分庞大，不可能像描述软件系统那样简单。现代语言和操作系统比起 40 年前要复杂得多，因为对它的要求越来越多。UML 提供了多种模型，这不是在一天之内就能够掌握的。它比先前的建模语言更复杂，因为它更全面。但是不必一下就完全学会它，就像学习任何一种程序设计语言、操作系统或是复杂的应用软件一样。

1.3.2 UML 的概念域

UML 的概念和模型可以分成以下几个概念域。

1. 静态结构

任何一个精确的模型必须首先定义所涉及的范围，即确定有关应用、内部特性及其相互关系的关键概念。UML 的静态组件称为静态视图。静态视图用类构造模型来表达应用，每个类由一组包含信息和实现行为的离散对象组成。对象包含的信息作为属性，它执行的行为作为操作。多个类通过泛化处理可以具有一些共同的结构。子类在继承它们共同的父类的结构和行为的基础上增加了新的结构和行为。对象之间也具有运行时间连接，这种对象之间的关系称为类间的关联。一些元素通过依赖关系组织在一起，这些依赖关系包括在抽象级上进行模型转换、模板参数的捆绑、授予许可以及通过一种元素使用另一种元素等。另一类关系包括用例和数据流的合并。静态视图主要使用类图。静态视图可用于生成程序中用到的大多数数据结构声明。在 UML 视图中还要用到其他类型的元素，比如接口、数据类型、用例和信号等，这些元素统称为类元，它的行为很像在每种类元上具有一定限制的类。

笔记

2. 动态行为

有两种方式对行为建模。一种是根据一个对象与外界发生关系的生命历史；另一种是一系列相关对象之间当它们相互作用实现行为时的通信方式。孤立对象的视图是状态机——当对象基于当前状态对事件产生反应，执行作为反应的一部分动作，并从一种状态转换到另一种状态时的视图。状态机模型用状态图描述。

相互作用对象的系统视图是一种协作，一种与语境有关的对象视图和相互之间的链，通过数据链，对象间存在着消息流。视图点将数据结构、控制流和数据流在一个视图中统一起来。相互操作和协作用顺序图和协作图描述。对所有行为视图起指导作用的是一组用例，每个用例描述了一个用例参与者或系统外部用户可见的一个功能。

3. 实现构造

UML 模型既可用于逻辑分析，又可用于物理实现。某些构件代表了实现。构件是系统中物理上的可替换部分，它按照一组接口设计并实现，可以方便地被一个具有同样规格说明的构件替换。节点是运行时间计算资源，资源定义了一个位置，包括构件和对象。部署图描述了在一个实际运行的系统中，节点上的资源配置和构件的排列以及构件包括的对象，并包括节点间内容的可能迁移。

4. 模型组织

计算机能够处理大型的单调的模型，但人力不行。对于一个大型系统，建模信息必须划分成连贯的部分，以便工作小组能够同时在不同部分上工作。即使是一个小系统，人的理解能力也要求将整个模型的内容组织成一个个适当大小的包。包是 UML 模型通用的层次组织单元，它可以用于存储、访问控制、配置管理以及构造包含可重用的模型单元库。包之间的依赖关系是对包的组成部分之间的依赖关系的归纳。系统整个构架可以在包之间施加依赖关系。因此，包的内容必须符合包的依赖关系和有关的架构要求。

5. 扩展机制

无论一种语言能够提供多么完善的机制，人们总是还想扩展它的功能。UML 已经具有一定的扩展能力，相信能够满足大多数对 UML 扩充的需求而不改变语言的基础部分。构造型是一种新的模型元素，与现有的模型元素具有相同的结构，但是加上了一些附加限制，具有新的解释和图标。代码生成器和其他工具对它的处理过程也发生了变化。标记值是一对任意的标记值字符串，能够连接到任何一种模型元素上并代表任何信息，如项目管理信息、代码生成指示信息和构造型所需要的值。标记和值用字符串代表。约束是用某种

笔记

特定语言（如程序设计语言）的文本字符串表达的条件专用语言或自然语言。UML 提供了一个表达约束的语言，名为 OCL。与其他扩展机制一样，必须小心使用这些扩展机制，因为有可能形成一些别人无法理解的方言，但这些机制可以避免语言基础发生根本性变化。

1.4 表达式和图表语法

本书列举了许多演示实际模型的表达式和图表，以及表达式的语法和图表的注释。为了尽量避免混淆解释说明和实例，本书采用了一些约定的格式。

在图表和文本表达式中实际的表示法部分用 ComicSans 字体印刷。例如，模型中出现的 Helvetica 字体的类名是一个合法的名称。语法表达式中的括弧是一个可能出现在实际表达式中的括弧，它不是实际语法结构的一部分，例如 Order.create（customer，amount）在连续的文中，关键词和模型元素名都用 ComicSans 字体印刷，如 Order 或 Customer。

在一个语法表达式中，句法单元名可以被实际的一段文字用蓝色 ComicSans 字体替代，如 name。表达式中的黑色正文表示出现在目标图示上字面上的值。斜体或下画线说明替换文本具有给定的性质。例如：

name.operation（argument，...）

object-name：class

在语法表达式中，下标和上画线用于指示某种语法性质。例如：

expressionopt 是任选的。

expressionlist，用逗号分隔一系列表达式。如果出现零个或者一个重复符号，则不需要分隔符。每个重复符号都要用一个单独的替换符号。如果一个除逗号之外的标点符号出现在下标中，则它是分隔符。

expressionlist 用上画线连接两个或多个属于同一单元的可选的或重复出现的项目。在这个例子中，等号和表达式构成一个可以使用或省略的单元。如果只有一个项目，就可以不用上画线。

在图表中，中文楷体、蓝色的文字与箭头是注释，它是解释性说明，而不是实际表示法的一部分。其他文字和符号是实际表示法的一部分。

第 2 章 模型概述

学习目标

❶ 了解模型的概念和作用。

❷ 掌握模型的内容。

知识导图

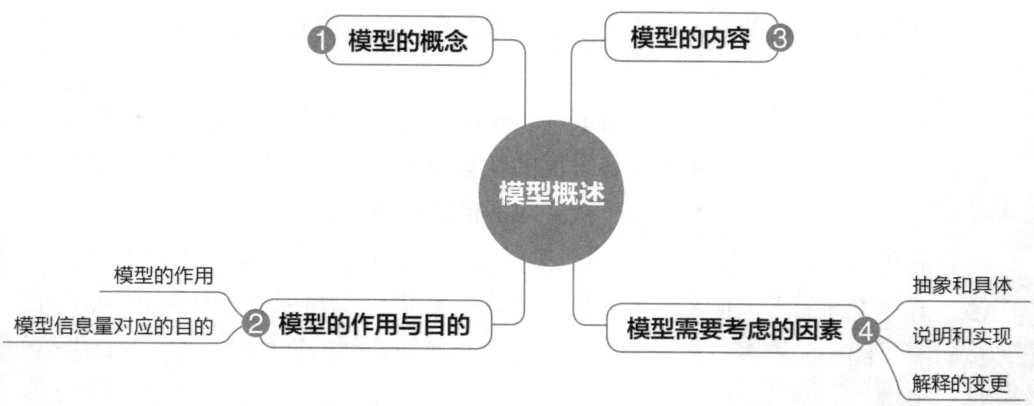

笔记

2.1 模型的概念

模型是用某种工具对同类或其他工具的表达方式。模型从某一个建模观点出发，抓住事物最重要的方面而简化或忽略其他方面。工程、建筑和其他许多需要具有创造性的领域中都使用模型。

表达模型的工具要求便于使用。建筑模型可以是图纸上所绘的建筑图，也可以是用厚纸板制作的三维模型，还可以用存于计算机中的有限元方程来表示。一个建筑物的结构模型不仅能够展示这个建筑物的外观，还可以用它来进行工程设计和成本核算。

软件系统的模型用建模语言来表达，如 UML。模型包含语义信息和表示法，可以采取图形和文字等多种不同形式。建立模型的目的是因为在某些用途中模型使用起来比操纵实物更容易和方便。

2.2 模型的作用与目的

2.2.1 模型的作用

1. 模型有多种用途

精确表达项目的需求和捕捉应用领域的知识，以使各方面的利益相关者能够理解并达成一致。

建筑物的各种模型能够准确表达出这个建筑物的外观，周边交通和服务设施，抗风和抗震性能，消费及其他需求。各方面的利益相关者则包括建筑设计师、建筑工程师、合同缔约人、各个子项目的缔约人、业主、出租者和市政当局。

软件系统的不同模型可以捕获关于这个软件的应用领域、使用方法、试题手段和构造模式等方面的需求信息。各方面的利益相关者包括软件结构设计师、系统分析员、程序员、项目经理、顾客、投资者、最终用户和使用软件的操作员。在 UML 中要使用各种各样的模型。

2. 进行系统设计

建筑设计师可以用画在图纸上的模型图、存于计算机中的模型或实际的三维模型使自己的设计结果可视化，并用这些模型来做设计方面的试验。建造、修改一个小型模型比较简单，设计人员不需花费什么代价就可以进行创造和革新。

在编写程序代码前，软件系统的模型可以帮助软件开发人员方便地研究软件的多种构架和设计方案。在进行详细设计前，一种好的建模语言可以让设计者对软件的构架有全面的认识。

3. 使具体的设计细节与需求分开

建筑物的某种模型可以展示出符合顾客要求的外观，另一类模型可以说明建筑物内部的电气线路、管线和通风管道的设置情况。实现这些设置有多种方案。最后确定的建筑模型一定是建筑设计师认为最好的一个设计方案。顾客可以对此方案进行检查验证，但通常顾客对具体的设计细节并不关心，只要能满足他的需要即可。

软件系统的一类模型可以说明这个系统的外部行为和系统中对应于真实世界的有关信息，另一类模型可以展示系统中的类以及实现系统外部行为特性所需要的内部操作。实现

笔记

这些行为有多种方法。最后的设计结果对应的模型一定是设计者认为最好的一种。

4. 生成有用的实际产品

建筑模型可以有多种相关产品，包括建筑材料清单、在各种风速下建筑物的偏斜度、建筑结构中各点的应力水平等。

利用软件系统的模型，可以获得类的声明、过程体、用户界面、数据库、合法使用的说明、配置草案以及与其他单位技术竞争情况的对比说明。

5. 组织、查找、过滤、重获、检查以及编辑大型系统的有关信息

建筑模型用服务设施来组织信息：建筑结构、电器、管道、通风设施、装潢等。除非利用计算机存储，否则对这些信息的查找和修改没那么容易。相反，如果整个模型和相关信息均存储在计算机中，则这些工作很容易进行，并且可方便地研究多种设计方案，这些设计方案共享一些公共信息。

6. 软件系统用视图组织信息

软件系统用视图组织信息：静态结构视图、状态机视图、交互视图、反映需求的视图等。每一种视图均是针对某一从模型中挑选的一部分信息的映射，没有模型管理工具的支持不可能使模型做得任意精确。一个交互视图编辑工具可以用不同的格式表示信息，可以针对特定的目的隐藏暂时不需要的信息并在以后再展示出来，可以对操作进行分组、修改模型元素以及只用一个命令修改一组模型元素等。

7. 研究多种设计过程中的解决方案

对同一建筑的不同设计方案的利弊在一开始可能不是很清楚。例如，建筑物可以采用的不同的子结构彼此之间可能有复杂的相互影响，建筑工程师可能无法对这些影响做出正确的评价。在实际建造建筑物以前，利用模型可以同时研究多种设计方案并进行相应的成本和风险估算。

通过研究一个大型软件系统的模型可以提出多个实际方案并对它进行相互比较。当然模型不可能做得非常精细，但即使是一个粗糙的模型也能够说明在最终设计中所要解决的许多问题。利用模型可以研究多种设计方案，所花费的成本只是实现其中一种方案所花费的成本。

利用模型可以全面把握复杂的系统。一个关于龙卷风袭击建筑物的工程模型中的龙卷风不可能是真实世界里的龙卷风，仅仅是模型而已。真正的龙卷风不可能呼之即来，并且它会摧毁测量工具。许多快速，激烈的物理过程现在都可以运用这种物理模型来研究和理解。

一个大型软件系统由于其复杂程度可能无法直接研究，但模型使之成为可能。在不损失细节的情况下，模型可以抽象到一定的层次以使人能够理解。可以利用计算机对模型进行复杂的分析以找出可能的“问题点”，如时间错误和资源竞争等。在对实物做出改动前，通过模型研究系统内各组成部分之间的依赖关系可以得出这种改动可能会带来哪些影响。

2.2.2 模型信息量对应的目的

针对不同目的，模型可以采取各种形式及不同的抽象层次。模型中所包含的信息量必须对应于以下几种目的。

1. 指导设计思路

在项目早期所建立的高层模型用于集中利益相关者的思路和强调一些重要的选择方

笔记

案。这些模型描述了系统的需求并代表了整个系统设计工作的起点。早期的模型帮助项目发起者在把精力放在系统的细节问题之前研究项目可能的选择方案。随着设计工作的进展，早期模型由更为精确的模型所替代。没有必要详细保存早期研究过程中的种种选择方案和返工情况。了解早期模型的目的是帮助获得思路。但最后得到的“思路模型”要在进行详细设计前记录下来。早期模型不需要达到实现阶段的模型的精确程度，无须涉及有关系统实现的一套概念。建立这种模型只使用了 UML 定义的组件的一个子集，比后期的设计阶段的模型使用的组件要少得多。

当早期模型发展到具有一定精度的完整的视图模型时，例如，分析系统需求的模型，那么要在开发过程进入下一阶段时将其保存下来。不断向模型中添加信息的增量式开发（在这种情况下开发的推理过程也要保存和记录）与针对“死端点”进行研究直到得出正确的解决方案的随意漫步式开发之间有重要的区别。后一种情况通常使人不知怎样，并且根本没有必要对整个开发过程进行记录保存，除非遇到特殊情况需要对开发过程进行回溯。

2. 系统基本结构的抽象说明

在分析阶段和初步设计阶段建立的模型以关键概念和最终系统的各种机制为中心。这些模型以某种方式与最终系统匹配。但是，模型中丧失了细节信息，在设计过程中必须显式地补充这些信息。使用抽象模型的目的是在处理局部细节问题前纠正系统高层次的普遍问题。通过一个仔细的开发过程，这些模型可以发展成最终模型，该过程保证最终获得的模型能够正确实现初期模型的设计意图。必须具备跟踪能力来跟踪从基本模型到完备模型的过程，否则无法保证最终系统正确包含了基本模型所要表达的关键特性。基本模型强调语义，它不需要涉及系统实现方面的细节。有时确实会出现这种情况：在低层实现方面的差别会使逻辑语义模糊不清。从基本模型到最后的实现模型的途径必须清晰、简明，不论这个过程是由代码生成器自动实现，还是由设计者人工实现。

3. 最终系统的详细规格说明

系统实现模型包含能够建造这个系统的足够信息，它不仅包括系统的逻辑语义、语法、算法、数据结构和确保能正确完成系统功能的机制，还包括系统制品的组织决定，这些制品对个人之间的相互协作和使用辅助工具来说十分必要。这种模型必须包括对模型元素进行打包的组件，以便理解和用计算机自动处理。这不是目标应用系统的特性，而是系统构造过程应具有的特性。

4. 典型或可能的系统范例

精心挑选的实例可以提高人的观察能力，并使系统的说明和实现有实际效果。然而，即使有非常多的例子，也达不到一段详细定义所起的效果。最终希望的是要让模型能够说明一般的情形，这也是程序代码要做的事情。不过，典型的数据结构、交互顺序或对象生命历程的例子对于理解复杂系统很有益处，必须小心使用。从逻辑上来说，从一大堆特例中归纳出一般规律是不可能的，但是大部分人思考某一问题时总是首先考虑一些精心挑选出来的有关该问题的例子。范例模型仅是模型的示例而不带有一般性的描述，因此，人们会觉得这两种模型之间有差异。范例模型一般只使用 UML 定义的组件的子集。说明型模型和范例模型在建模中都很有用。

5. 对系统全面的或部分的描述

模型可以完全描述一个独立系统，并且不需要参考外部信息。更通常的情况是，模型

笔记

是用相互区别的、不连续的描述单元组织起来的，每个单元作为整体描述的一部分可以被单独进行存储和操纵。这种模型带有必须与系统其他模型联系在一起的散件，因为这些散件具有相关性和含义，因此它能够与其他散件通过各种方式结合来构造不同的系统。获得重用是一个好的建模方法的重要目标。

模型要随时间发展变化。深度细化的模型源于较为抽象的模型，具体模型源于逻辑模型。例如，开始阶段建立的模型是整个系统的一个高层视图。随着时间的推进，模型中增加了一些细节内容并引入了一些变化。之后，模型的核心焦点从一个以用户为中心的前端逻辑视图转变成了一个以实现为中心的后端物理视图。随着开发过程的进行和对系统的深入理解，必须在各种层次上反复说明模型以获得更好的理解，用一个单一视角或线性过程理解一个大型系统是不可能的。对模型的形式无所谓“正确”和“错误”之分。

2.3 模型的内容

模型包含两个主要方面：语义方面的信息（语义）和可视化的表达方法（表示法）。

语义方面用一套逻辑组件表达应用系统的含义，如类、关联、状态、用例和消息。语义模型元素携带了模型的含义，它表达了语义。语义建模元素用于代码生成、有效性验证、复杂度的度量等，其可视化的外观与大多数处理模型的工具无关。语义信息通常称作模型。一个语义模型具有一个词法结构、一套高度形式化的规则和动态执行结构。这些方面通常分别加以描述（定义 UML 的文献即如此），但它们紧密相关，并且是同一模型的一部分。

可视化的表达方式以可使人观察、浏览和编辑的形式展示语义信息。表示方式元素携带了模型的可视化表达方式，即语义是用一种可被人直接理解的方式来表达的。它并未增添新的语义，而是用一种有用的方式对表达式加以组织，以强调模型的列。因此它对模型的理解起指导作用。表达式元素的语义来自语义模型元素。但是，由于是由人来绘制模型图，所以表达式元素并不是完全来自模型的逻辑元素。表达式元素的排列可能会表达出语义关系的另外含义，这些语义关系很不明显或模棱两可，以至于在模型中不能形式化地表达，但可给人启迪。

上下文（语境）。模型自身是一个计算机系统的制品，可应用在一个给出了模型含义的大型语境中。该语境包括模型的内部组织、整个开发过程中对每个模型的注释说明、一个缺省值集合、创建和操纵模型的假定条件以及模型与其所处环境之间的关系。

模型需要有内部组织，允许多个工作小组同时使用某个模型而不发生过多的相互干涉。这种对模型的分解并不是语义方面所要求的——与一个被分解成意义前后连贯的多个包的模型相比，一个大的单块结构的模型所表达的信息可能会同样精确，因为组织单元的边界确定会使准确定义语义的工作复杂化，故这种单块模型表达的信息可能比包结构的模型表达得更精确。但是，要想使工作在一个大的单块模型上的多个工作组不彼此相互妨害是不可能的。其次，单块模型没有适用于其他情况的可重用的单元。最后，对大模型的某些修改往往会引起意想不到的后果。如果将模型适当分解成具有良好接口的小的子系统，那么对其中一个小的、独立的单元进行的修改造成的后果可以跟踪确定。不管怎样，将大系统分解成由精心挑选的单元构成的层次组织结构，是人类千百年来发明的设计大系统的方法中最可靠的方法。

笔记

模型捕获一个应用系统的语义信息，还需记录模型自身开发过程中的各种信息，如某个类的设计者、过程的调试状态和对各类人员的使用权限的规定。这些信息至多是系统语义的外围信息，但对开发过程非常重要。因此，建立一个系统的模型必须综合考虑两方面。最简便的实现方法是将项目管理信息作为注释加入语义模型中，即可以对模型元素用非建模语言进行任意描述。在 UML 中用文本字符串来表示注释。

文本编辑器或浏览器所使用的命令不是程序设计语言的一部分，同样，用于创建和修改模型的命令也不是建模语言语义的一部分。模型元素的属性没有缺省值，在一个特定的模型中，它均具有值。然而，对于实际的开发过程，人们要求建立与修改模型时无须详细说明有关的所有细节。缺省值存在于建模语言和支持这种语言的建模工具的边界处。在建模工具所使用的创建模型的命令中，它是真正的缺省值，尽管它可能会超过单个的建模工具并如用户所期望的那样成为建模工具所使用的通用语言。

模型不是被孤立地建造和使用的，它是大环境的一部分，这个大环境包括建模工具、建模语言和语言编译器、操作系统、计算机网络环境、系统具体实现方面的限制条件等。系统信息应该包括环境所有方面的信息。其中的一部分信息应保存在模型中，即使这些信息不是语义信息，例如项目管理注释（在上面已经讨论过）、代码生成提示、模型的打包、编辑工具缺省命令的设置。其他方面的信息应分别保存，如程序源代码和操作系统配置命令。即使是模型中的信息，对这些信息的解释也可以位于多个不同方面，包括建模语言、建模工具、代码生成器、编译器或命令语言等。本书用 UML 自身对模型进行解释。但是当进行系统的具体物理实现时，要用到其他用于解释的资源，这些资源对 UML 来说是不可见的。

2.4 模型需要考虑的因素

模型是一个系统潜在配置的发生器，系统是它的范围或值。按照模型进行系统配置是一种理想化的情况。然而，有时模型要求的种种条件在现实中无法实现。模型还是对系统含义和结构的一般性说明。这种描述是模型的范围或含义。模型具有一定的抽象层次，它包含了系统中最基本的成分而忽略了其他内容。对模型来说，有以下三方面需要考虑。

2.4.1 抽象和具体

模型包含了系统的基本成分而忽略了其他内容。哪些是基本内容需要根据建模的目的判定。这不是说要把模型所含信息的精度一分为二，即只有精确和不精确两种情况。可能会存在一系列表达精度不同，但逐渐提高的模型。建模语言不是程序设计语言。建模语言所表达的内容可能很不精确，因为多余的详细内容与建模目的无关。具有不同精度级别的模型可应用于同一个项目的各个阶段。用于程序设计编码的模型要求必须与程序设计语言有关。典型的情况是，在早期分析阶段使用高层次的，表达精度低的模型。随着开发过程的深入，所用的模型越来越细化，最终使用的模型包含了大量的细节内容，具有很高的精度。

2.4.2 说明和实现

笔记

一个模型可以告诉我们“做什么”（说明），也可以告诉我们“一个功能是如何实现的，即怎么做”（实现）。建模时要注意区分这两方面。在花大量时间研究怎么做之前很重要的一点是，要正确分析出系统要做什么。建模的一个重要侧面是对具体实现细节进行抽象。在说明和实现之间可能有一系列关系，其中在某层次中的说明就是对它上一层次的实现。

阐述和举例。模型主要是描述性的。模型所描述的是一个个实例，这些实例仅是作为例子才出现在模型中。大部分实例仅在运行的一部分时间中才存在。有时，运行实例自身是对其他事物的描述，这些混杂对象称作元模型（Meta Model）。从更深层次地看，认为任何事物不是描述性的，就是实例性的，这种观点是不符合实际情况的。某一事物是实例，还是描述不是孤立区分的，与观察角度有关，大部分事物都可以从多种角度考察。

2.4.3 解释的变更

用一种建模语言对模型可能有多种解释。可以定义语义变更点（semantic variation point）——可能会出现多种解释的地方——给每个解释一个语义变更名，以便可以标识究竟使用了哪种解释。例如，Smalltalk 语言的使用者要避免在系统实现模型中出现多重继承关系，因为 Smalltalk 语言不支持多重继承。而其他程序设计语言使用者可能会在模型中使用多重继承。

第 3 章 UML 相关概念

学习目标

❶了解 UML 的扩展组件。

❷掌握 UML 的各种视图及其关系。

知识导图

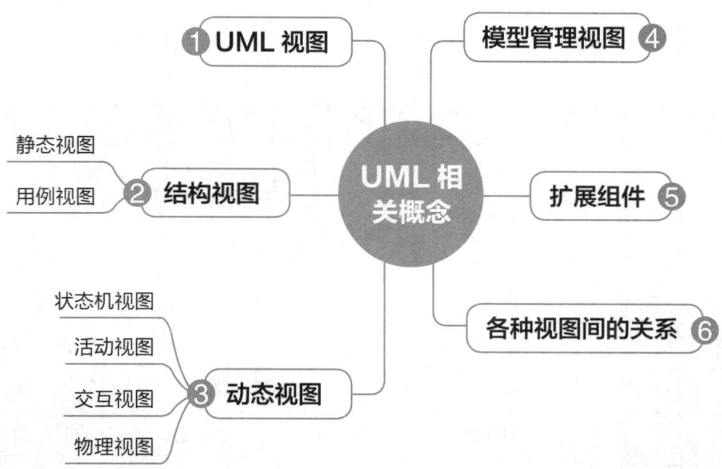

笔记

3.1 UML 视图

UML 中的各种组件和概念之间没有明显的界限，但为方便起见，可以用视图划分这些概念和组件。视图只是表达系统某一方面特征的 UML 建模组件的子集。用视图划分带有一定的随意性，但希望这种看法仅仅是直觉上的。在每一类视图中使用一种或两种特定的图可视化地表示视图中的各种概念。

在最上层，视图可划分成三个视图域：结构分类、动态行为和模型管理。

结构分类描述了系统中的结构成员及其相互关系。类元包括类、用例、构件和节点。类元为研究系统动态行为奠定了基础。类元视图包括静态视图、用例视图和实现视图。

动态行为描述了系统随时间变化的行为。行为用从静态视图中抽取的瞬间值的变化描述。动态行为视图包括状态机视图、活动视图和交互视图。

模型管理说明了模型的分层组织结构。包是模型的基本组织单元。特殊的包还包括模型和子系统。模型管理视图跨越了其他视图并根据系统开发和配置组织这些视图。

UML 还包括多种具有扩展能力的组件，这些扩展能力有限但很有用。这些组件包括约束、构造型和标记值，适用于所有的视图元素。

UML 视图和视图所包括的图以及与每种图有关的主要概念，如表 3-1 所示。不能把这张表看成一套死板的规则，应将其视为对 UML 常规使用方法的指导，因为 UML 允许使用混合视图。

表 3-1　UML 视图和图

主要的域	视图	图	主要概念
结构分类	静态视图	类图	类、关联、泛化、依赖关系、实现、接口
	用例视图	用例图	用例、参与者、关联、扩展、包括、用例泛化
	实现视图	构件图	构件、接口、依赖关系、实现
	部署视图	部署图	节点、构件、依赖关系、位置
动态行为	状态机视图	状态机图	状态、事件、转换、动作
	活动视图	活动图	状态、活动、完成转换、分叉、结合
	交互视图	顺序图	交互、对象、消息、激活
		协作图	协作、交互、协作角色、消息
模型管理	模型管理视图	类图	报、子系统、模型
可扩展性	所有	所有	约束、构造型、标记值

3.2 结构视图

3.2.1 静态视图

静态视图对应用领域中的概念以及与系统实现有关的内部概念建模。这种视图之所以称之为是静态的是它不描述与时间有关的系统行为，此种行为在其他视图中进行描述。静态视图主要是由类及类间相互关系构成，这些相互关系包括关联、泛化和各种依赖关系，如使用和实现关系。一个类是应用领域或应用解决方案中概念的描述。类图是以类为中心来组织的，类图中的其他元素或属于某个类或与类相关联。静态视图用类图来实现，正因为它以类为中心，所以称其为类图。

在类图中类用矩形框来表示，它的属性和操作分别列在分格中。如不需要表达详细信息时，分格可以省略。一个类可能出现在好几个图中。同一个类的属性和操作只在一种图中列出，在其他图中可省略。

关系用类框之间的连线来表示，不同的关系用连线上和连线端头处的修饰符来区别。

售票系统的类图是售票系统领域模型的一部分，如图 3-1 所示，图中表示了几个重要的类，如 Customer、Reservation、Ticket 和 Performance。顾客可多次订票，但每次订票只能由一个顾客执行。有两种订票方式：个人票或套票，前者只是一张票，后者包括多张票。每张票不是个人票，就是套票中的一张，但是不能又是个人票，又是套票中的一张。每场演出都有多张票可供预定，每张票对应一个唯一的座位号。每次演出用剧目名、日期和时间标识。

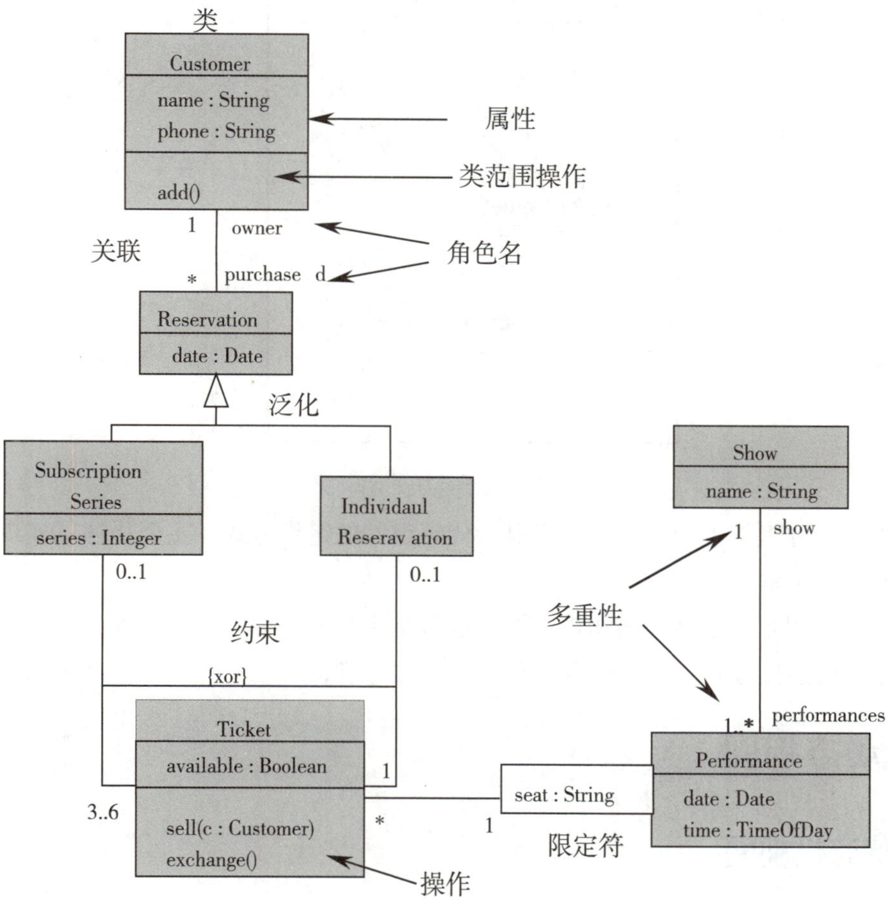

图 3-1　售票系统的类图

3.2.2 用例视图

用例视图是被称为参与者的外部用户所能观察到的系统功能的模型图。用例是系统中的一个功能单元，可以被描述为参与者与系统之间的一次交互作用。用例模型的用途是列出系统中的用例和参与者，并显示哪个参与者参与了哪个用例的执行。

如图 3-2 所示是售票系统的用例图。参与者包括售票员、监督员、信用卡服务商和公用电话亭。公用电话亭是另一个系统，它接受顾客的订票请求。在售票处的应用模型中，顾客不是参与者，因为顾客不直接与售票处打交道。用例包括通过公用电话亭或售票员购票、购票和预约票（只能通过售票员）、售票监督（应监督员的要求）。购票和预约票包括

笔记

一个共同的部分，即通过信用卡付钱（对售票系统的完整描述还要包括其他一些用例，如换票和验票等）。

用例也可以有不同的层次。用例可以用其他更简单的用例进行说明。在交互视图中，用例作为交互图中的一次协作实现。

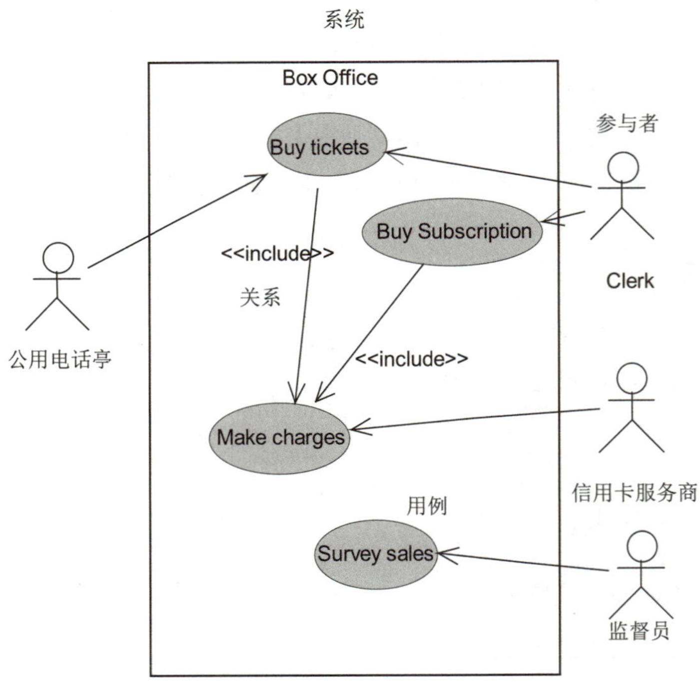

图 3-2　售票系统的用例图

实现视图又称组件视图，主要用来显示代码组件的组织方式，主要描述了实现模块和它们之间的相互关系。

部署视图是用来显示系统的物理结构，也就是系统的物理展开。例如，计算机和设备以及它们之间的连接方式，其中计算机和设备都称为节点。

3.3 动态视图

3.3.1 状态机视图

状态机视图是一个类对象可能经历的所有历程的模型图。状态机由对象的各个状态和连接这些状态的转换组成。每个状态对一个对象在其生命期中满足某种条件的一个时间段建模。当一个事件发生时，它会触发状态间的转换，导致对象从一种状态转化到另一种状态。与转换相关的活动执行时，转换也同时发生。状态机用状态图表达。

图 3-3 所示是票的状态图。初始状态是 Available 状态。在票开始对外出售前，一部分票是给预约者预留的。当顾客预定票时，被预定的票首先处于锁定状态，此时顾客仍有是否确实要买这张票的选择权，故这张票可能出售给顾客，也可能因为顾客不要这张票而解除锁定状态。如果超过指定的期限顾客仍未做出选择，此票就被自动解除锁定状态。预约者也可以换其他演出的票，如果这样，最初预约票也可以对外出售。

状态图可用于描述用户接口、设备控制器和其他具有反馈的子系统。它还可用于描述在生命周期中跨越多个不同性质阶段的被动对象的行为，在每一阶段，该对象都有自己特

笔记

殊的行为。

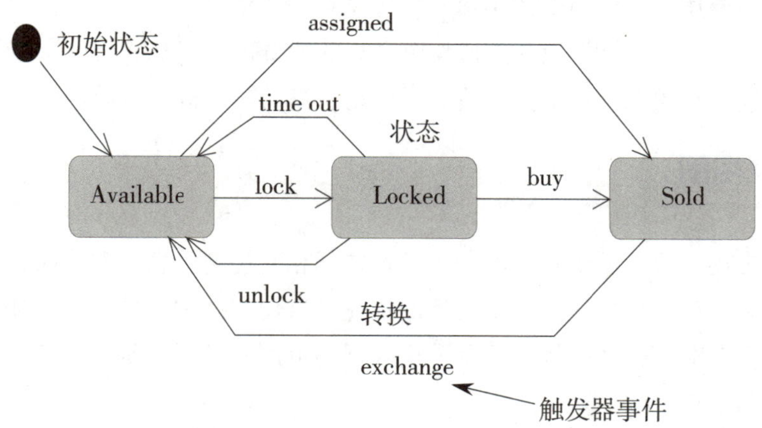

图 3-3　票的状态图

3.3.2 活动视图

活动图是状态机的一个变体，用来描述执行算法的工作流程中涉及的活动。活动状态代表了一个活动、一个工作流步骤或一个操作的执行。活动图描述了一组顺序的或并发的活动。活动视图用活动图体现。

图 3-4 所示为售票处的活动图。它表示了上演一个剧目所要进行的活动。箭头说明活动间的顺序依赖关系。例如，在规划进度前，首先选择演出的剧目。加粗的横线段表示分叉和结合控制。例如，安排好整个剧目的进度后，可以进行宣传报道、购买剧本、雇用演员、准备道具、设计照明、加工戏服等，所有这些活动都可同时进行。在进行彩排之前，剧本和演员必须已经具备。

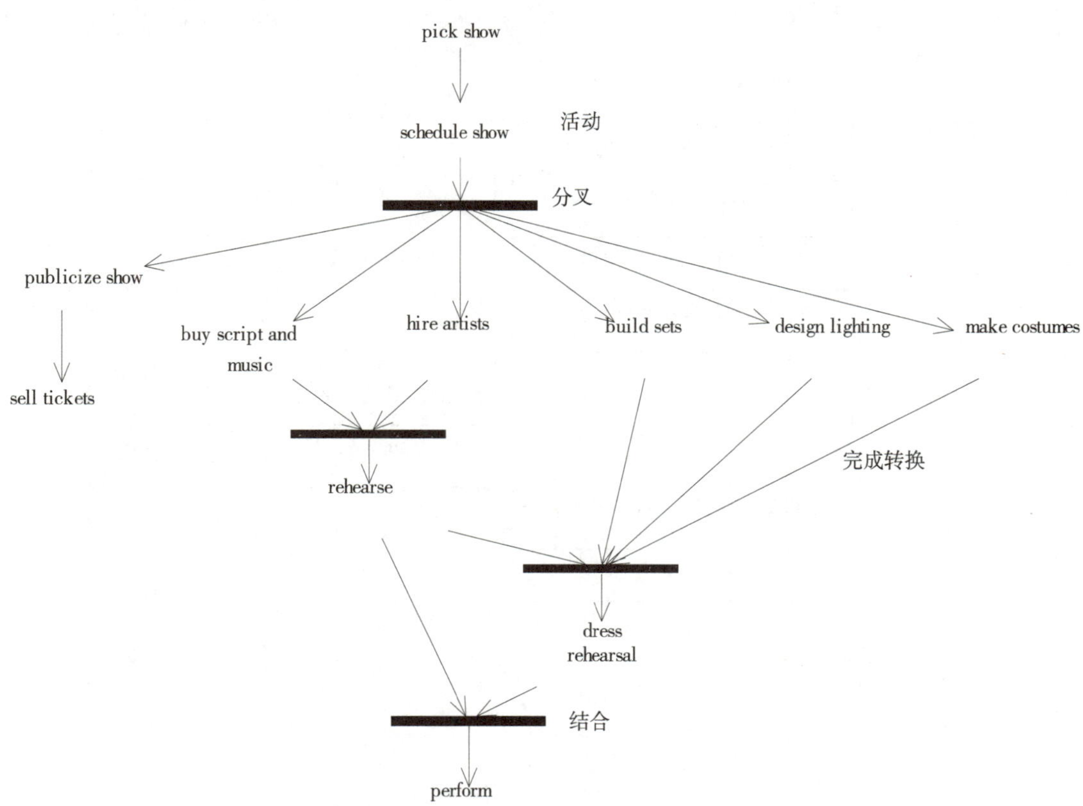

图 3-4　售票处的活动图

笔记

这个例子说明了活动图的用途是对人类组织的现实世界中的工作流程建模。对事物建模是活动图的主要用途，但活动图也可对软件系统中的活动建模。活动图有助于理解系统高层活动的执行行为，而不涉及建立协作图必需的消息传送细节。

用连接活动和对象流状态的关系流表示活动所需的输入输出参数。

3.3.3 交互视图

交互视图描述了执行系统功能的各个角色之间相互传递消息的顺序关系。类元是对在系统内交互关系中起特定作用的一个对象的描述，这使它区别于同类的其他对象。交互视图显示了跨越多个对象的系统控制流程。交互视图可用两种图表示：顺序图和协作图，它们各有不同的侧重点。

1. 顺序图

顺序图表示了对象之间传送消息的时间顺序。每个类元角色用一条生命线表示，即用垂直线代表整个交互过程中对象的生命周期。生命线之间的箭头连线代表消息。顺序图可以用来进行一个场景说明，即一个事物的历史过程。

顺序图的一个用途是用来表示用例中的行为顺序。当执行一个用例行为时，顺序图中的每条消息对应一个类操作或状态机中引起转换的触发事件。

图 3-5 所示是描述购票这个用例的顺序图。顾客在公共电话亭与售票处通话触发了这个用例的执行。顺序图中付款这个用例包括售票处与公用电话亭和信用卡服务处的两个通信过程。这个顺序图用于系统开发初期，未包括完整的与用户之间的接口信息。例如，座位是怎样排列的；对各类座位的详细说明都还没有确定。尽管如此，交互过程中最基本的通信已经在这个用例的顺序图中表达出来了。

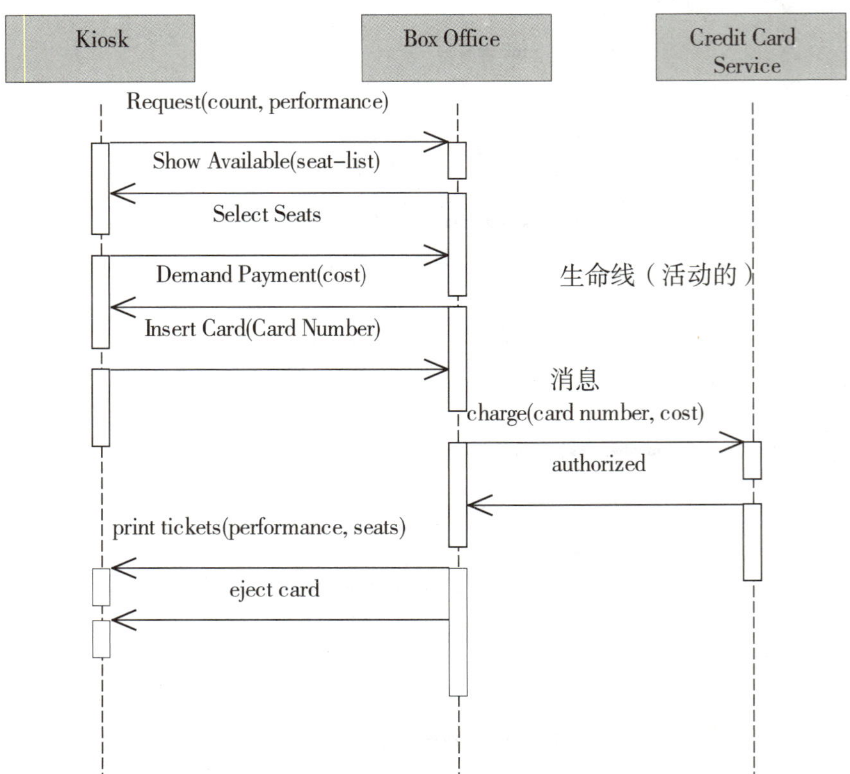

图 3-5　购票的顺序图

2. 协作图

协作图是对在一次交互中有意义的对象和对象间的链建模。对象和关系只有在交互时才有意义。类元角色描述了一个对象，关联角色描述了协作关系中的一个链。协作图用几何排列表示交互作用中的各角色，如图 3-6 所示。附在类元角色上的箭头代表消息。消息的发生顺序用消息箭头处的编号说明。

协作图的一个用途是表示一个类操作的实现。协作图可以说明类操作中用到的参数和局部变量以及操作中的永久链。当实现一个行为时，消息编号对应程序中的嵌套调用结构和信号传递过程。

图 3-6 所示是开发过程后期订票交互的协作图。这个图表示了订票涉及的各个对象间的交互关系。请求从公用电话亭发出，要求从所有的演出中查找某次演出的资料。返回给 ticketseller 对象的指针 db 代表了与某次演出资料的局部暂时链接，这个链接在交互过程中保持，在交互结束时丢弃。售票方准备了许多演出的票；顾客在各种价位做一次选择，锁定所选座位，售票员将顾客的选择返回给公用电话亭。当顾客在座位表中做出选择后，所选座位被声明，其余座位解锁。

顺序图和协作图都可以表示各对象间的交互关系，但它们的侧重点不同。顺序图用消息的几何排列关系表达消息的时间顺序，各角色之间的相关关系是隐含的。协作图用各个角色的几何排列图形表示角色之间的关系，并用消息说明这些关系。在实际中可以根据需要选用这两种图。

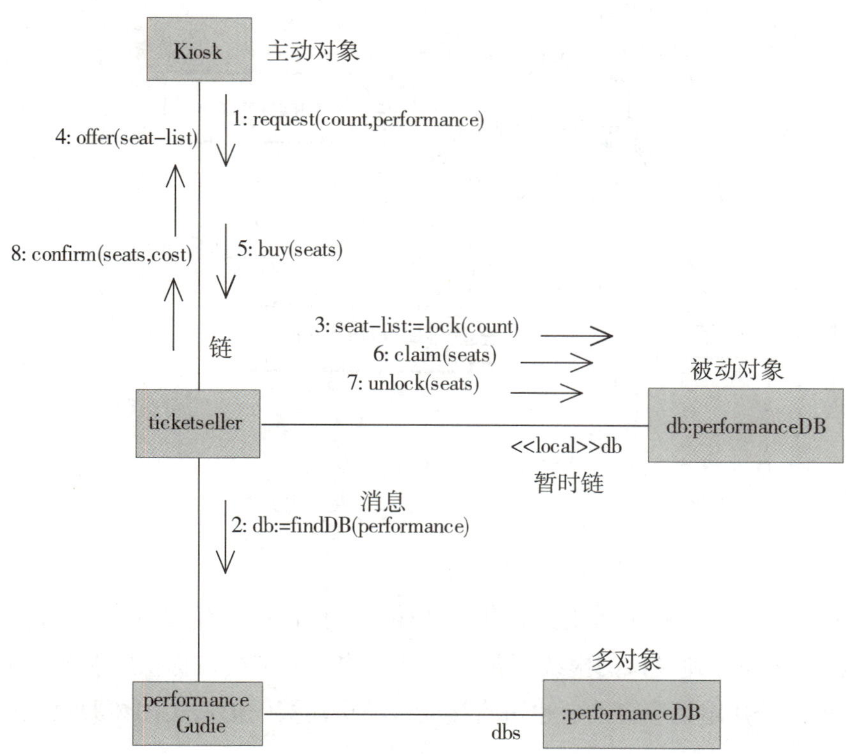

图 3-6　订票交互的协作图

3.3.4 物理视图

笔记

前面介绍的视图模型按照逻辑观点对应用领域中的概念建模。物理视图对应用自身的实现结构建模，例如系统的构件组织和建立在运行节点上的配置。这类视图提供了将系统中的类映射成物理构件和节点的机制。物理视图有实现视图和部署视图两种。

实现视图为系统的构件进行建模，构件即构造应用的软件单元，还包括各构件之间的依赖关系，以便通过这些依赖关系估计对系统构件的修改给系统可能带来的影响。

实现视图用构件图表现。图 3-7 所示是售票系统的构件图。图中有三个用户接口：顾客与公用电话亭之间的接口、售票员与在线订票系统之间的接口以及监督员查询售票情况的接口。售票方构件顺序接受来自售票员和公用电话亭的请求；信用卡主管构件之间处理信用卡付款；还有一个存储票信息的数据库构件。构件图表示了系统中的各种构件。在个别系统的实际物理配置中，可能有某个构件的多个备份。

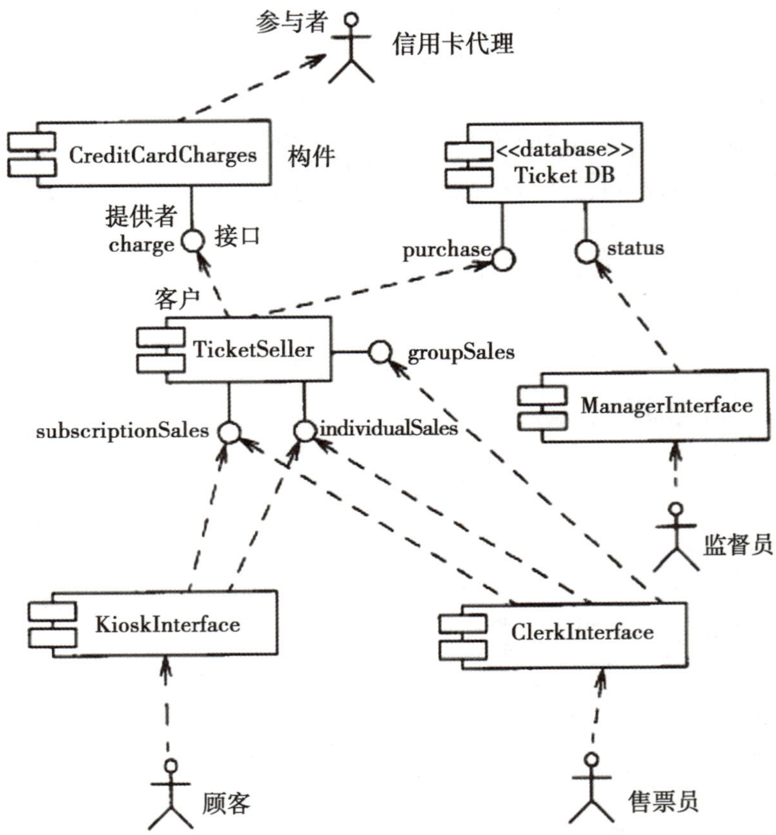

图 3-7　售票系统的构件图

图 3-7 中的小圆圈代表接口，即服务的连贯集。从构件到接口的实线表明该构件提供的服务（列在接口旁）。从构件到接口的虚线箭头表示这个构件要求接口提供的服务。例如，购买个人票可以通过公用电话亭订购，也可直接向售票员购买，但购买团体票只能通过售票员。

部署视图描述位于节点实例上的运行构件实例的安排。节点是一组运行资源，如计算机、设备或存储器。这个视图允许评估分配结果和资源分配。

部署视图用部署图表达。图 3-8 所示是售票系统的描述层部署图。图中表示了系统中各构件和每个节点包含的构件。节点用立方体图形表示。

笔记

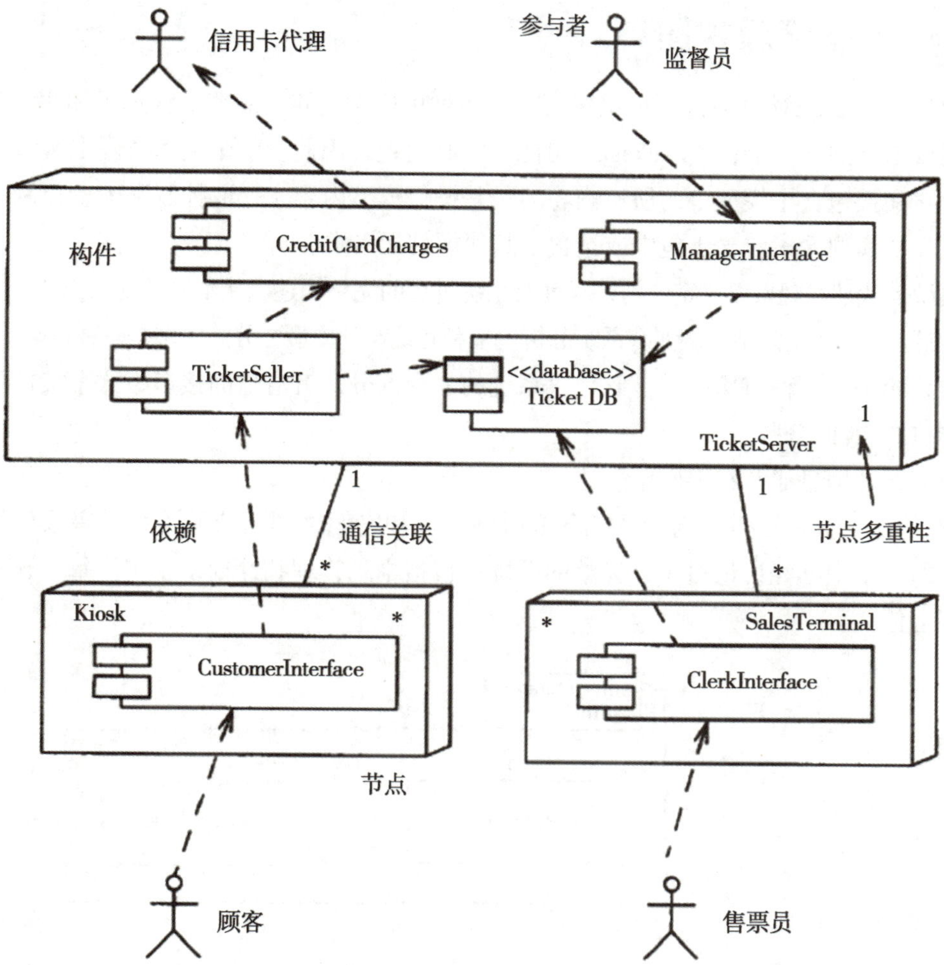

图 3-8　售票系统的（描述层）部署图

图 3-9 所示是售票系统的实例层部署图。图中显示了各节点和它们之间的连接。这个模型中的信息是与图 3-8 中描述层中的内容相互对应的。

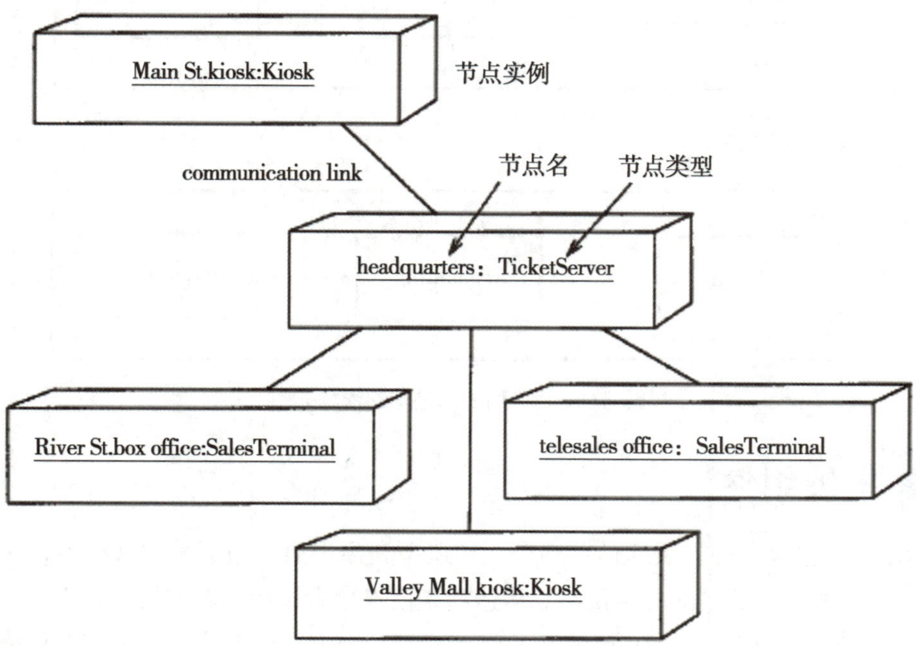

图 3-9　售票系统的（实例层）部署图

笔记

3.4 模型管理视图

模型管理视图对模型自身组织建模。一系列由模型元素（如类、状态机和用例）构成的包组成了模型。一个包（Package）可能包含其他包，因此，整个模型实际上可看成一个根包，它间接包含了模型中的所有内容。包是操作模型内容、存取控制和配置控制的基本单元。每个模型元素包含于包中或包含于其他模型元素中。

模型是从某一观点以一定的精确程度对系统进行的完整描述。从不同的视角出发，对同一系统可能会建立多个模型，例如有系统分析模型和系统设计模型之分。模型是一种特殊的包。

子系统是另一种特殊的包。它代表系统的一个部分，有清晰的接口，这个接口可作为一个单独的构件实现。

模型管理信息通常在类图中表达。

图 3-10 显示了将整个剧院系统分解得到的包和它们之间的依赖关系。售票处子系统在前面的例子中已经讨论过了，完整的系统还包括剧院管理和计划子系统。每个子系统还包含多个包。

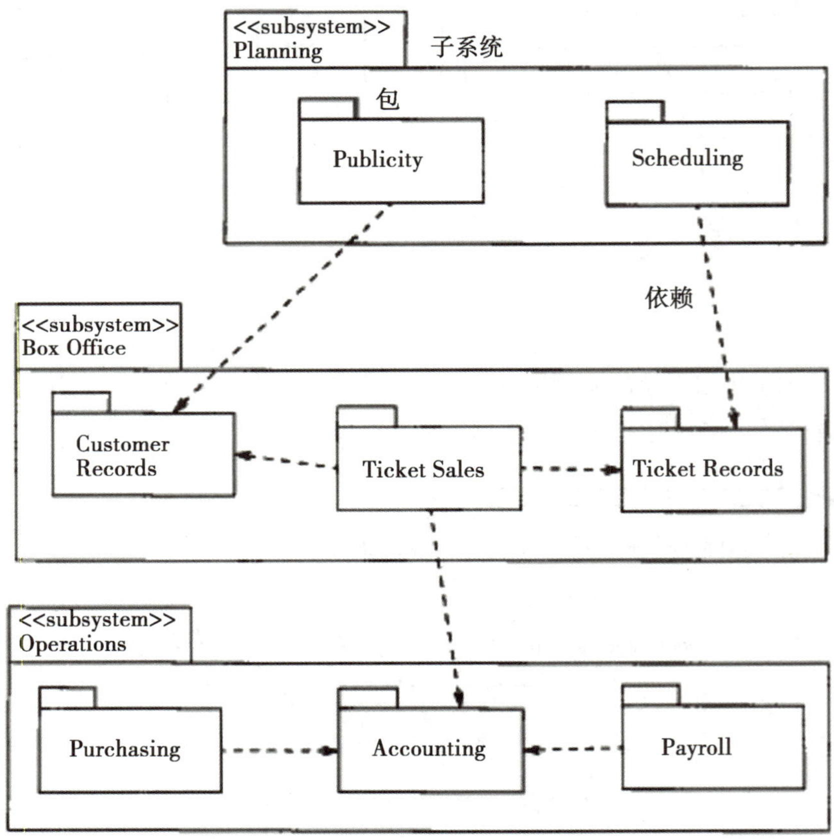

图 3-10　包和它们之间的依赖关系

3.5 扩展组件

UML 主要包含三种扩展组件：约束、构造型和标记值。约束是用某种形式化语言或自然语言表达的语义关系的文字说明。构造型是由建模者设计的新的模型元素，但是这个模型元素的设计要建立在 UML 已定义的模型元素基础上。标记值是附加到任何模型元素上的命名的信息块。

笔记

这些组件提供了扩展 UML 模型元素语义的方法，同时不改变 UML 定义的元模型自身的语义。使用这些扩展组件可以组建适用于某一具体应用领域的 UML 用户定制版本。

如图 3-11 所示举例说明了约束、构造型，和标记值的使用。对剧目类的约束保证了剧目具有唯一的名称。图 3-11 说明了两个关联的异或约束，一个对象某一时刻只能具有两个关联中的一个。用文字表达约束效果较好，但 UML 的概念不支持直接文字描述。

TicketDB 构件构造型表明这个是一个数据库构件，允许省略该构件的接口说明，因为这个接口是所有数据库都支持的通用接口。建模者可以增加新的构造型来表示专门的模型元素。一个构造型可以带有多个约束、标记值或者代码生成特性。如图 3-11 所示，建模者可以为命名的构造型定义一个图标，作为可视化的辅助工具。尽管如此，可以使用文字形式说明。

Scheduling 包中的标记值说明 Frank Martin 要在年底前完成计划的制订。可以将任意信息作为标记值写于一个模型元素中建模者选定的名字之下。使用文字有益于描述项目管理和代码生成参数。大部分标记值保存为编辑工具中的弹出信息，在正式打印出的图表中通常没有标记值。

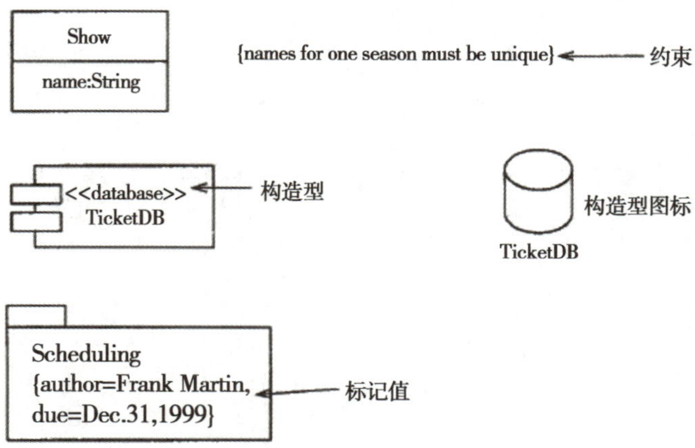

图 3-11　扩展组件

3.6 各种视图间的关系

多个视图共存于一个模型中，它们的元素之间有很多关系，其中一些关系列在表 3-2 中。表中没有列出所有关系，但它们列出了从不同视角观察得到的元素间的部分主要关系。

表 3-2　不同视图元素间的关系

元素 1	元素 2	关系
类	拥有	状态机
操作	交互	实现
用例	合作	实现
用例	交互实例	样本场景
构件实例	节点实例	位置
动作	操作	调用
动作	信号	发送
活动	操作	调用
消息	动作	激发
包	类	拥有
角色	类	分类

第 4 章 静态视图

学习目标

❶ 熟悉静态视图的基本组成。

❷ 掌握类元及其关系。

知识导图

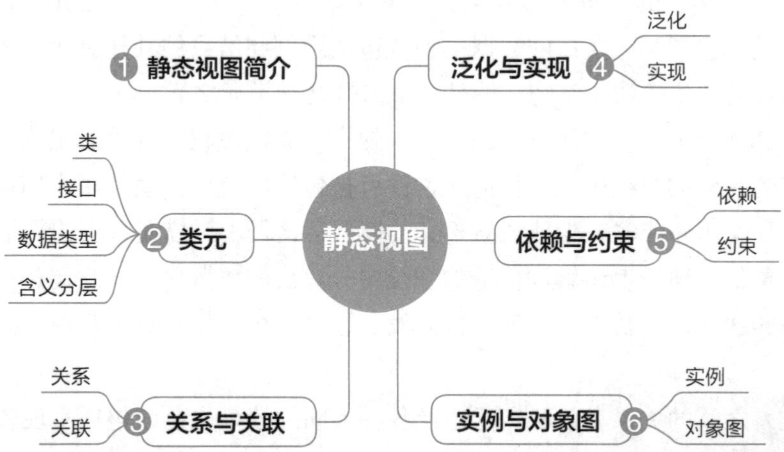

笔记

4.1 静态视图简介

静态视图是 UML 的基础。模型中静态视图的元素是实际应用中有意义的概念，这些概念包括真实世界中的概念、抽象的概念、实现方面的概念和计算机领域的概念，即系统中的各种概念。例如，一个剧院的售票系统有各种概念，如票、预订、预约计划、座位分配规则、网络订票和冗余信息等。

静态视图说明了对象的结构。一个面向对象的系统使数据结构和行为特征统一到一个独立的对象结构中。静态视图包括所有的传统数据结构思想，同时也包括数据操作的组织。数据和操作都可量化为类。根据面向对象的观点，数据和操作是紧密相关的。比如，Ticket 对象可以携带数据，如价格、演出日期、座位号，该对象还可以有基于它的操作，如预留这张票或以一定折扣计算它的价格。

静态视图将行为实体描述成离散的模型元素，但是不包括它动态行为的细节。静态视图将这些行为实体看作将被类指定、拥有并使用的物体。这些实体的动态行为由描述它内部行为细节的其他视图描述，包括交互视图和状态机视图。动态视图要求静态视图描述动态交互的事物，如果不首先说清楚什么是交互作用，就无法说清楚交互作用是怎样进行的。静态视图是建立其他视图的基础。

静态视图中的关键元素是类元及它们之间的关系。类元是描述事物的建模元素。有几种类元，包括类、接口和数据类型。包括用例和信号的其他类元具体化了行为方面的事物。实现目的位于像子系统、构件和节点这几种类元之后。

为了利于理解模型的可重用性，大的模型必须由较小的单元组成。包是拥有和管理模型内容的一般的组织单元。任何元素都可被包所拥有。模型是用来描述完整的系统视图的包，并且使用时或多或少地独立于其他模型，这是掌握描述系统的更细节的包的基础。

对象是从建模者理解和构造的系统中分离出的离散单元。它是类的实例，对象是一个可识别的状态，该状态的行为能被激发。它是一个结构和行为都由类描述的，具有身份的个体。

类元之间的关系有关联、泛化及各种不同的依赖关系，包括实现和使用关系。

4.2 类元

类元是模型中的离散概念，拥有身份、状态、行为和关系。有几种类元包括类、接口和数据类型。其他几种类元是行为概念、环境事物、执行结构的具体化，这些类元中包括用例、参与者、构件、节点和子系统。表 4-1 列出了几种类元和它们的功能。元模型术语类元中包括了所有这些概念，因为类是最熟悉的术语，所以先讨论它，之后再根据类与其他概念的区别定义其他概念。

表 4-1　各种类元

类元	功能	表示法
参与者	系统的外部用户	
类	模型系统中的概念	name

笔记

续表

类元	功能	表示法
状态类	局限于某个给定状态的类	Name[S]
类元角色	在合作中局限于某个使用的类元	**roleName**
构件	系统的一个物理组成单元	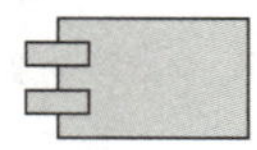
数据类型	无身份的一组原始值的描述符	Name
接口	刻画行为特征的操作命名集	 Iname
节点	计算资源	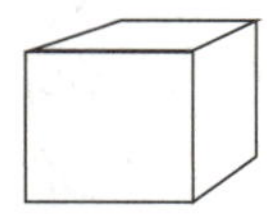
信号	对象间的异步通信	<<Signal>>
子系统	作为具有规范、实现和身份的单元的包	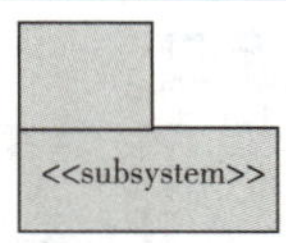
用例	与外界代理交互中的实体行为说明	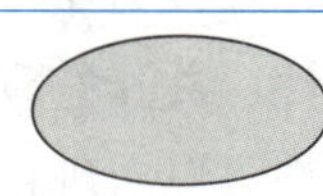

4.2.1 类

类代表了被建模的应用领域中的离散概念，如物理实体（如飞机）、商业事物（如一份订单）、逻辑事物（如广播计划）、应用事物（如取消键）、计算机领域的事物（如哈希表）或行为事物（如一项任务）。类是有相同结构、行为和关系的一组对象的描述符号，其用的属性与操作都被附在类或其他类元上。类是面向对象系统组织结构的核心。

对象是具有身份、状态和可激发行为的离散实体，用来构造实际运行系统的个体。类是用来理解和描述个别对象的个别概念。

类定义了一组有状态和行为的对象。属性和关联用来描述状态，属性通常用没有身份的纯数据值表示，如数字和字符串；关联则用有身份的对象之间的关系表示。个体行为由操作描述，方法是操作的实现。对象的生命周期由附加给类的状态机描述。类的表示法是一个矩形，由带有类名、属性和操作的分格框组成，如图 4-1 所示。

笔记

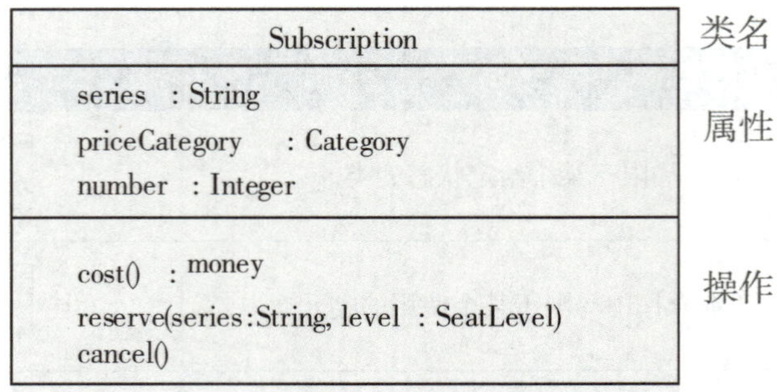

图 4-1　类的表示法

一组类可以用泛化关系和建立在其内的继承机制分享公用的状态和行为描述。泛化使更具体的类（子类）与含有几个子类共同特性的更普通的类（超类）联系起来。一个类可以有零个或多个父类（超类）和零个或多个后代（子类）。一个类从它的双亲和祖先那里继承状态和行为描述，并且定义它的后代所继承的状态和行为描述。

类在它的包含者内有唯一的名字，这个包含者通常可能是一个包，但有时也可能是另一个类。类对它的包含者来说是可见性，可见性说明它如何被位于它的可见者之外的类所利用。类的多重性说明了有多少个实例可以存在，通常情况下，可以有多个（零个或多个，没有明确限制），但在执行过程中一个实例只属于一个类。

4.2.2 接口

接口是在没有给出对象的实现和状态的情况下对对象行为的描述。接口包含操作，但不包含属性，并且它没有对外界可见的关联。一个或多个类或构件可以实现一个接口，并且每个类都可以实现接口中的操作。

4.2.3 数据类型

数据类型用来描述缺少身份的简单数据值。数据类型包括数字、字符串、枚举型数值。数据类型通过值传递，并且是不可变的实体。数据类型没有属性，但是可以有操作。操作不改变数据值，但是可以把数据值作为结果返回。

4.2.4 含义分层

类可以存在于模型的几种含义层中，包括分析层、设计层和实现层。当表现真实世界的概念时，说明实际的状态、关系和行为很重要。但是，像信息隐藏、有效性、可见性和方法这些实现方面的概念与真实世界的概念无关（它是设计层的概念）。分析层的类代表了在应用域中的逻辑概念或应用本身。分析层模型应该尽可能少地表示建模的系统，并在不涉及执行和构造的情况下，充分说明系统的必要逻辑组成。

当表示高层次的设计时，有些概念与类直接相关，这些概念包括特定类的状态定位、对象之间导航的效率、外部行为和内部实现的分离和准确操作的描述。设计层类表示了将状态信息和其上的操作封装于一个离散的单元，它说明了关键的设计决定、信息定位和对象的功能。设计层类包含真实世界和计算机系统两方面的内容。

最后，当实现程序代码时，类的形式与所选择的语言紧密相关。如果一个通用类的功能不能直接用语言实现，那么就不得不放弃它。实现层类直接与程序代码对应。

同一个系统可以容纳多个层次的类，面向实现的类会在模型中实现更具逻辑化的类。一个实现类表示用特定程序设计语言声明一个类，它得到了一个按照语言要求的准确格式的类。然而，在许多情况下，分析、设计和实现信息可嵌套在一个单独的类中。

笔记

4.3 关系与关联

4.3.1 关系

类元之间的关系有关联、泛化、流及各种形式的依赖关系，包括实现关系和使用关系（如表 4-2 所示）。

关联关系描述了给定类的单独对象之间语义上的连接。关联提供了不同类间对象可以相互作用的连接。其余的关系涉及类元自身的描述，而不是它的实例。

泛化关系使父类元（超类）与更具体的后代类元（子类）连接在一起。泛化有利于类元的描述，可以不用多余的声明，每个声明都需加上从其父类继承来的描述。继承机制利用泛化关系的附加描述构造了完整的类元描述。泛化和继承允许不同的类元分享属性、操作它们共有的关系，而不用重复说明。

实现关系将说明与实现联系起来。接口是对行为而非实现的说明，而类之中则包含了实现的结构。一个或多个类可以实现一个接口，而每个类分别实现接口中的操作。

流关系将一个对象的两个版本以连续的方式连接起来。它表示一个对象的值、状态和位置的转换。流关系可以将类元角色在一次相互作用中连接起来。流的种类包括变成（同一个对象的不同版本）和拷贝（依据现有对象创造一个新的对象）两种。

依赖关系将行为和实现与影响其他类的类联系起来。除了实现关系以外，还有好几种依赖关系，包括跟踪关系（不同模型中元素之间的一种松散连接）、精化关系（两个不同层次意义之间的一种映射）、使用关系（在模型中需要另一个元素的存在）、绑定关系（为模板参数指定值）。依赖关系经常用来表示具体实现间的关系，如代码层实现关系。在概括模型的组织单元（如包）时，依赖关系很有用，它在其上显示了系统的构架，例如编译方面的约束可通过依赖关系表示。

表 4-2　类元之间关系的种类

关系	功能	表示法
关联	类实例之间连接的描述	————————
依赖	两个模型元素间的关系	- - - - - - - - ➤
流	在相继时间内一个对象的两种形式的关系	- - - - - - - - ➤
泛化	更概括的描述和更具体的种类间的关系，适用于继承	————————▷
实现	说明和实现间的关系	————————▷
使用	一个元素需要别的元素提供适当功能的情况	- - - - - - - - ->

笔记

4.3.2 关联

关联描述了系统中对象或实例之间的离散连接。关联将一个含有两个或多个有序表的类元，在允许复制的情况下连接起来。最普通的关联是一对类元之间的二元关联。关联的实例之一是链，每个链由一组对象（一个有序列表）构成，每个对象来自相应的类。二元链包含一对对象。

关联带有系统中各个对象之间关系的信息。当系统执行时，对象之间的连接被建立和销毁。关联关系是整个系统中使用的“胶黏剂”，如果没有它，那么只剩下不能一起工作的孤立的类。

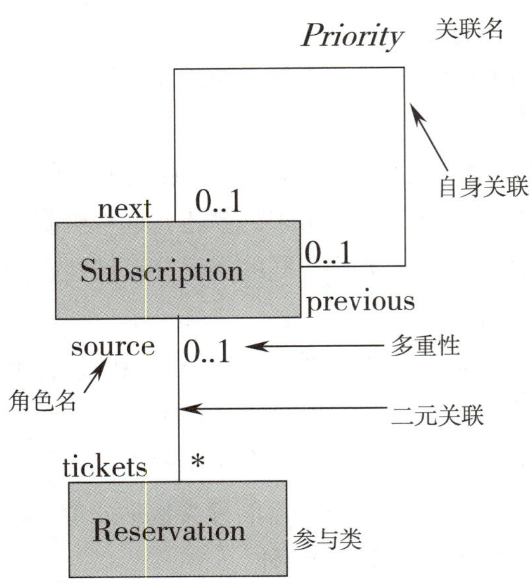

图 4-2　关联表示法

在关联中如果同一个类出现不止一次，那么一个单独的对象就可以与自己关联。如果同一个类在一个关联中出现两次，那么两个实例就不必是同一个对象，通常的情况都是如此。

一个类的关联的任何一个连接点都叫作关联端，与类有关的许多信息都附在它的端点上。关联端有名字（角色名）和可见性等特性，而最重要的特性则是多重性，多重性对于二元关联很重要，因为定义 n 元关联很复杂。

二元关联用一条连接两个类的连线表示。如图 4-2 所示，连线上有相互关联的角色名，而多重性则加在各个端点上。

如果一个关联既是类又是关联，即它是一个关联类，那么这个关联可以有它自己的属性，如图 4-3 所示。如果一个关联的属性在一组相关对象中是唯一的，那么它是一个限定符，如图 4-4 所示。限定符是用来在关联中从一组相关对象中标识出独特对象的值。限定符对建模名字和身份代码是很重要的，同时它也是设计模型的索引。

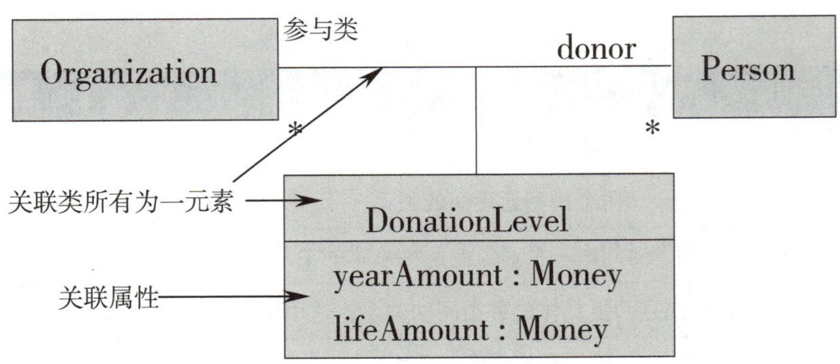

图 4-3　关联类

笔记

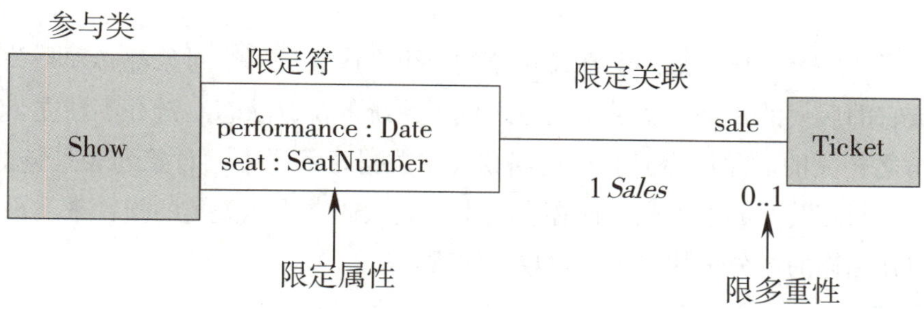

图 4-4　限定关联

在分析阶段，关联表示对象之间的逻辑关系。没必要指定方向或者关心如何实现它。应该尽量避免多余的关联，因为它不会增加任何逻辑信息。在设计阶段，关联用来说明关于数据结构的设计决定和类之间职责的分离。此时，关联的方向性很重要，而且为了提高对象的存取效率和对特定类信息的定位，也可引入一些必要的多余关联。然而，在建模阶段，关联不应该等于 C++ 语言中的指针。在设计阶段带有导航性的关联表示对一个类有用的状态信息，而且它能够以多种方式映射到程序设计语言中。关联可以用一个指针、被嵌套的类，甚至完全独立的表对象实现。其他几种设计属性包括可见性和链的可修改性。图 4-5 表示了一些关联的设计特性。

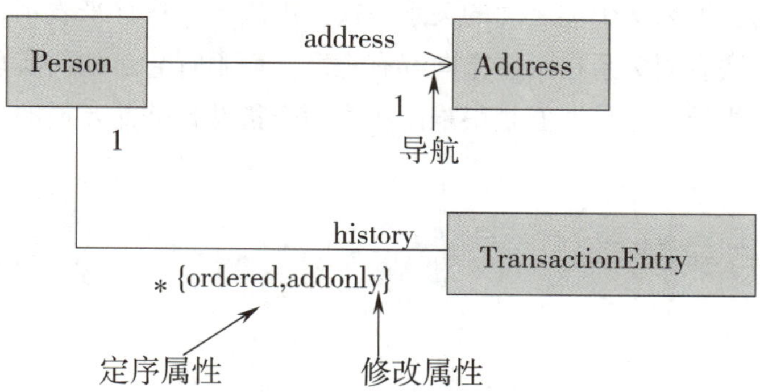

图 4-5　关联的设计特性

1. 聚集和组成

聚集表示部分与整体关系的关联，它用端点带有空菱形的线段表示，空菱形与聚集类相连。组成是更强形式的关联，整体有管理部分的特有的职责，它用一个实菱形附在组成端表示。每个表示部分的类与表示整体的类之间有单独的关联，但是，为了方便起见，将连线结合在一起，现在整组关联就像一棵树。图 4-6 表示了聚集关联和组成关联。

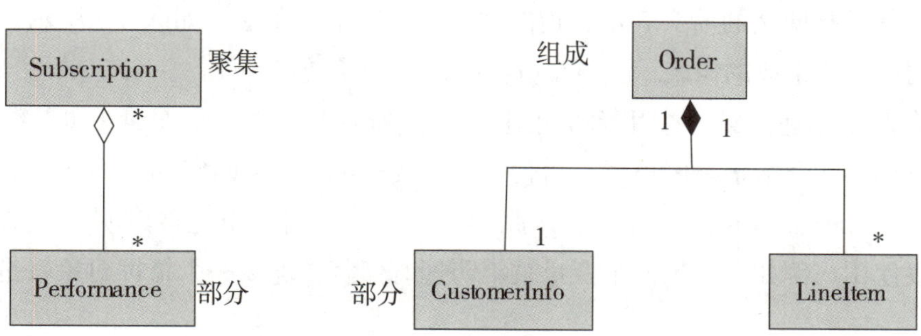

图 4-6　聚集关联和组成关联

笔记

2. 链

链是关联的一个实例。链即所涉及对象的一个有序表，每个对象都必须是关联中对应类的实例或它的后代的实例。系统中的链组成了系统的部分状态。链并不独立于对象而存在，它从与之相关的对象中得到自己的身份（在数据库术语中，对象列表是链的键）。在概念上，关联与相关类明显不同。而在实际中，关联通常用相关类的指针来实现，但它们可以作为与其相连的类分离的包含体对象来实现。

3. 双向性

关联的不同端很容易辨认，哪怕它都是同一种类。这仅仅意味着同一个类的不同对象是可以相互联系的。正是因为两端是可区分的，所以关联是不对称的（除了个别的例子外），且两个端点也是不能互相交换的。在通常情形下这是一个共识：就像动词短语中的主语和宾语不能互换一样。关联有时被认为是双向性的，这意味着逻辑关系在两个方向上都起作用。这个观点经常被错误理解，甚至包括一些方法学家。这并不意味着每个类“了解”其他类，或者说在实现中类与类之间可以互相访问。这仅仅意味着任何逻辑关系都有其反向性，无论这个反向性是否容易计算。如果关联只在一个方向横穿而不能在另一个方向横穿，那么关联就被认为有导航性。

为什么使用基本模型，而不用编程语言中流行的指针来表示关联？原因是模型试图说明系统实现的目的。如果两个类之间的关系在模型中用一对指针来表示，那么这两个指针仍然相关。关联方法表明关系在两个方向都有意义，而不管它是如何实现的。将关联转化成一对用于实现的指针很容易，但是很难说明这两个指针是彼此互逆的，除非这是模型的一部分。

4.4 泛化与实现

4.4.1 泛化

泛化关系是类元的一般描述和具体描述之间的关系，具体描述建立在一般描述的基础之上，并对其进行了扩展。具体描述与一般描述具有完全一致的特性、成员和关系，并且包含补充的信息。例如，抵押是借贷中的一种，抵押保持了借贷的基本特性并且加入了附加的特性，如房子可以作为借贷的一种抵押品。一般描述被称作父，具体描述被称作子，如借贷是父，则抵押是子。泛化在类元（如类、接口、数据类型、用例、参与者、信号等）、包、状态机和其他元素中使用。在类中，术语超类和子类分别代表父和子。

泛化用从子指向父的箭头表示，指向父的是一个空三角形，如图 4-7 所示。多个泛化关系可以用箭头线组成的树表示，每个分支指向一个子类。

泛化有两个用途。第一个用途是用来定义下列情况：当一个变量（如参数或过程变量）被声明承载某个给定类的值时，可使用类（或其他元素）的实例作为值，这称作可替代性原则（由 Barbara Liskov 提出）。该原则表明，无论何时祖先被声明了，则后代的一个实例可以使用。例如，如果一个变量被声明拥有借贷，那么一个抵押对象就是一个合法的值。

笔记

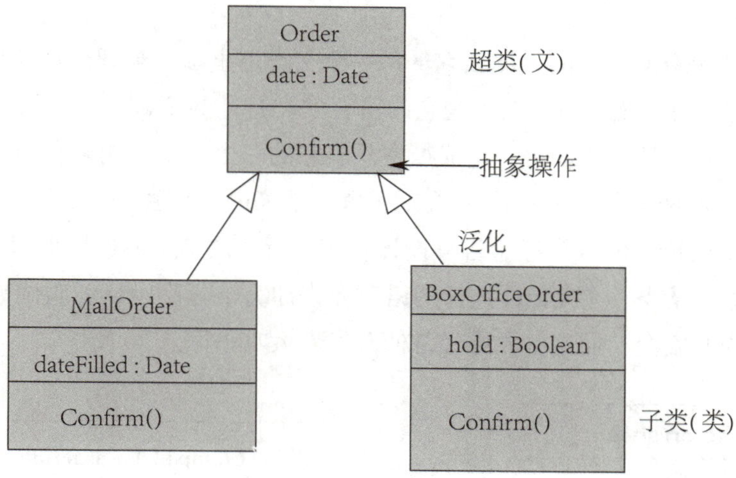

图 4-7　泛化表示法

泛化使得多态操作成为可能，即操作的实现是由它使用的对象的类，而不是由调用者确定的。这是因为一个父类可以有许多子类，每个子类都可实现定义在类整体集中的同一操作的不同变体。例如，在抵押和汽车借贷上计算利息会有所不同，它们中的每一个都是父类借贷中计算利息的变形。一个变量被声明拥有父类，接着任何子类的一个对象可以使用，并且它们中的任何一个都有自己独特的操作。这一点特别有用，因为在不需要改变现有多态调用的情况下就可以加入新的类。例如，一种新的借贷可以增加进来，而现存的用来计算利息操作的代码仍然可用。一个多态操作可在父类中声明但无实现，其后代类须补充该操作的实现。这种不完整操作是抽象的（其名称用斜体表示）。

泛化的另一个用途是在共享祖先定义的成分的前提下允许它自身定义增加的描述，这称作继承。继承是一种机制，通过该机制类的对象描述从类及其祖先的声明部分聚集起来。继承允许描述的共享部分只被声明一次就可以被许多类共享，而不是在每个类中重复声明并使用它，这种共享机制减小了模型的规模。更重要的是，它减少了为了模型的更新而必须做的改变以及意外的前后定义不一致。对于其他成分，如状态、信号和用例，继承通过相似的方法起作用。

1. 继承

每种泛化元素都有一组继承特性。对于任何模型元素的包括约束。对类元而言，它同样包括一些特性（如属性、操作和信号接收）和关联中的参与者。一个子类继承了它的所有祖先的可继承特性。它的完整特性包括继承特性和直接声明的特性。

对类元而言，没有具有相同特征标记的属性会被多次声明，无论直接的或继承的，否则将发生冲突，导致模型形式错误。换言之，祖先声明过的属性不能被后代再次声明。如果类的接口一致（具有同样的参数、约束和含义），操作可在多个类中声明。附加的声明是多余的。一个方法在层次结构中可以被多个类声明，附在后代上的方法替代（重载）在任何祖先中声明过的具有相同特征标记的方法。如果一个方法的两个或多个副本被一个类继承（通过不同类的多重继承），那么它会发生冲突并且模型形式错误（一些编程语言允许显式选定其中一种方法，如果在后代类中重新定义方法，会更简单、安全）。元素中的约束是元素本身及它所有祖先的约束的联合体，如果它存在不一致，那么模型形式错误。

在一个具体的类中，每个继承或声明的操作都必须有一个已定义的方法，无论是直接定义还是从祖先那里继承而来。

笔记

2. 多重继承

如果一个类元有多个父类，那么它从每一个父类那里都可得到继承信息，如图 4-8 所示。它的特征（属性、操作和信号）是它的所有父类特征的集合。如果同一个类作为父类出现在多条路径上，那么它的每一个成员中只有它的一个副本。如果有同样特征的特性被两个类声明，而这两个类不是从同一祖先那里继承来的（即独立声明），那么声明会发生冲突并且模型形式错误。因为经验告诉设计者应自行解决这个问题，所以 UML 不提供这种情形的冲突解决方案。像 Eiffel 这样的语言允许冲突被程序设计者明确地解决，这比隐式的冲突解决原则安全，而这些原则经常使开发者大吃一惊。

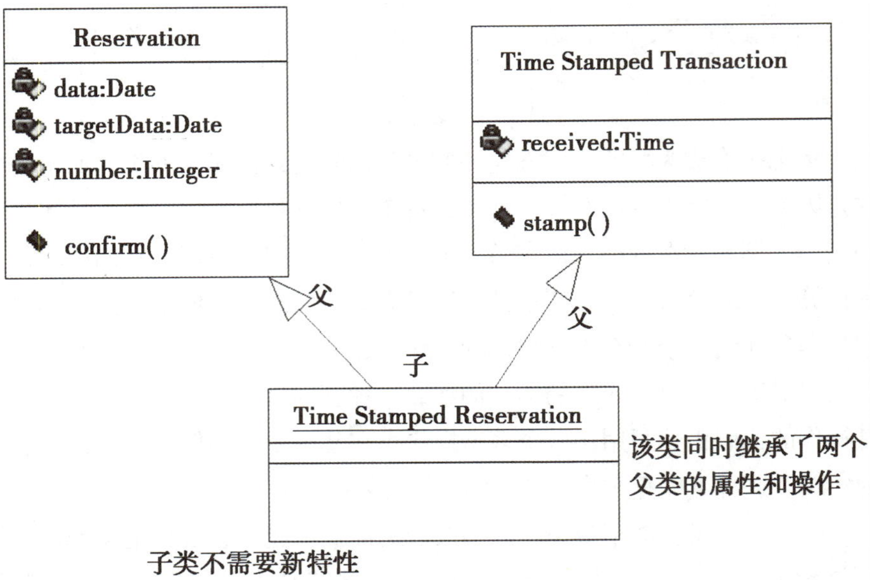

图 4-8　多重继承

3. 单分类和多重分类

在最简单的形式中，一个对象仅属于一个类，许多面向对象的语言都有这种限制。一个对象仅属于一个类并没有逻辑上的必要性，只要从多个角度同时观察一下真实世界的对象，就可以发现这一点。在 UML 更概括的形式中，一个对象可以有一个或多个类。对象看起来就好像它属于一个隐式类，而这个类是每个直接父类的子类，多重继承可以免去再声明一个新类，这样可提高效率。

4. 静态与动态类元

在最简单的形式中，一个对象在被创建后不能改变它的类。再次说明，这种限制并没有逻辑上的必要性，最初的目的是使面向对象编程语言的实现更容易一些。在更普遍的形式下，一个对象可以动态改变它的类，这么做会得到或失去一些属性或关联。如果对象失去了属性或关联，那么在对象中的信息也就失去了，并且之后也不能恢复，哪怕这个对象变回了原来的类。如果这个对象得到了属性或关联，那么它必须在改变时就初始化，就像初始化一个新对象一样。

当多重分类和动态分类一起使用时，一个对象就可以在它的生命期内得到或失去类。动态类有时称作角色或类型。一个常见的建模模式是每个对象有一个唯一的、静态的固有类（即不能在对象的生命期内改变的类），加上零个或多个可以在对象生命期内加入或移走的角色类。固有类描述了这个对象的基本特性，而角色类描述了暂时的特性。虽然许多程序设计语言不支持类声明中的多重动态分类，但是它仍然是一个很有用的建模概念，并且可以映射到关联上。

笔记

4.4.2 实现

实现关系将一种模型元素（如类）与另一种模型元素（如接口）连接起来，其中接口只是行为的说明，而不是结构或者实现。客户必须至少支持提供者的所有操作（通过继承或者直接声明）。实现关系意味着要有像接口这样的说明元素，它也可以用一个具体的实现元素暗示它的说明（而不是它的实现）必须被支持。例如，这可以用来表示类的一个优化形式和一个简单低效的形式之间的关系。

泛化和实现关系都可以将一般描述与具体描述联系起来。泛化将在同一语义层上的元素连接起来（如在同一抽象层），并且通常在同一模型内。实现关系将在不同语义层内的元素连接起来（如一个分析类和一个设计类或一个接口与一个类），并且通常建立在不同的模型内。在不同发展阶段可能有两个或更多的类等级，这些类等级的元素通过实现关系联系起来。两个等级无须具有相同的形式，因为实现的类可能具有实现依赖关系，而这种依赖关系与具体类是不相关的。

实现关系用一条带封闭空箭头的虚线表示，如图 4-9 所示，且与泛化的符号很像。

通常用一种特殊的折叠符号表示接口（无内容）以及实现接口的类或构件。接口用一个圆圈表示，它通过实线附在表示类元的矩形上，如图 4-10 所示。

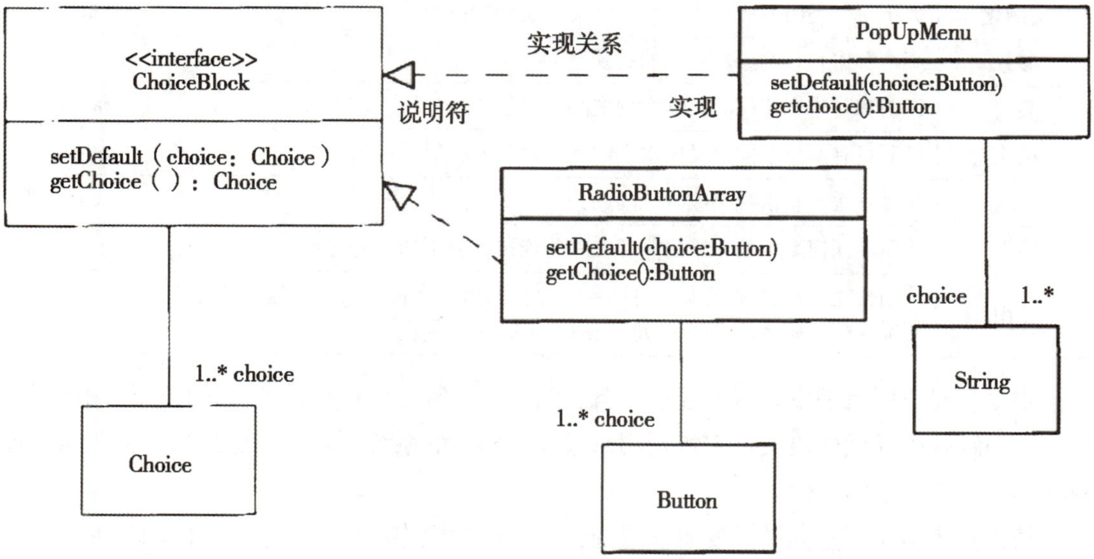

图 4-9 实现关系

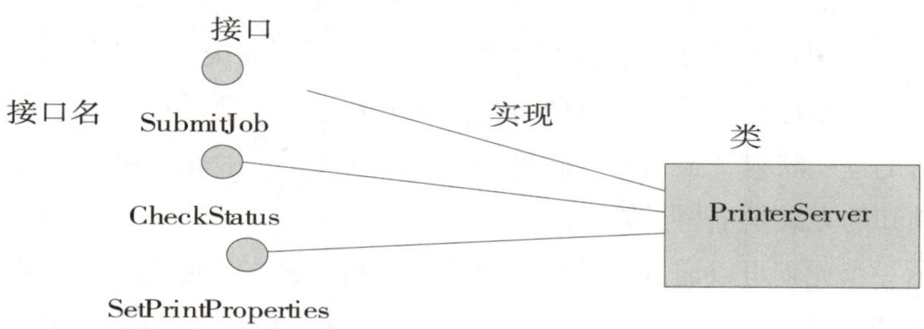

图 4-10 接口和实现图标

笔记

4.5 依赖与约束

4.5.1 依赖

依赖表示两个或多个模型元素之间语义上的关系。它只将模型元素本身连接起来，而不需要用一组实例表达它的意思。它表示了这样一种情形，提供者的某些变化会要求或指示依赖关系中客户的变化。

根据这个定义，关联和泛化都是依赖关系，但是它有更特别的语义，故它有自己的名字和详细的语义。通常用依赖这个词指其他关系。表 4-3 列出了 UML 基本模型中的一些依赖关系。

表 4-3 依赖关系种类

依赖关系	功能	关键字
访问	允许一个包访问另一个包的内容	access
绑定	为模板参数指定值，以生成一个新的模型元素	bind
调用	声明一个类调用其他类的操作的方法	call
派生	声明一个实例可以从另一个实例导出	derive
友元	允许一个元素访问另一个元素，不管被访问的元素是否具有可见性	friend
输入	允许一个包访问另一个包的内容，并为被访问包的组成部分增加别名	import
实例化	关于一个类的方法创建了另一个类的实例的声明	instantiate
参数	一个操作和它的参数之间的关系	parameter
实现	说明和对这个说明的具体实现之间的映射关系	realize
精化	声明具有两个不同语义层次上的元素之间的映射	refine
发送	信号发送者和信号接收者之间的关系	send
跟踪	声明不同模型中的元素之间存在一些连接，但不如映射精确	trace
使用	声明使用一个模型元素需要用到已存在的另一个模型元素，这样才能正确实现使用者的功能（包括调用、实例化、参数、发送）	use

跟踪是对不同模型中元素的连接的概念表述，通常这些模型是开发过程中不同阶段的模型。跟踪缺少详细的语义，它特别用来追溯跨模型的系统要求和跟踪模型中会影响其他模型的模型所引起的变化。

精化是表示位于不同的开发阶段或处于不同的抽象层次中的一个概念的两种形式之间的关系。这并不意味着两个概念会在最后的模型中共存，它们中的一个通常是另一个的未完善的形式。原则上，在较不完善到较完善的概念之间有一个映射，但这并不意味着转换是自动的。通常，更详细的概念包含设计者的设计决定，而决定可以通过许多途径实现。原则上讲，带有偏移标记的对一个模型的改变可由另一个模型证实。实际上，现有的工具不能完成所有的这些映射，虽然一些简单的映射可以实现。因此，精化通常提醒建模者多重模型以可预知的方式发生相互关系。

导出表示一个元素可以通过计算另一个元素得到（被导出的元素可以明确包含在系统中，以避免花费太多代价进行迭代计算）。导出、实现、精化和跟踪是抽象的依赖，它们将同一个潜在事物的不同形式联系起来。

笔记

使用表示的是一个元素的行为或实现会影响另一个元素的行为或实现。通常，这来自与实现有关的一些问题，如编译程序要求在编译一个类前要对另一个类进行定义。大部分依赖关系可以从代码中获得，而且它不需要明确声明，除非它是自上向下设计风格的系统的一部分（如使用预定义的构件或函数库）。特别的使用关系可以进行详细说明，但是因为关系的目的就为了突出依赖，所以它常常被忽略。确切的细节可以从实现代码中获得。使用的构造型包括调用和实例，调用表示一个类中的方法调用另一个类的操作；实例表示一个类的方法创建了另一个类的实例。

一些使用依赖允许某些元素访问其他元素。访问依赖允许一个包看到另一个包的内容。引入依赖能够达到更高的要求，可以将目标包内容的名字加入引入包的命名空间内。友元依赖是一种访问依赖，允许客户看到提供者的私有内容。

绑定是将数值分配给模板的参数。它是具有精确语义的高度结构化的关系，可通过取代模板备份中的参数实现。使用和绑定依赖在同一语义层上将很强的语义包括进元素内。它必须连接模型同一层的元素（或者都是分析层，或者都是设计层，并且在同一抽象层）。跟踪和精化依赖更模糊一些，可以将不同模型或不同抽象层的元素连接起来。

关系（一个元关系，不只限于依赖关系）实例表示一个元素（如对象）是另一个元素（如类）的实例。

依赖用一个从客户指向提供者的虚箭头表示，用一个构造型的关键字区分它的种类，如图 4-11 所示。

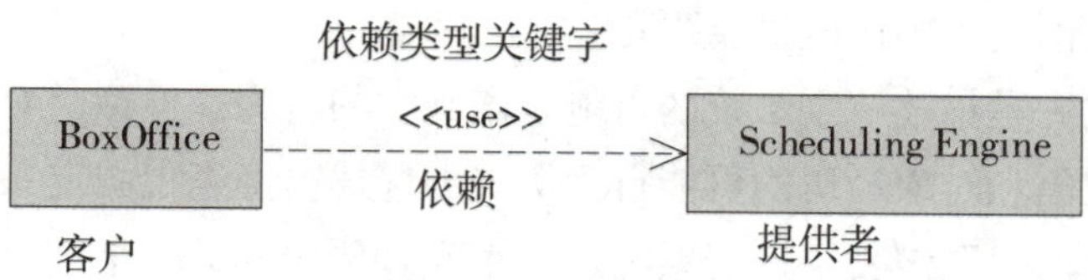

图 4-11 依 赖

4.5.2 约束

UML 以模型元素图的形式为建模系统提供了一组概念和关系，而它们中的一些用文字表达会更好一些，即利用文字语言的优势。约束是布尔表达式，可用由特定语言解释的字符串表示。自然语言、集合论中的符号、约束语言或各种编程语言都可用来表示约束。UML 中定义了一种约束语言 OCL，它有利于表达 UML 约束，并且有希望得到广泛的支持，详见《OCL 入门》等书。

约束可以用来表示各种非局部的关系，如关联路径上的限制。约束尤其可以用来表述存在特性（若存在 X，则 C 条件成立）和通用特性（对于 Y 中的所有 y，条件 D 必须成立）。

一些标准的约束已经由 UML 预先定义为标准元素，包括异或关系中的关联和泛化中子类关系中的各种约束。

约束用大括弧内的文字表达式表示，可以使用形式语言或自然语言。文字字符串可以写成注释或附加在依赖关系的箭头旁，图 4-12 表示了一些约束。

笔记

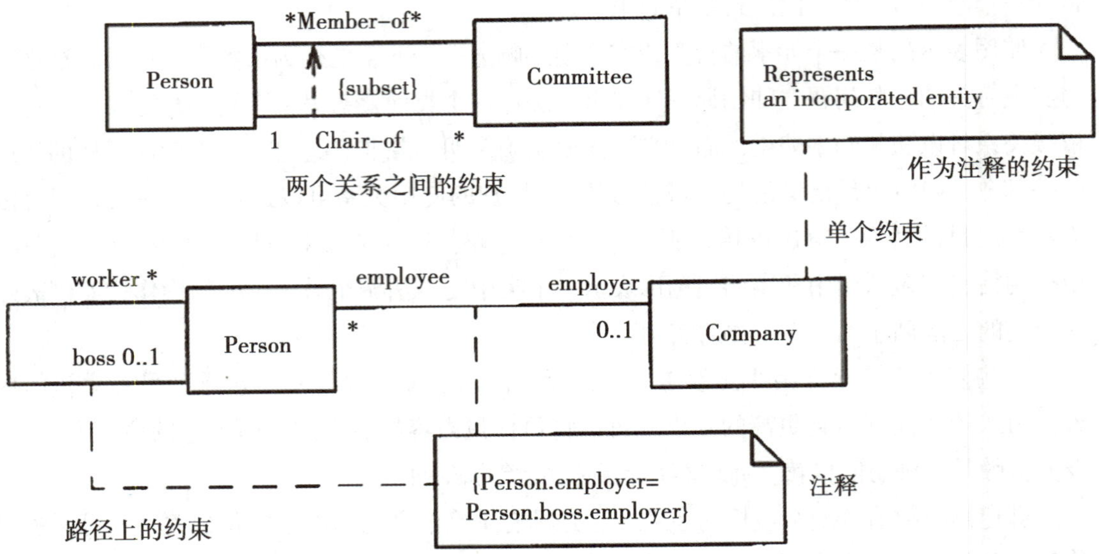

图 4-12　约束关系

4.6 实例与对象图

4.6.1 实例

实例是有身份标识的运行实体，即它可以与其他运行实体相区分。它在任何时刻都有一个值，随着对实例进行操作值也会改变。

模型的用途之一是描述一个系统的可能状态和它的行为。模型是对潜在性的描述，是对可能存在的对象集和对象经历的可能行为历史的描述。静态视图定义和限制了运行系统值的可能配置。动态视图定义了运行系统从一个配置传递到另一个配置的途径。总之，静态视图和建立在其上的各种动态视图定义了系统的结构和行为。

在某一时刻一个系统特定的静态配置叫作快照。快照包括对象和其他实例、数值和链。对象是类的实例，是完全描述它的类的直接实例和那个类的祖先的间接实例（如果允许，重分类对象可能是多个类的直接实例）。同样，链是关联的实例，数值是数据类型的实例。

对象对于它的类的每个属性都有一个数据值，每个属性值必须与属性的数据类型相匹配。如果属性可选或有多重性，那么属性可以有零个或多个值。链包含有多个值，每一个值是一个给定的类或是给定类的后代的对象的引用。对象和链必须遵从它的类或关联的约束（其中既包括明确的约束，又包括如多重性的内嵌的约束）。

如果系统的每个实例是一个形式良好的系统模型的一些元素的实例，并且实例满足模型的所有约束，则说明系统的状态是有效的。

静态视图定义了一组能够在单独快照中存在的对象、值和链。原则上，任何与静态图一致的对象和链的结合都是一个模型可能的配置，但这不意味着每个可能的快照都能够或将要出现。某些快照在静态图下合法，但在动态图下可能不会动态地达到。

UML 的行为部分描述了快照的有效顺序，快照可能作为内部和外部行为影响的结果出现。动态图定义了系统如何从一个快照转换到另一个快照。

4.6.2 对象图

笔记

快照的图是系统在某一时刻的图像。因为它包含对象的图像，因此也叫作对象图。作为系统的样本它是有用的，如可用来说明复杂的数据结构或一系列快照中表示的行为，如图 4-13 所示。请记住所有的快照都是系统的样本，而不是系统的定义。系统结构和行为在定义视图中定义，且建立定义视图是建模和设计的目标。

静态视图描述了可能出现的实例。除了样本外，实际的实例不总是直接在模型中出现。

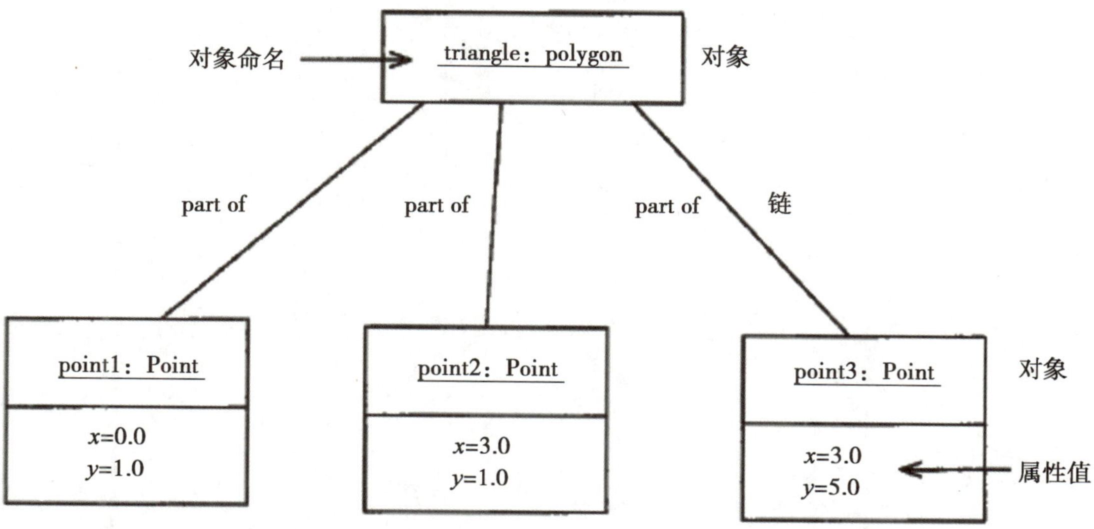

图 4-13　对象图

第 5 章 用例视图

学习目标

❶熟悉用例视图的结构和组成。

❷学会使用用例视图。

知识导图

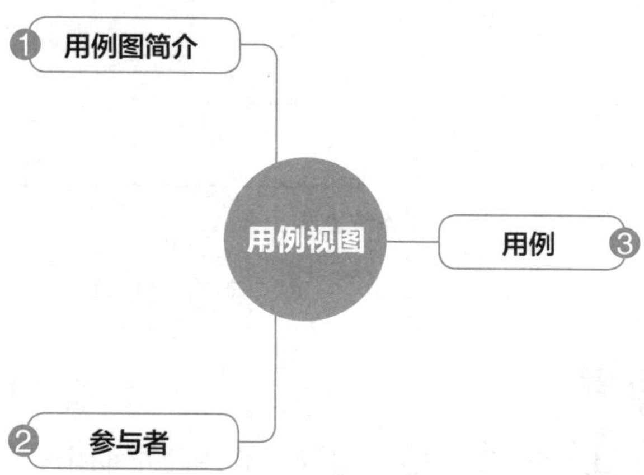

笔记

5.1 用例图简介

当用例图在外部用户前出现时，它可以捕获到系统、子系统或类的行为。它将系统功能划分成对参与者（即系统的理想用户）有用的需求。而交互功能部分被称作用例。用例使用系统与一个或多个参与者之间的一系列消息描述系统中的交互作用。参与者可以是人，也可以是外部计算机系统和外部进程。图 5-1 显示了一个电话目录销售用例图。此例是实际系统简化后的例子。

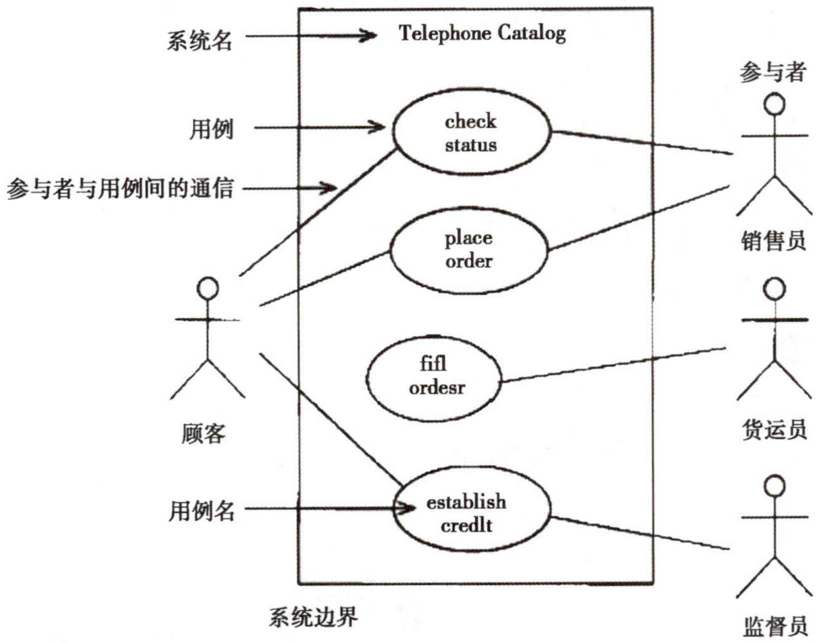

图 5-1　电话目录销售用例图

5.2 参与者

参与者是与系统、子系统或类发生交互作用的外部用户、进程或其他系统的理想化概念，作为外部用户与系统发生交互作用，这是参与者的特征。在系统的实际运作中，一个实际用户可能对应系统的多个参与者。不同的用户也可以只对应一个参与者，从而代表同一参与者的不同实例。

每个参与者可以参与一个或多个用例。它通过交换信息与用例发生交互作用（因此也与用例所在的系统或类发生了交互作用），而参与者的内部实现与用例是不相关的，参与者可以被一组定义它的状态的属性充分描述。

参与者可以通过泛化关系定义，在这种泛化关系中，一个参与者的抽象描述可以被一个或多个具体的参与者所共享。

参与者可以是人、另一个计算机系统或一些可运行的进程。在图 5-1 中，参与者用一个名字写在下面的小人表示。

5.3 用例

用例是外部可见的一个系统功能单元，它的功能由系统单元提供，并通过一系列系统单元与一个或多个参与者之间交换的消息表达。用例的用途是在不揭示系统内部构造的情况下定义连贯的行为。用例的定义包含用例必需的所有行为、执行用例功能的主线次序、标准行为的不同变形、一般行为下的所有异常情况及其预期反应。从用户角度看，上述情况很可能是异常情况；从系统角度看，它们是必须被描述和处理的附加情况。

在模型中，每个用例的执行独立于其他用例，虽然在具体执行一个用例功能时由于用例之间共享对象的缘故，可能会造成本用例与其他用例之间有这样或那样的、隐含的，依赖关系。每个用例都是一个纵向的功能块，这个功能块的执行会和其他用例的执行发生混杂。

用例的动态执行过程可以用 UML 的交互作用说明，可以用状态图、顺序图、合作图或非正式的文字描述表示。用例功能的执行通过类之间的协作实现。一个类可以参与多个协作，因此也参与了多个用例。

在系统层，用例表示整个系统对外部用户可见的行为。一个用例就像外部用户可使用的系统操作。然而，它又与操作不同，用例可以在执行过程中持续接受参与者的输入信息。用例也可以被像子系统和独立类这样的小单元所应用。一个内部用例表示了系统的一部分对另一部分呈现出的行为。例如，某个类的用例表示了一个连贯的功能，这个功能是该类提供给系统内其他有特殊作用的类的。一个类可以有多个用例。

用例是对系统一部分功能的逻辑描述，它不是明显用于系统实现的构件。不但如此，每个用例必须与实现系统的类相映射。用例的行为与类的状态转换和类所定义的操作相对应。只要一个类在系统的实现中充当多重角色，那么它将实现多个用例的一部分功能。设计过程的一部分工作就是在不引入混乱的情况下，找出具有明显的多重角色的类，以实现这些角色涉及的用例功能。用例功能靠类间的协作实现。

用例除了与其参与者发生关联外，还可以参与系统中的多个关系（如表 5-1 所示）。

表 5-1　用例之间的关系

关系	功能	表示法
关联	参与者与其参与执行的用例之间的通信途径	————
扩展	在基础用例上插入基础用例不能说明的扩展部分	<<extend>> - - - - - ->
用例泛化	用例之间的一般和特殊关系，其中特殊用例继承了一般用例的特性，并增加了新的特性	————▷
包括	在基础用例上插入附加的行为，并且具有明确的描述	<<include>> - - - - - ->

如图 5-2 所示，用例用一个名字在里面的椭圆表示，用例和与它通信的参与者之间用实线连接。

虽然每个用例的实例是独立的，但是一个用例可以用其他的更简单的用例来描述。这就像一个类可以通过继承它的超类并附加描述来定义。一个用例可以简单地包含其他用例具有的行为，并把它所包含的用例行为作为自身行为的一部分，这被称作包含关系。在这种情况下，新用例不是初始用例的一个特殊例子，而且不能被初始用例代替。

笔记

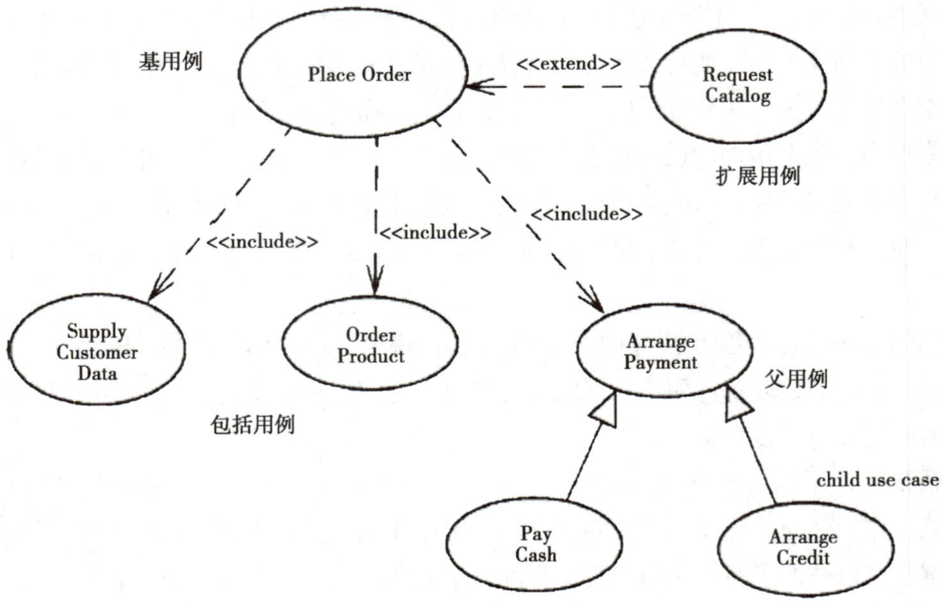

图 5-2　用例之间的关系

一个用例也可以被定义为基础用例的增量扩展，这叫作扩展关系。同一个基础用例的几个扩展用例可以在一起应用。基础用例的扩展增加了原有的语义，此时是本用例，而不是扩展用例被作为例子使用。

包含和扩展关系可以用含有关键字 <<include>> 和 <<extend>> 的带箭头的虚线表示。包含关系箭头指向被包含的用例，扩展关系箭头指向被扩展的用例。

一个用例也可以被特别列举为一个或多个子用例，这被称作用例泛化。当父用例能够被使用时，任何子用例也可以被使用。

用例泛化与其他泛化关系的表示法相同，都用一个三角箭头从子用例指向父用例。图 5-2 显示了销售用例之间的关系。

第 6 章 实例视图

学习目标

❶ 熟悉实例视图的结构和组成。

❷ 学会使用实例视图。

知识导图

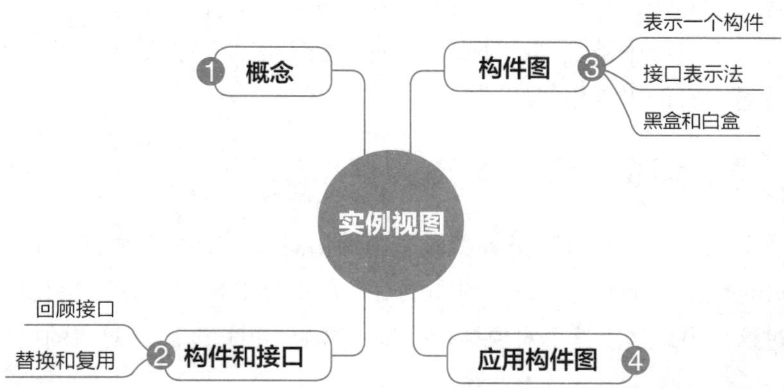

笔记

6.1 概念

软件构件是软件系统的一个物理单元。作为一个或多个类的软件实现，构件驻留在计算机中，而不是只存在于系统分析员的脑海里。构件提供和其他构件之间的接口。

在 UML 1.x 中，数据文件、表格、可执行文件、文档和动态链接库等都被定义为构件。实际上，建模者习惯把这些东西划分为部署构件（deployment component）、工作产品构件（work product component）和执行构件（execution component）。UML 2.0 则统称它们为工件（artifact），也就是系统使用或产生的一段信息。

相比之下，构件定义了一个系统的功能。就好像一个构件是一个或多个类的实现一样，工件（如果它可执行）是一个构件的实现。

对构件和构件的关系建立模型有下列用途：

（1）使客户能够看到最终系统的结构和功能。

（2）让开发者有一个工作目标。

（3）让编写技术文档和帮助文件的技术人员能够理解所写的文档是哪方面内容。

（4）利于复用。

构件的一个重要特征是它具有潜在的复用性。在当今快节奏的商业竞技场中，建造的系统发挥功能越快，在竞争中获得的利益就越多。如果在开发一个系统中构造的构件能够在开发另一个系统中被复用，那么就有利于获得这种竞争利益。在建立构件模型的工作上花费一些努力有助于复用。

6.2 构件和接口

对象对其他对象和外部世界隐藏了内部信息，这被称作封装（encapsulation）或信息隐藏（information-hiding）。对象必须提供对外部世界的窗口，以便让其他对象（也可能是人）能够通过这个窗口请求这个对象执行操作。这个“窗口”就是对象的接口（interface）。

6.2.1 回顾接口

接口是一组操作，能够访问一个类的行为，并执行相关的操作，和可以通过控制柄操作洗衣机执行洗衣服的操作一样。可以认为接口是只有操作的一个类——类中没有定义属性。接口是一个类提供给其他类的一组操作。

接口既可用于概念建模，也可用于物理实体建模。类的接口和软件实体（构件）的接口是相同的概念。对建模者来说，这就意味着类的接口表示方式和构件的接口表示方式完全相同，尽管 UML 的表示符号集对类和构件的表示符号做了区分，但是概念接口和物理实体接口的表示符号完全相同。

关于构件和接口，要记住的重要一点是：只能通过构件的接口来使用构件中定义的操作。与类和类的接口相同，构件和构件的接口之间的关系也叫作实现（realization）。

还有一个重要的结论：构件可以让它的接口被其他构件使用，以使其他构件可以使用这个构件中定义的操作。换句话说，一个构件可以访问在另一个构件中定义的服务。可以这样说，提供服务的构件呈现了一个提供的接口（provided interface），访问服务的构件使用了所需的接口（required interface）。

笔记

6.2.2 替换和复用

接口在构件复用和构件替换中是一个非常重要的概念。用一个构件替换另一个构件，只要新构件符合旧构件的接口就可以。

为了说明替换和接口，这里举一个来自汽车领域的例子。有一辆 20 世纪 60 年代某个品牌的经典跑车，从另外一辆正在制造中的汽车那里取来一个标准的引擎（尽管马力要小，但比较稳定）替换原来的引擎，因为新的引擎恰好能够和跑车的其他部件协同工作，尽管它是被设计用在另外一辆完全不同的汽车中的。

这个例子也可以很好地说明复用。可以在一个系统中复用另一个系统的构件，只要新系统能够通过构件接口很好地访问复用的构件。如果能够对一个构件接口进行细化，以至于众多的其他构件都能够访问它，那么，从工程的角度讲，就可以在整个企业的开发项目中复用这个构件。

对接口建模在这里派上了用场。如果模型中的构件接口信息恰好可用，对于试图替代和复用一个构件的开发者来说，工作就简单多了。否则，开发者还必须花费时间来逐步完成编码过程。

6.3 构件图

构件图恰好包括构件、接口和关系。其他类型的符号，也可以出现在构件图中。

6.3.1 表示一个构件

在 UML 1.x 中，构件图的主图标是一个左侧附有两个小矩形的大矩形框。很多建模者觉得 1.x 的构件图符号太糟糕，尤其是需要绘制一个到左侧的连接的时候。因此，UML 2.0 提供了一个新的构件图标。在 UML 2.0 中，图标是一个项部带有关键字 <<component>> 的矩形。为了继续保持术语相近，可以在 UML 2.0 的构件图标中包含进 1.x 版本的图标，如图 6-1 所示。

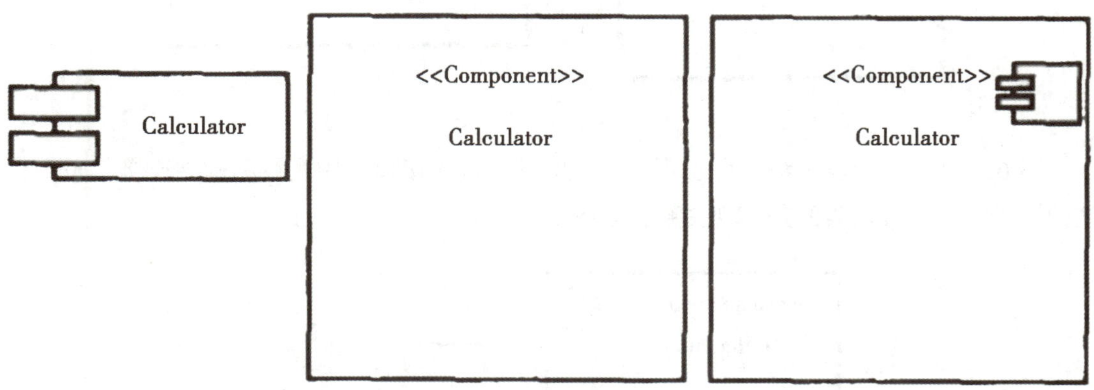

图 6-1　UML 1.x 中的构件图标以及 UML 2.0 中的两种构件图标

如果构件属于一个包，可以在构件名称的前面加上包名，还可以在另外一个隔开区域里绘出构件的操作。图 6-2 示意了这种情况。

说到工件，图 6-3 示意了表示工件的两种方法，并且示意了如何对一种特定的工件（可执行工件）和这种工件所实现的构件之间的关系建模。可以在工件的图标中添加注释

笔记

符号，就像在 UML 2.0 的构件图标中添加 1.x 的构件符号一样。

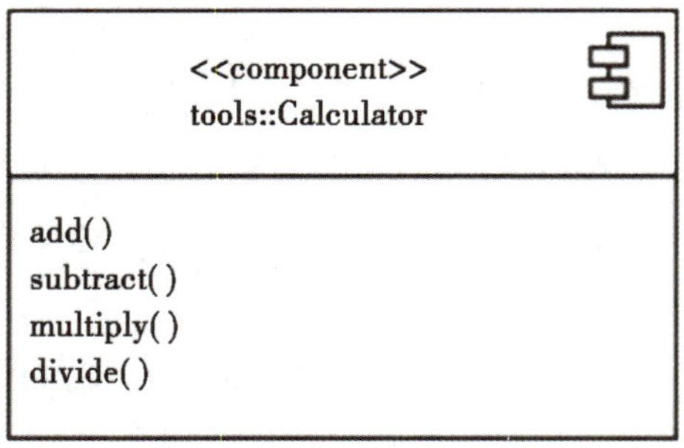

图 6-2　在构件图标中增加信息

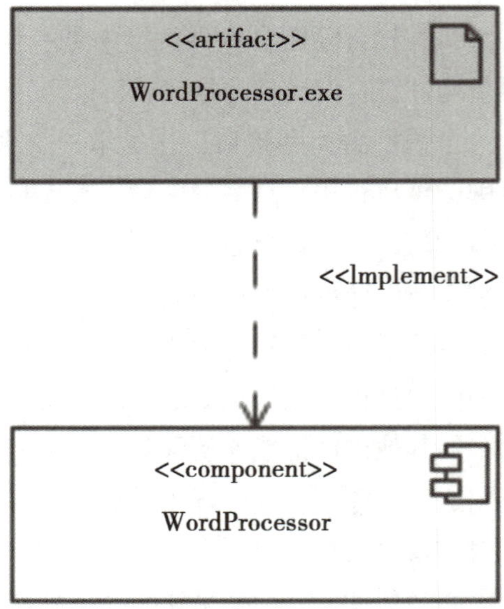

图 6-3　对工件和构件之间的关系建模

6.3.2 接口表示法

构件和构件的接口有两种表示法：一种表示法是将接口用一个矩形来表示，矩形中包含与接口有关的信息。接口与实现接口的构件之间用一条带空心三角形箭头的虚线连接，箭头指向接口，如图 6-4 所示。

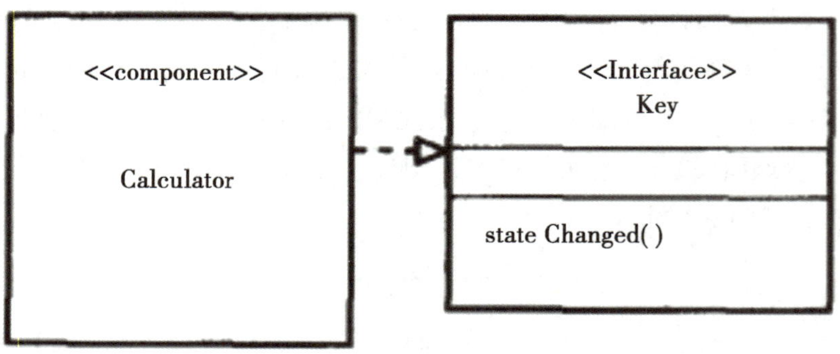

图 6-4　接口表示法 1

图 6-5 是另一种表示法。可以用一个小圆圈来代表接口，用实线和构件连接起来。在这种语境中，实线代表的是实现关系，如图 6-5 所示。

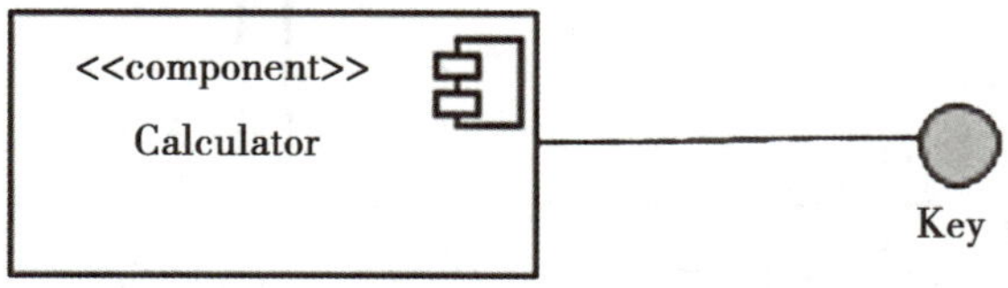

图 6-5　接口表示法 2

除了实现关系以外，还可以在图中表示出依赖关系——构件和它用来访问其他构件的接口之间的关系，依赖关系用一个带箭头的虚线表示。可以在一个图中同时表示出实现和依赖关系，如图 6-6 所示。

笔记

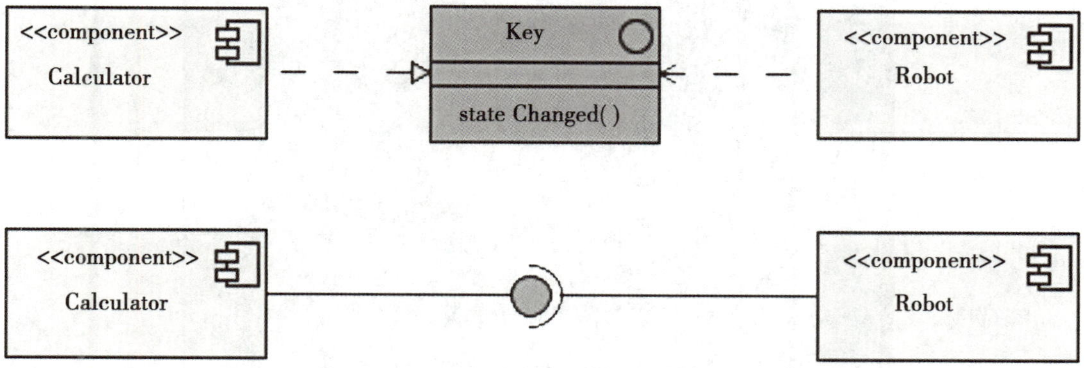

图 6-6　在同一个图中表示实现关系和依赖关系的两种方式

6.3.3 黑盒和白盒

当如图 6-6 那样对一个构件的接口建模时，展示的就是 UML 所谓的外部视图，或者叫作黑盒视图。还可以选择用另一种内部视图，或者叫作白盒视图。这个视图在构件中列出了接口，并用关键字对它分组。图 6-7 展示了图 6-6 的白盒视图。

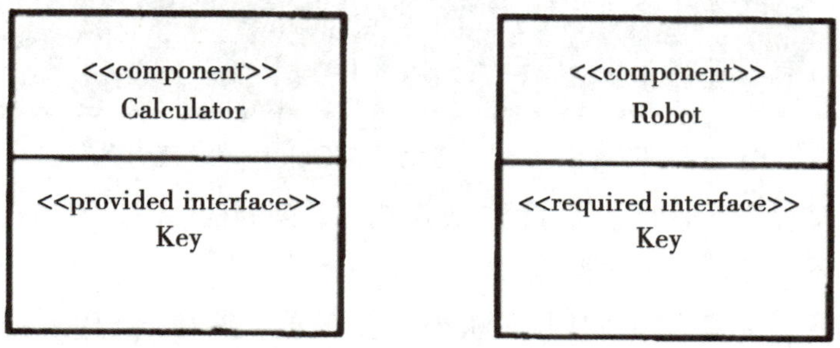

图 6-7　图 6-6 构件的白盒视图

6.4 应用构件图

下面举一个使用构件图的例子。这个例子对应于 Rogers Cadenhead 的 Teach youself Java 2 in 24 Hours, Third Edition（Sams Publishing, 2003）中的程序建模，这本书精心编写，寓教于乐。如果希望 (a) 快速精通 Java；(b) 学习如何用世界语说“Hello World”；(c) 体会 Rogers 是如何成为最好的计算机图书作者，简直能够和 NBA 总决赛中的 MVP 相媲美。

这个例子来自 Rogers 的书的第 16 章，其中的 Java 代码创建了一个名为 ColorSlide 的应用程序。这是由 3 个滑块组成的一个滑块组，可以通过它不同程度地混合红、绿、蓝 3 种颜色，每个滑块对应其中一种颜色。每个滑块的位置决定了它在混合颜色中的深浅程度。混合生成的颜色显示在滑块下面的一个调色板中。

图 6-8 取自 Rogers 的书，它展示了程序完成后的样子。当然，由于图的颜色是黑白的，没法看到生成的实际颜色。图中滑块的位置生成了一种名叫北德州中绿色（North Texas Mean Green）的颜色，这是一种对北德州大学的在校生和毕业生来说极富象征意义的颜色。

笔记

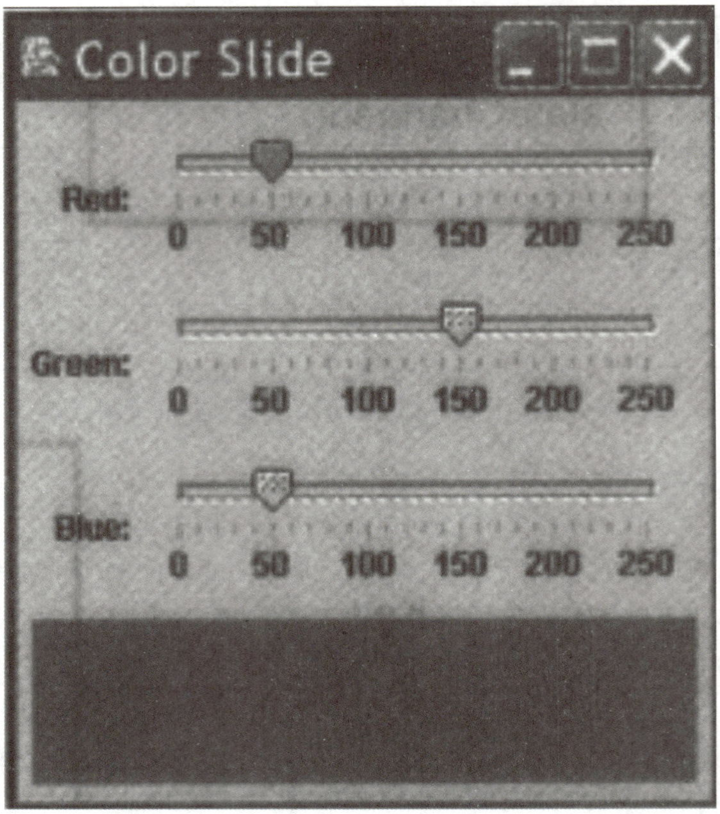

图 6-8　Rogers Cadenhead 的 ColorSlide 应用程序

为了理解这个程序背后的思考过程，先浏览一系列的构件图，目的是看这个程序是如何形成的，同时还学习一些建模技术。

图 6-9 展示了支持程序中所使用的 Java 元素的包。缩写 awt 代表 abstract windowing toolkit（抽象窗口工具箱），这是用来展示和控制图形用户界面（Graphic User Interface，GUI）的一组构件。这个程序用到的具体构件是负责显示颜色的 Color、负责在 GUI 中布局元素的 GrideLayout 和 FlowLayout，还有负责在屏幕上绘制及渲染 GUI 的 Graphics 和 Graphics2D。

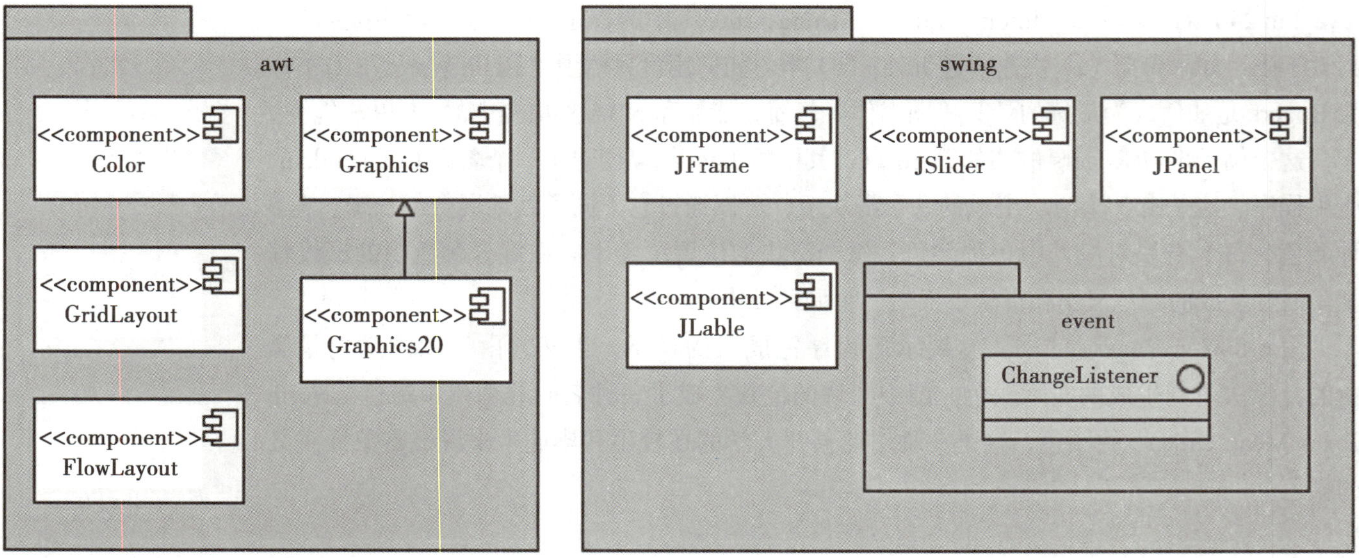

图 6-9　支持 ColorSlide 应用程序使用的 Java 元素的包

另一个标记为 swing 的主要的包，是一组可以添加到图形用户界面上的构件。图 6-9 中，包中的构件名字都一目了然：JSlider 是一个滑块，JFrame 是一个窗体，JPanel 是一个面板（窗体中的一个区域），而 JLabel 是一个标签。

标记为 Swing.event 的包支持 ChangeListener 接口，该接口等待 GUI 发生的状态变化。

图 6-10 以最高的层次分析了各个构件。它用通用的方式展示了这样的关系：构件 ColorSlide 继承自 JFram 并提供了 ChangeListener，这是一个需要的接口，并且一个 Person 通过这个接口和 ColorSlide 交互。ChangeListener 和 ColorSlide 的交互通过一个端口进行。交互的结果被发送到 Color，用从端口指向 Color 的箭头表示。UML 2.0 把球窝连接称为汇编连接（assembly connector），把箭头称为委托连接（delegation connector）。连接点是 UML 2.0 中引入的新概念。

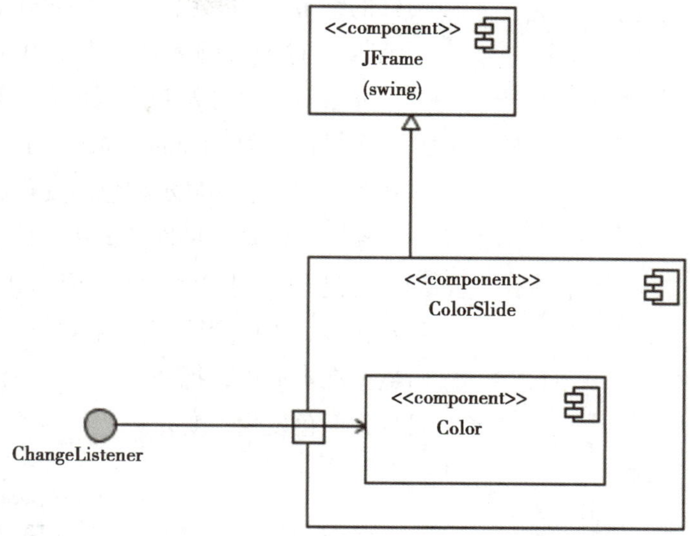

图 6-10　ColorSlide 应用程序最初的构件图

注意，包名作为构件名的前缀出现。严格地讲，awt 的名字为 java.awt，swing.event 的名字为 java.swing.event，但在这里使用简略形式。在 Java 语言中，程序在代码开始的地方就把包导入进来，程序员也就不需要为整个程序中的每个构件指定包。其他的图中反映了 import 包的过程，但并没有指出包的名字。

图 6-11 把分析带入了另一个层次，它展示了 ColorSlide 作为 JSlider、JPanel 和 JLabel 等构件的聚合，并且具有如图所示的多重性。由于程序需要处理红、蓝和绿 3 种颜色，所以可以看到模型中有 3 个滑块和 3 个标签（每个滑块一个标签）。图 6-11 中有 4 个面板，因为每个滑块拥有一个自己的区域，并且必须有一个指定的区域显示颜色。

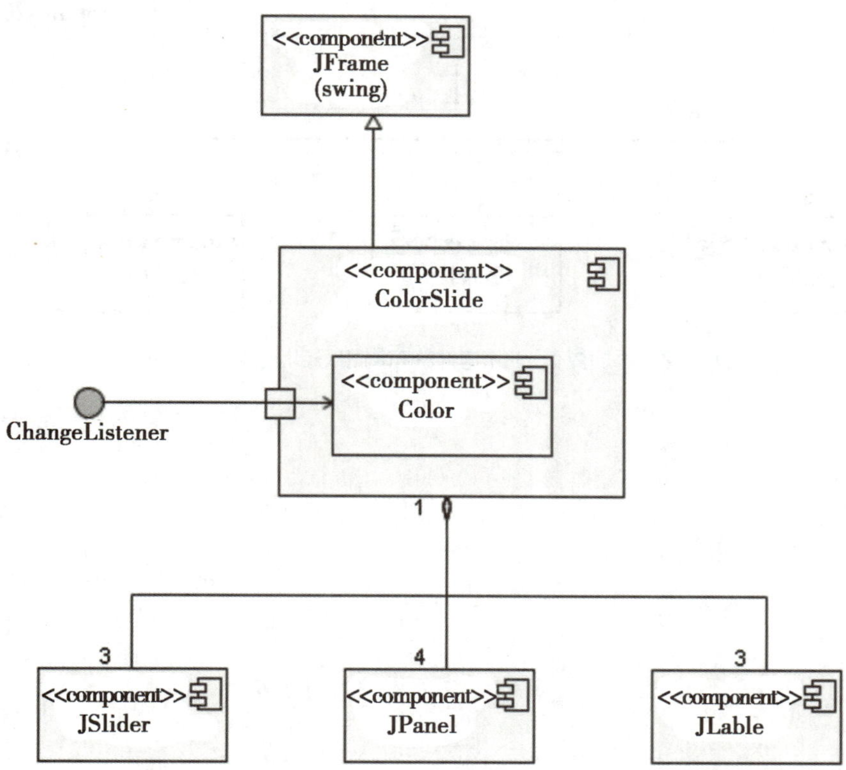

图 6-11　ColorSlide 应用程序被建模为构件的聚合

笔记

从图 6-12 开始考虑构件的布局和 GUI 的渲染。关键字 <<Arrange>> 说明了 GridLayout 和 FlowLayout 负责面板、滑块和标签等构件的布局（这里没有讨论它如何布局构件的细节）。关键字 <<Paint>> 说明 Graphics 和 Graphics2D 负责处理渲染（又一次忽略了细节）。这些关键字并不是 UML 内建的，添加它们只是为了说明问题。

如果对这个分析步骤很清楚，就会发现有一点问题。图 6-11 和图 6-12 示意了 JSlider 是一个构件，而 ChangeListener 是一个接口，用户只能通过操作滑块来生成颜色，滑块每次移动，都会引起显示颜色的变化。该如何表示滑块和接口之间的这种关系呢？

接下来的这个层次的分析对此给出答案，并且示意程序在 GUI 中创建了构件的实例。为了对这些实例建模，可以应用在第 3 章中见过的对象的图标。对于滑块，该怎么表示呢？在 Java 中，当创建一个对象（比如一个滑块的实例）时，可以把它注册为一个变化监听器。在本例中，把一个滑块对象注册为一个变化监听器意味着滑块的移动被注意到，并且导致颜色发生了变化。

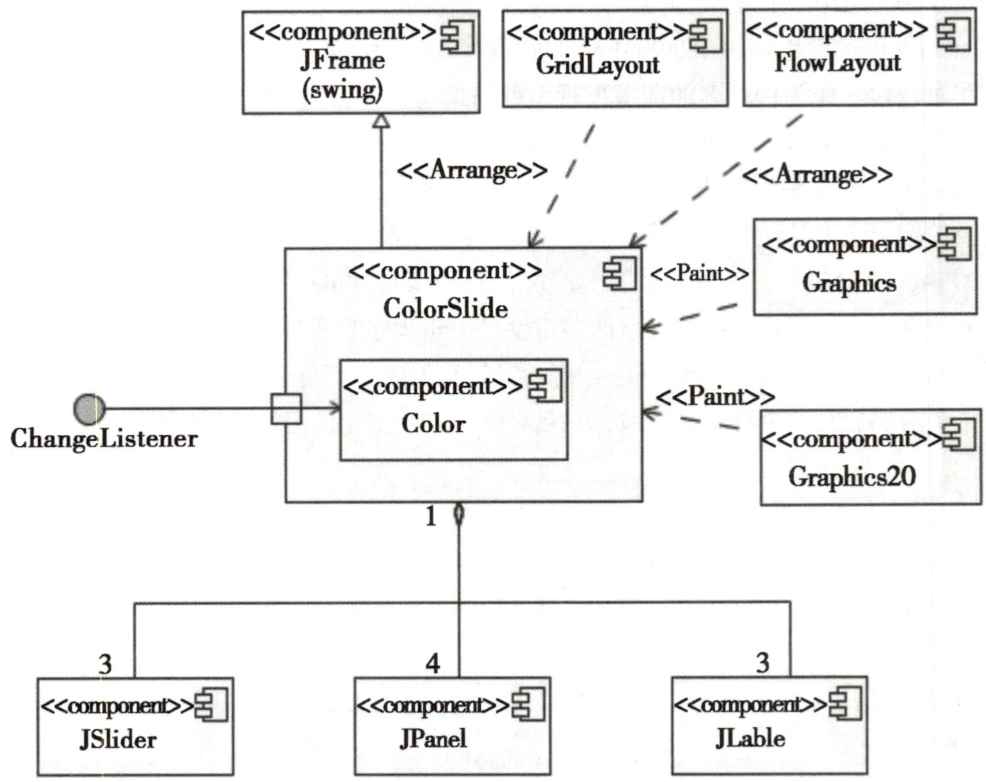

图 6-12　添加具有 GUI 构件的布局和 GUI 渲染的 Java 构件

第 7 章 部署图

学习目标

❶ 熟悉部署图的结构和组成。

❷ 学会使用部署图。

知识导图

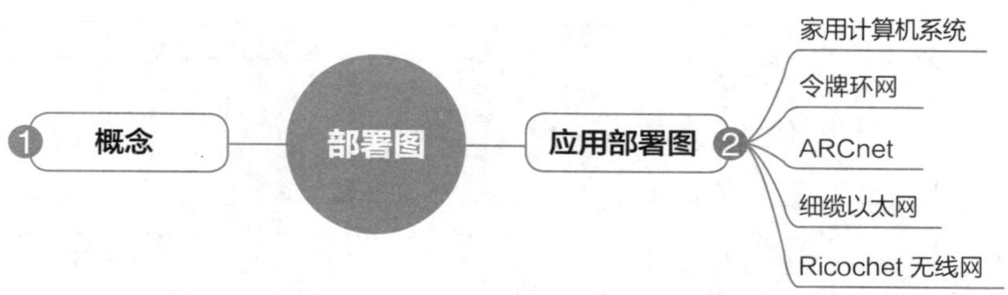

7.1 概念

笔记

部署图（deployment diagram）展示了如何在系统硬件上部署，以及各个硬件部件如何相互连接。主要的硬件术语节点（node）是各种计算资源的通用名称。

在 UML 1.x 中，大多数建模者把节点划分为两种类型：处理器（processor）是能够执行软件构件的节点；设备（device）是不能执行软件构件的外围硬件，但它通常具备某种形式的与外部世界的接口。尽管这种区分并没有在 UML 1.x 中形式化，但是它很有用。

UML 2.0 正式把一个设备定义为一个执行工件的节点，在 UML 2.0 中用立方体表示一个节点（与 UML 1.x 用例图一样）。可以为节点起一个名字，并添加关键字 <<Device>> 指明节点类型，尽管一般不需要这样做。把设备和外围设备区分开是一个好主意，下面将看到这一点。图 7-1 显示了一个节点。

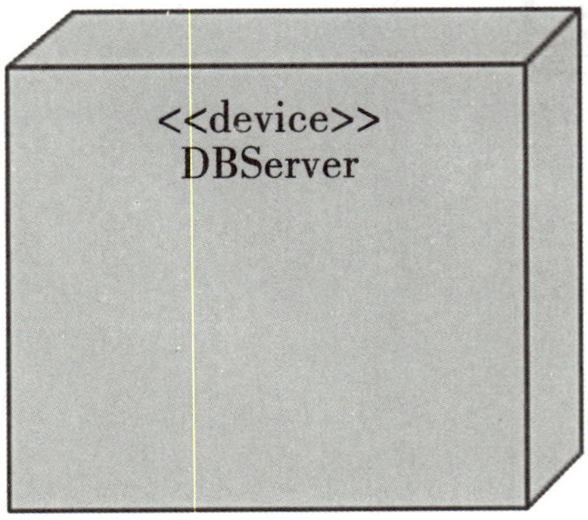

图 7-1　UML 中的一个节点

图 7-2 展示了在一个节点上部署的工件的 3 种建模方式。

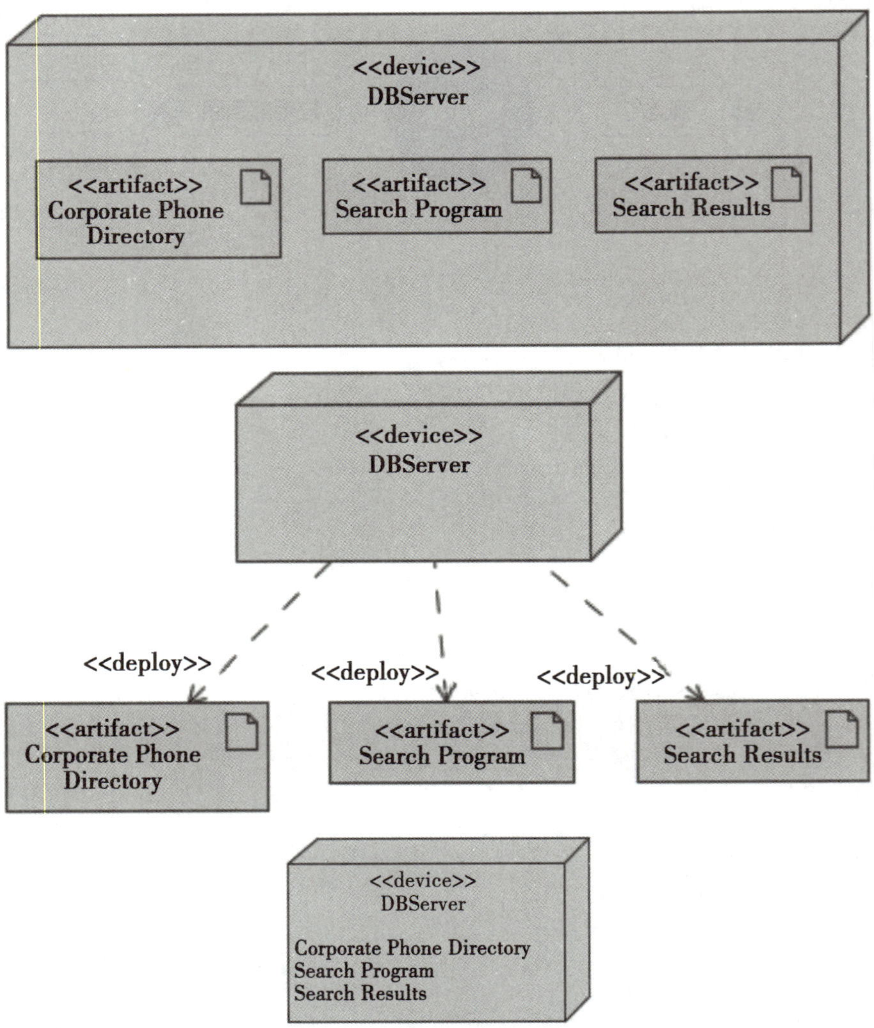

图 7-2　在一个节点上部署的工件的 3 种建模方式

笔记

连接两个立方体的一条线，表示两个节点相连。记住，一个连接不一定是一段电线或电缆。可以表示红外线或者通过卫星的无线连接。图 7-3 给出了节点间的连接示例。

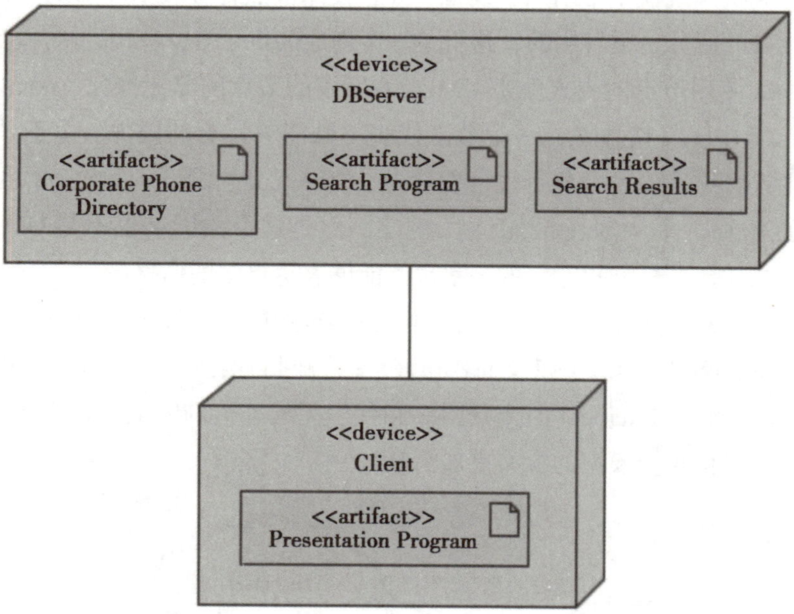

图 7-3　节点间的连接示例

UML 2.0 对工件的强调带来了一系列和工件相关的概念，其中一个就是部署说明（deployment specification），也就是一个工件为另一个工件提供参数。一些调制解调器的连接过程中需要初始化命令，这就是一个典型的部署说明的例子。在这个例子中，部署说明就是一个字符串，用来设定调制解调器的某个属性的值。图 7-4 示意了如何对一个部署说明建模。

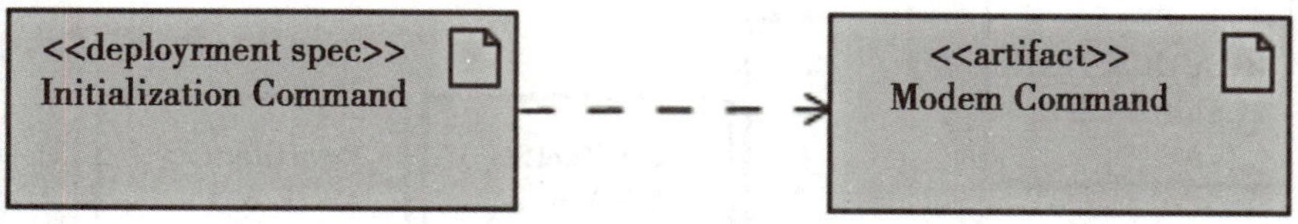

图 7-4　表示一个部署说明以及它和它所参数化的工件的关系

为了清楚说明问题，可以给箭头添加一个关键字 <<Parameterize>>，尽管它不是 UML 2.0 自带的关键字，也就是说，UML 规范中没有它。

7.2　应用部署图

家用计算机系统是一个好的学习起点，因此第一个例子就是前面介绍过的家用计算机系统的部署图。

正如先前所说的，当今的多处理器计算机系统可能连接长距离的节点。因此，从一个应用于网络结构的部署图的例子可能发现所举的例子会对现实工作有帮助，或者适用于现实工作。每个例子中都包括了反映组网规则的约束。

7.2.1 家用计算机系统

笔记

在家用计算机系统模型中纳入了设备，并且使用节点符号表示外围设备。正如前面提到的，外围设备的区分是很有用的，这就是一个现成的例子。

在本例中，使用节点的方式就是 UML 2.0 所谓的节点的非标准化（nonnormative）用法。在 UML 2.0 中，严格地说，一个节点代表一件能够计算的硬件。由于系统包含外围设备，把外围设备纳入模型中显得很合理。为了能够区分外围设备和设备，可以为每个非标准化的节点添加一个 <<peripheral>> 关键字，但是这个关键字也不是 UML 所内建的。和这个关键字相比，非标准化节点的名字也许能够表达更多的信息。

图 7-5 所示为家庭计算机系统的部署图。在部署图中，通过表示出因特网服务提供商（Internet service Provider，ISP）以及 ISP 和整个因特网的连接，对宽带网络连接进行了建模。图中代表因特网（Internet）的云状图标和代表无线连接的闪电图标不属于 UML 图符集，但是这样画可使整个模型的含义更加清晰。

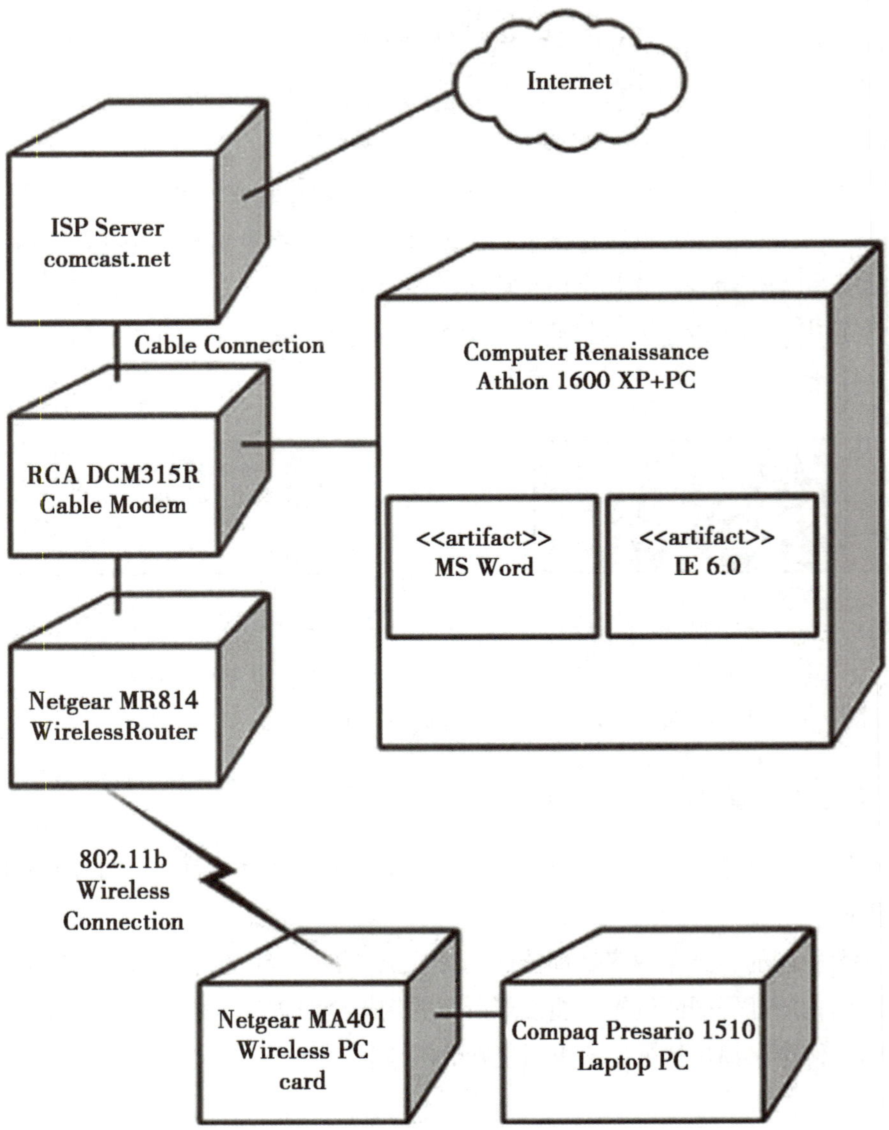

图 7-5　家庭计算机系统的部署图

7.2.2 令牌环网

笔记

在一个令牌环网（token-ring network）中，每台计算机都要配备一个网络接口卡（NIC），通过它与一个中心多站点访问单元（Multistation Access Unit，MSAU）连接。多个 MSAU 可以通过串行口连接，整个形状像一个圆环（令牌环网中的“环”便由此得名）。MSAU 组成的环状结构有点像交通控制台，它使用一个名为令牌（token）的信号让每台计算机知道何时轮到自己传送信息（因此，令牌环网中的“令牌”便由此得名）。

当某台计算机得到令牌时，只有这台计算机的信息才能传送到网络上。当它传送完后，信息通过网络传送到目的节点。当信息到达目的节点时，目的节点还要给发送方计算机返回一个确认信息。

如图 7-6 所示，在这个例子中，令牌环网包括 3 个 MSAU 和各自挂接的个人计算机（PC）。

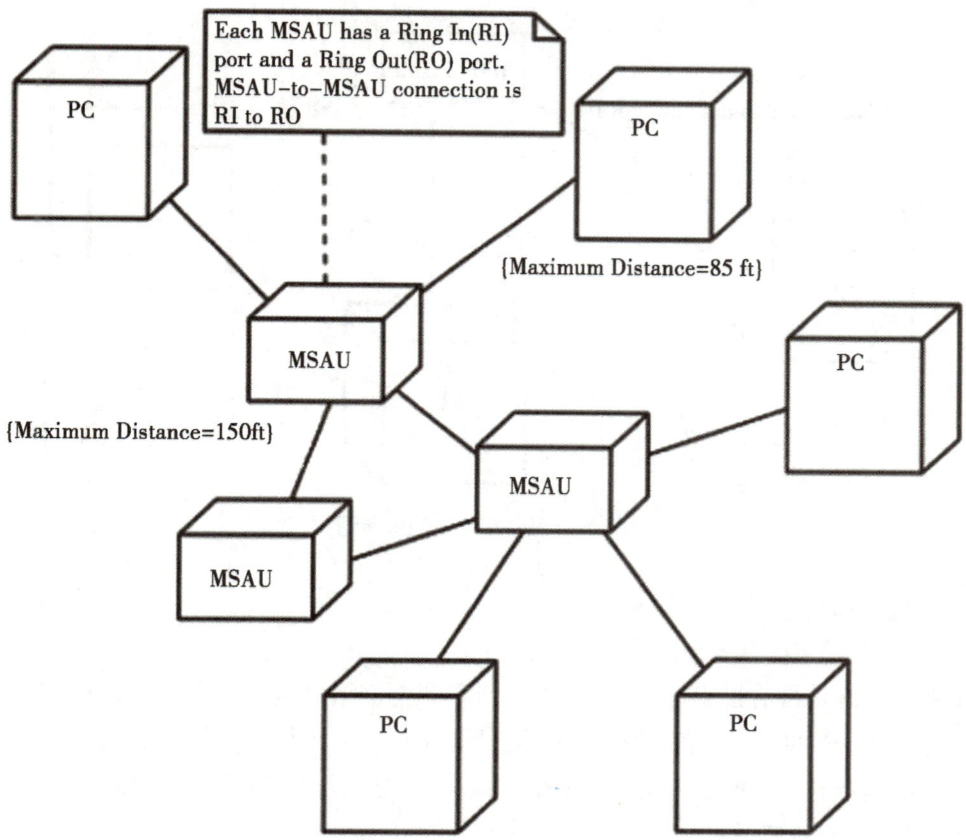

图 7-6　包含 3 个 MSAU 的令牌环网的部署图

7.2.3 ARCnet

和令牌环网类似，挂接资源计算网络（Attached Resources Computing network，ARCnet）也要将一个令牌从一台计算机传送到另一台计算机。两者的差别在于，每个 ARCnet 中的计算机都被指定了一个号码，号码决定了哪台计算机持有令牌。每台计算机都要连接到一个集线器（hub），集线器或者是主动 active 的（首先将接收到的信号放大，然后再转发出去），或者是被动 Passive 的（不放大信号，只转发信号）。

笔记

和令牌环网中的 MSAU 不同的是，ARCnet 中的集线器并不控制令牌的移动，而是由各台计算机自己负责令牌的传递。

图 7-7 是具有一个被动集线器（Passive Hub）、一个主动集线器（Active Hub）和几台个人计算机（PC）的 ARCnet 的部署图。

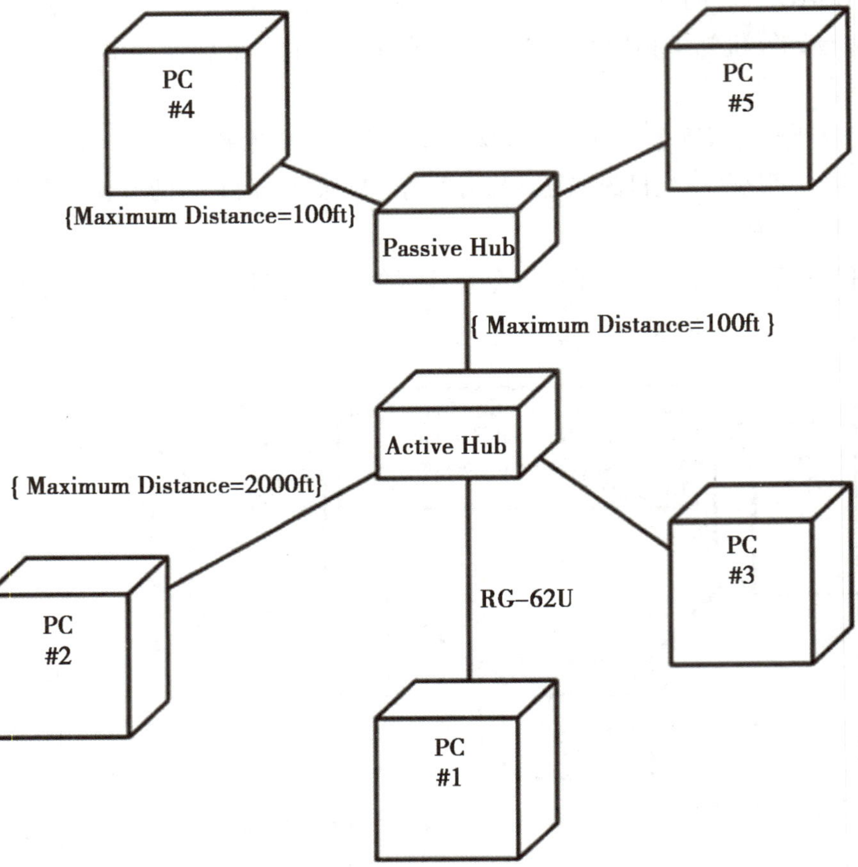

图 7–7　ARCnet 的部署图

7.2.4 细缆以太网

细缆以太网是目前很流行的一种网络。计算机与网络电缆之间通过一个叫作 T 型连接器（T-Connector）的连接设备连接。一个网段可以通过一个中继器（Repeater）加入另一个网段中。中继器是一种能够将接收到的信号放大、整形后再转发出去的网络连接设备。图 7-8 为细缆以太网的部署图。

笔记

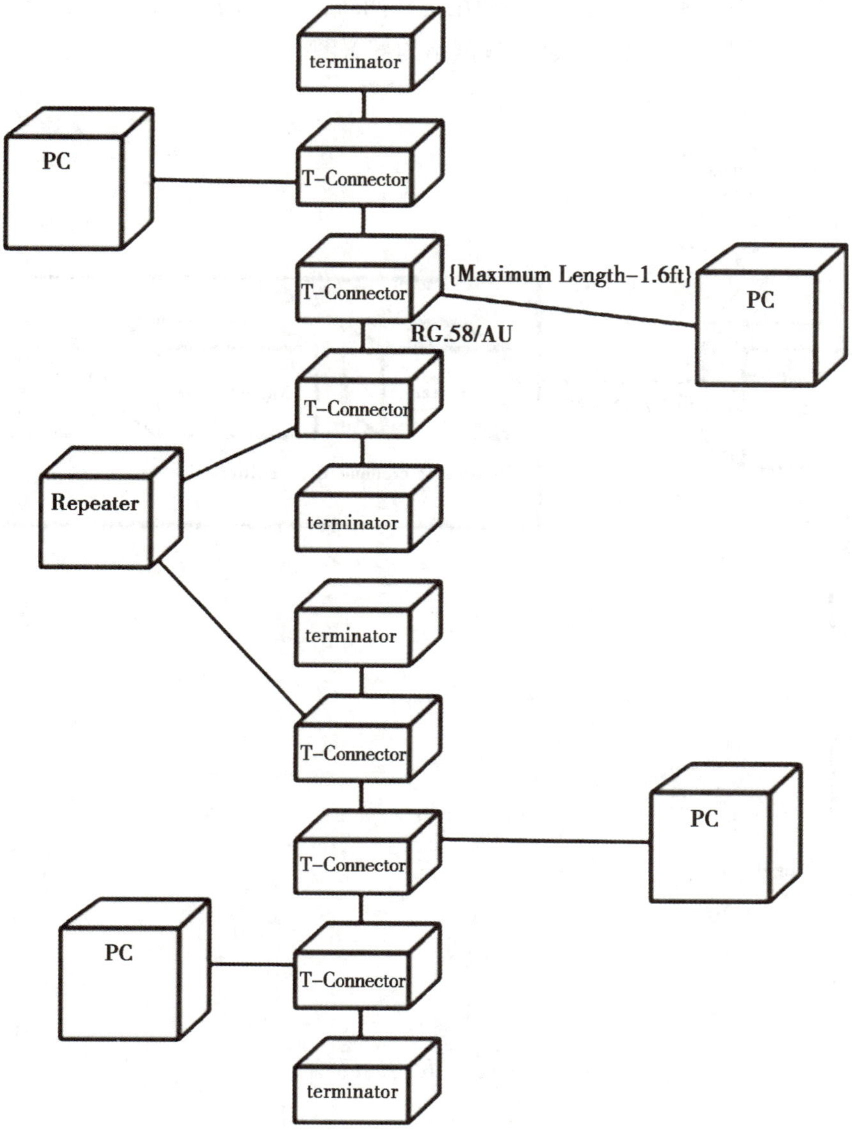

图 7-8　细缆以太网的部署图

7.2.5 Ricochet 无线网

Ricochet 公司提供了一种因特网访问的无线调制解调器（modem）解决方案。它的无线调制解调器可以插入一台计算机的串行端口中并且可以向整个 Ricochet 网络广播信息。

Ricochet 网络包括无线发送 - 接收仪（radio transmitter-receiver），每个无线发送 - 接收仪都像一个鞋盒那么大。在相距 1~15 英里（1 英里 =1609.344 米）的距离安装多个无线收发单元（microcell radio），以检查盒模式布局。每个无线收发单元都安装了一个特殊的适配器，通过它可以接收一些来自街灯中的能量。

无线收发单元将信号广播到一些无线访问点（Access Point），无线访问点又将这些信息转给一个网络互连设施（Network Interconnection Facility，NIF）。NIF 包含一个名字服务器（它是一个存放有效连接信息的数据库）、一台路由器（一种网络之间的连接设备）以及一个网关（用于在两个使用不同通信协议的网络之间传递信息）。信息再从 NIF 传送到整个因特网。

虽然目前只有在丹佛和圣迭戈能够使用这种网络，但是 Ricochet 技术还是提供了一个很好的建模机会。图 7-9 为 Ricochet 无线网络的部署图。

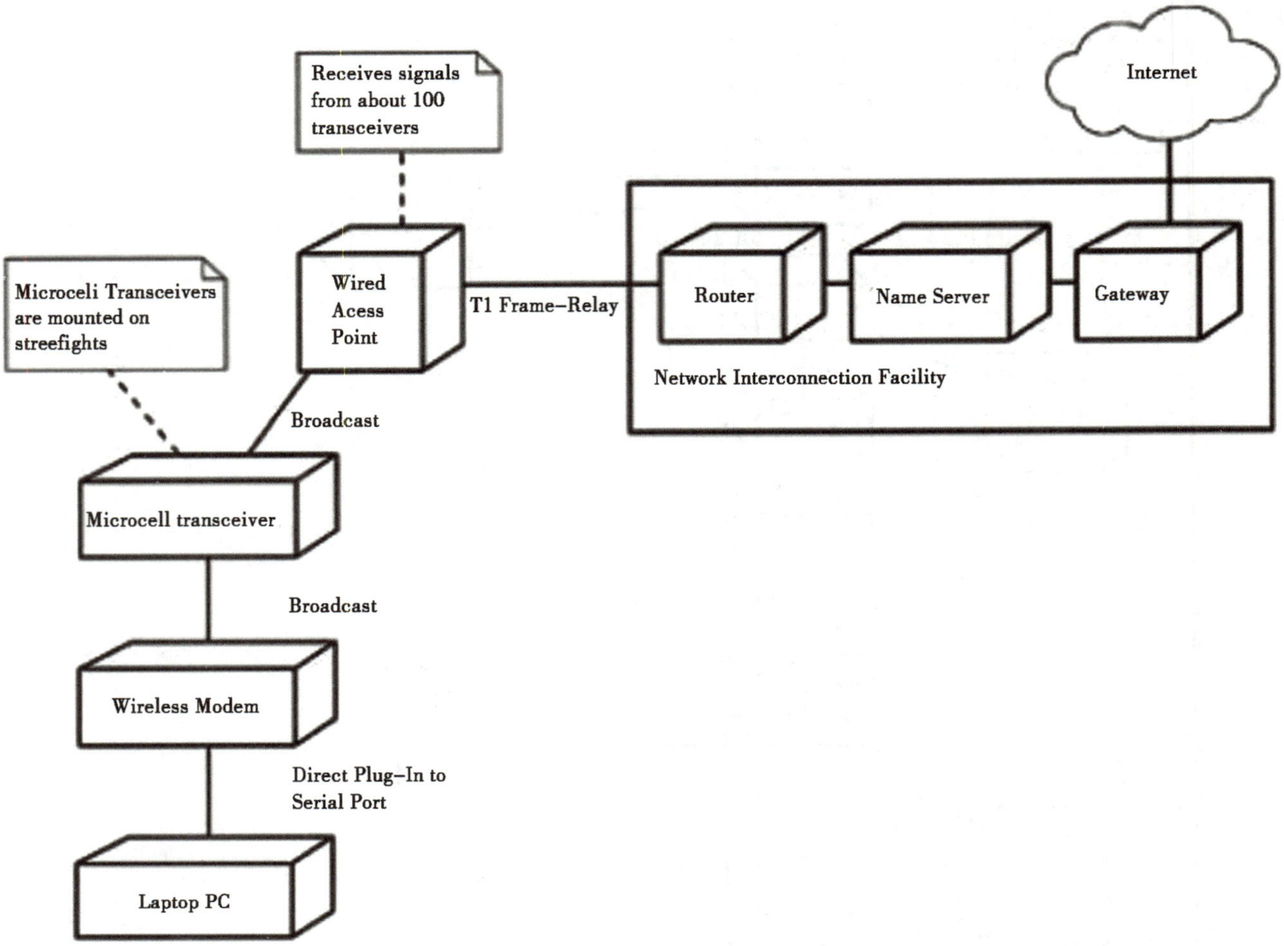

图 7-9　Ricochet 无线网络的部署图

第 8 章 状态机视图

学习目标

❶ 熟悉状态机图的结构和组成。

❷ 学会使用状态机图。

知识导图

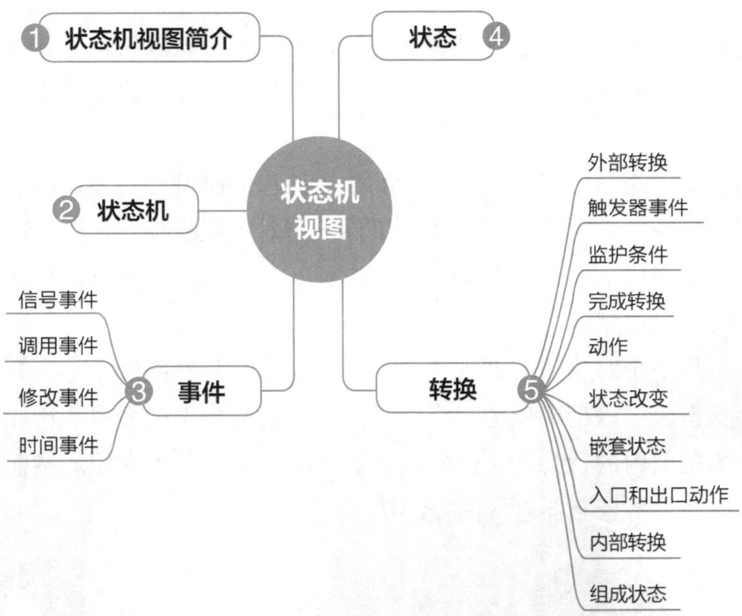

笔记

8.1 状态机视图简介

状态机视图通过对类对象的生存周期建立模型来描述对象随时间变化的动态行为。每一个对象都被看作是通过对事件进行探测并做出回应来与外界其他部分通信的独立的实体。事件表示对象可以探测到的事物的一种运动变化，如接收到从一个对象到另一个对象的调用或信号、某些值的改变或一个时间段的终结。任何影响对象的事物都可以是事件，真实世界所发生的事物的模型通过从外部世界到系统的信号来建造。

状态是给定类的对象的一组属性值，这组属性值对所发生的事件具有相同性质的反应。换言之，处于相同状态的对象对同一事件具有同样方式的反应，所以，当给定状态下的多个对象接收到相同事件时会执行相同的动作，然而处于不同状态下的对象会通过不同的动作对同一事件做出不同的反应。例如，当自动答复机处于处理事务状态或空闲状态时会对取消键做出不同的反应。

状态机用于描述类的行为，但它也描述用例、协作和方法的动态行为。对这些对象方面而言，一个状态代表了执行中的一步。通常用类和对象描述状态机，但是它也可以被其他元所直接应用。

8.2 状态机

状态机是展示状态与状态转换的图。通常，一个状态机依附于一个类，并且描述一个类的实例对接收到的事件所发生的反应。状态机也可以依附于操作、用例和协作并描述它的执行过程。

状态机是一个类的对象所有可能的生命历程的模型。对象被孤立地从系统中抽出和考察，任何来自外部的影响都被概述为事件。当对象探测到一个事件后，它依照当前的状态做出反应，反应包括执行一个动作和转换到新状态。状态机可以构造成继承转换，也能够对并发行为建立模型。

状态机是一个对象的局部视图，一个将对象与其外部世界分离开并独立考察其行为的图。利用状态机可以精确地描述行为，但不适合综合理解系统执行操作。如果要更好地理解整个系统范围内的行为产生的影响，那么交互视图将更有用。然而，状态机有助于理解如用户接口和设备控制器这样的控制机。

8.3 事件

事件是发生在时间和空间上的一点的值得注意的事情。它在时间上的一点发生，没有持续时间。如果某一事情的发生造成了影响，那么在状态机模型中它是一个事件。当使用事件这个词时，通常是指一个事件的描述符号，即对所有具有相同形式的独立发生事件的描述，就像类这个词表示所有具有相同结构的独立类一样。一个事件的具体发生叫作事件的实例。事件可能有参数来辨别每个实例，就像类用属性来辨别每个对象。对类而言，信号利用泛化关系来进行组织，以使不同的类共享公用的结构。事件可以分成明确或隐含的几种：信号事件、调用事件、改变事件、时间事件等。表 8-1 是几种事件类型及其描述。

表 8-1　事件的种类

事件类型	描述	语法
调用事件	接受等待应答的对象的明确形式的同步请求	op（a：T）
改变事件	对布尔表达式值的修改	When（exp）
信号事件	接受一个对象间外在的、命名的、异步的通信	Sname（a：T）
时间事件	绝对时间的到达或者相对时间段的终结	After（time）

笔记

8.3.1 信号事件

信号是作为两个对象之间的通信媒介的命名的实体，信号的接收是信号接收对象的一个事件。发送对象明确地创建并初始化一个信号实例并把它发送到一个或一组对象。最基本的信号是异步单路通信，发送者不会等待接收者如何处理信号，而是独立做它自己的工作。在双路通信模型中要用到多路信号，即至少要在每个方向上有一个信号。发送者和接收者可以是同一个对象。

信号可以在类图中被声明为类元，并用关键字 <<signal>> 表示，信号的参数被声明为属性。同类元一样，信号间可以有泛化关系，信号可以是其他信号的子信号，它继承父信号的参数，并且可以触发依赖于父信号的转换，如图 8-1 所示。

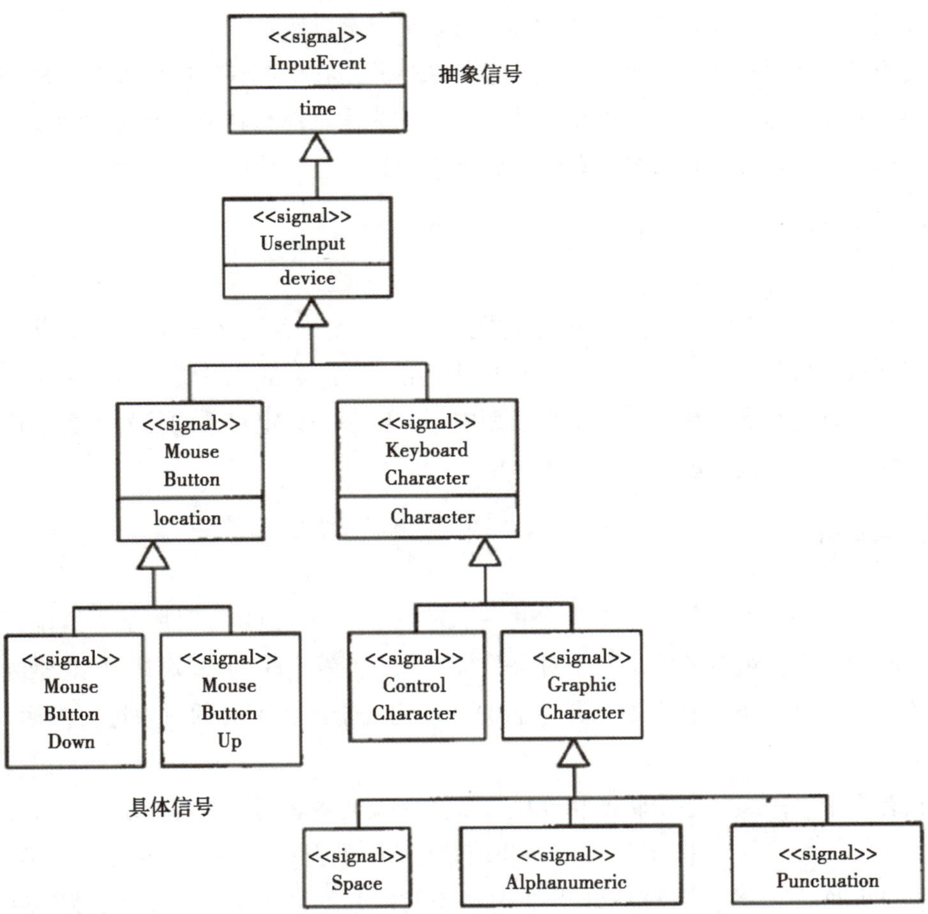

图 8-1　信号的等级组织

笔记

8.3.2 调用事件

调用事件是一个对象对调用的接收，这个对象用状态的转换而不是用固定的处理过程实现操作。对调用者来说，普通的调用（用方法实现的调用）不会被调用事件所辨别。接收者不是用方法来实现操作就是触发一个状态转换来实现这个操作。操作的参数即事件的参数。一旦调用的接收对象通过由事件触发的转换完成了对调用事件的处理或调用失败而没有进行任何状态转换，则控制返回到调用对象。不过，与普通的调用不同，调用事件的接收者会继续它自己的执行过程，与调用者处于并行状态。

8.3.3 修改事件

修改事件是依靠特定属性值的布尔表达式所表示的条件的满足。这是等到特定条件被满足的一种声明途径，但是一定要小心使用它，因为它表示了一种具有时间持续性的并且可能是涉及全局的计算过程（是一种远距离的动作，因为被测试的值可能是远距离的）。这既有好处也有坏处，它的好处在于将模型集中在真正的依赖关系上—— 一种当给定条件被满足时发生的作用——而不是集中在测试条件的机制上。缺点在于它使修改系统潜在值和最终效果的活动之间的因果关系变得模糊了。测试修改事件的代价可能很大，因为原则上修改事件是持续不断的。而实际上，又存在着避免不必要的计算的方法。修改事件应该仅用在当一个具有更明确表达形式的通信形式显得不自然时。

请注意监护条件与修改事件的区别。监护条件只是在引起转换的触发器事件触发时和事件接收者对事件进行处理时被赋值一次。如果它为假，那么转换将不会被激发，条件也不会被再赋值。而修改事件被多次赋值直到条件为真，这时转换也会被激发。

8.3.4 时间事件

时间事件代表时间的流逝。时间事件既可以被指定为绝对形式（天数），也可以被指定为相对形式（从某一指定事件发生开始所经历的时间）。在高层模型中，时间事件可以被认为是来自整个世界的事件；在实现模型中，它由一些特定对象的信号引起，这些对象既可能是操作系统，也可能是应用中的对象。

8.4 状态

状态描述了一个类对象生命周期中的一个时间段，它可以用三种附加方式说明：在某些方面性质相似的一组对象值；一个对象等待一些事件发生时的一段时间；对象执行持续活动时的一段时间。虽然状态通常是匿名的并仅用处于该状态时的对象进行的活动描述，但它也可以有名字。

在状态机中，一组状态由转换相连接。虽然转换连接着两个状态（或多个状态，如果图中含有分支和结合控制），但转换只由转换出发的状态处理。当对象处于某种状态时，它对触发状态转换的触发器事件很敏感。

图 8-2　状态

状态用具有圆形拐角的矩形表示，如图 8-2 所示。

笔记

8.5 转换

从状态出发的转换定义了处于此状态的对象对外界发生的事件做出的反应。通常，定义一个转换要有引起转换的触发器事件、监护条件、转换的动作和转换的目标状态。表 8-2 列出了几种转换和由转换引起的隐含动作。

表 8-2 转换的种类及隐含动作

转换的种类	描述	语法
入口动作	进入某一状态时执行的动作	entry/action
出口动作	离开某一状态时执行的动作	exit/action
外部转换	引起状态转换或自身转换，同时执行一个具体的动作，包括引起入口动作和出口动作被执行的转换	e（a：T）[exp]/action
内部转换	引起一个动作的执行，但不引起状态的改变，或不引起入口动作或出口动作的执行	e（a：T）[exp]/action

8.5.1 外部转换

外部转换是一种改变活动状态的转换，它是最普通的一种转换。它用从源状态到目标状态的箭头表示，其他属性附加在箭头旁，如图 8-3 所示。

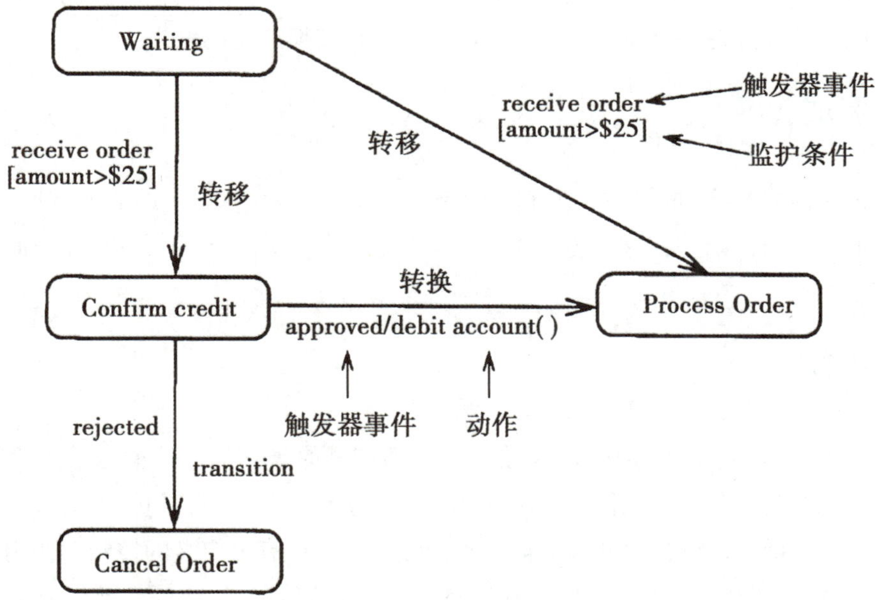

图 8-3 外部转换

8.5.2 触发器事件

触发器事件是引起转换的事件。事件可以有参数，以供转换的动作使用。如果一个信号有后代，那么信号中的任一个后代都可以引起转换。例如，如果转换将 Mouse Button 作为触发器，那么 Mouse Button Down 可以触发这个转换，如图 8-1 所示。

事件并不是持续发生的，它只在时间的一点上发生。当一个对象接收到一个事件时，如果它没有空闲时间处理事件，就将事件保存起来。对象一次只处理一个事件，在对象处

笔记

理事件时转换必须激发，事件过后是不会被记住的（某些特殊的延迟事件除外，在触发一个转换前或延迟被解除前，这类事件被保存起来）。如果两个事件同时发生，它被每次处理一个。没有触发任何转换的事件被简单地忽略或遗弃，这并不是一个错误，忽略不想要的事件要比详细指明所有事件容易得多。

8.5.3 监护条件

转换可能具有一个监护条件，监护条件是一个布尔表达式。监护条件可以引用对象的属性值和触发事件的参数。当一个触发器事件被触发时，监护条件被赋值。如果布尔表达式的值为“真”，那么触发事件使转换有效。如果布尔表达式的值为“假”，则不会引起转换。监护条件只能在触发事件发生时被赋值一次。如果在转换发生后监护条件由原来的“假”变为“真”，则因为赋值太迟而不能触发转换。

从一个状态引出的多个转换可以有同样的触发器事件，但是每个转换必须具有不同的监护条件。当其中一个监护条件满足时，触发器事件会引起相应的转换。通常，监护条件的设置要考虑到各种可能的情况以确保一个触发器事件的发生应该能够引起某些转换。如果有些情况没有考虑到，一个触发器事件没有引起任何转换，那么在状态机视图中要忽略这个事件。一个事件的发生只能同时引起一个转换（在一个控制线程中）。如果一个事件可能引起多个转换，那么其中只有一个转换有效。如果两个相互矛盾的转换同时有效，则无法确定到底发生了哪个转换。这两个转换随机地发生一个，或者由系统的实现细节决定究竟发生哪一个，但是对建模者来说，无法预料这种转换产生的后果。

8.5.4 完成转换

没有标明触发器事件的转换是由状态中的活动的完成引起的（即完成转换）。完成转换也可以带一个监护条件，这个监护条件是在状态中的活动完成时被赋值的（而不是完成以后）。

8.5.5 动作

当转换被引起时，它对应的动作被执行。动作是原子性的，一般是一个简短的计算处理过程，通常是一个赋值操作或算术计算。另外还有一些动作，包括给另一个对象发送消息、调用一个操作、设置返回值、创建和销毁对象，没有被定义的控制动作用外部语言进行详细说明。动作也可以是一个动作序列，即一系列简单的动作。动作或动作序列的执行不会被同时发生的其他动作影响或终止。按照 UML 中的概念，动作的执行时间非常短，与外界事件经历的时间相比是可以忽略的，因此，在动作的执行过程中不能再插入其他事件。然而，任何动作的执行都要耗费一定时间，新到来的事件必须被安置在一个队列中。

整个系统可以在同一时间执行多个动作。说动作是原子性的，并不是说整个系统是原子性的。系统能够处理硬件的中断和多个动作的时间共享。动作在它的控制线程中是原子性的。一旦开始执行，它必须执行到底并且不能与同时处于活动状态的动作发生交互作用，但动作不能用于表达处理过程很长的事物。与系统处理外部事件需要的反应时间相

笔记

比，动作的执行过程应该很简洁，否则系统不能做到实时响应。

一个动作可以使用触发器事件的参数和对象的属性值作为表达式的一部分。

表 8-3 列出了各种动作及描述。

表 8-3　动作的种类

动作种类	描述	语法
赋值	对一个变量赋值	*target:=expression*
调用	调用对目标对象的一个操作，等待操作执行结束，可能有一个返回值	Opname（arg，arg）
创建	创建一个对象	NewCname（arg，arg）
销毁	销毁一个对象	Object.destroy( )
返回	为调用者制定返回值	Return value
发送	创建一个信号实例并将这个信号发送到目标对象或一组目标对象	Snae（arg，arg）
终止	对象的自销毁	terminate
不可中断	用语言说明的动作，如条件和迭代	【语言说明】

8.5.6 状态改变

状态图用于对系统的动态方面建模，动态方面指出现在系统体系结构中任一对象按事件排序的行为，其中这些对象可以是类、接口、构件和节点。当使用状态图对系统建模时，可以在类、用例、子系统或整个系统的语境中使用状态图。

它能帮助系统开发人员理解系统中对象的行为。而类图和对象图只能展现系统的静态层次和关联，并不能表达系统的行为。一幅结构清晰的状态图详细描述了对象行为，可帮助开发人员构造出符合用户需求的系统。

当动作执行完毕后，转换的目标状态被激活，这时会触发出口动作或入口动作的执行。

8.5.7 嵌套状态

状态可以被嵌套在其他的组成状态内（见 8.5.10 节）。从一个外部状态出发的转换可以应用于这个状态所有的内部嵌套状态。任何一个内部嵌套状态被激活时，转换都有可能发生。组成状态可用于表达例外和异常，因为组成状态上的转换适用于所有它所嵌套的状态，不需要每个嵌套状态显式地单独处理异常。

8.5.8 入口和出口动作

一个跨越多个嵌套层次的转换可能离开或进入某个状态。只要转换进入或离开某个状态，则该状态可能包含要被执行的动作。进入一个状态可能会执行一个依附该状态的入口动作。如果转换离开初始状态，那么在转换的动作和新状态的入口动作被执行前，执行该状态的出口动作。

入口动作通常用来进行状态所需要的内部初始化。因为不能回避一个入口动作，任何状

笔记

态内的动作在执行前都可以假定状态的初始化工作已经完成，不需要考虑如何进入这个状态。同样，无论何时从一个状态离开，都要执行一个出口动作进行后处理工作。当出现代表错误情况的高层转换使嵌套状态异常终止时，出口动作特别有用。出口动作可以处理这种情况，以使对象的状态保持前后一致。入口动作和出口动作原则上依附于进来的和出去的转换，但是将它声明为特殊的动作可以使状态的定义不依赖状态的转换，因此起到封装的作用。

8.5.9 内部转换

内部转换有一个源状态但是没有目标状态。内部转换的激发规则和改变状态的转换的激发规则相同。由于内部转换没有目标状态，因此转换激发的结果不改变本状态。如果一个内部转换带有动作，它也要被执行，但是没有状态改变发生，因此也不需要执行入口和出口动作。内部转换用于对不改变状态的插入动作建立模型（如记录发生的事件数目或建立帮助信息屏）。

入口动作和出口动作的执行是由进入或离开某状态的外部转换所引起的，除了使用保留字 entry 和 exit 代替触发事件名称之外，入口和出口动作使用与内部转换相同的表示法。

一个自身转移会激发状态上的入口动作和出口动作的执行（从概念上讲，自身转换从一个状态出发后又回到自身状态），因此，自身转换不等价于内部转换。图 8-4 所示说明了入口动作、出口动作和内部转换。

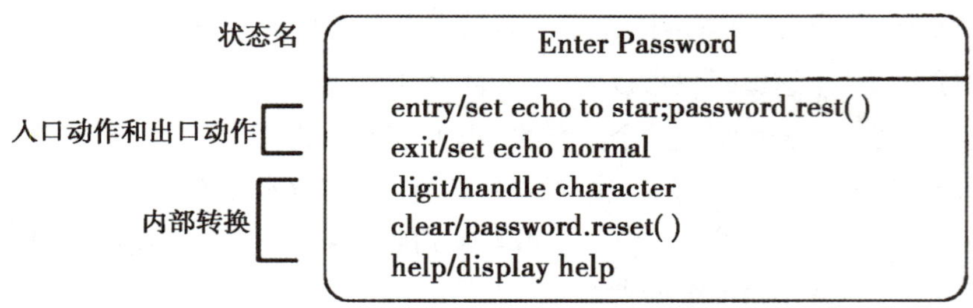

图 8-4 内部转换、入口动作和出口动作

8.5.10 组成状态

一个简单状态没有子结构，只带有一组转换和可能的入口动作和出口动作。组成状态是一个被分解成顺序的或并发的子状态的状态。表 8-4 列出了各种状态。

表 8-4 状态的种类

状态种类	描述	表示方法
简单状态	没有子结构的状态	
并发组成状态	被分成两个或者多个并发子状态的状态，当组成状态被激活时，所有的子状态均被并发激活	
顺序组成状态	包含一个或者多个不连续的子状态的状态，特别是当组成状态被激活时，子状态也被激活	
初始状态	仅表明这是进入状态机真实状态的起点	
终止状态	特殊状态，进入此状态表明完成了状态机的状态转换历程中所有的活动	

笔记

续表

状态种类	描述	表示方法
结合状态	将两个转换连接成一次就可以完成的转换	○
历史状态	伪状态，它的激活保存了组成状态中先前被激活的状态	(H)
子机器引用状态	应用子机器的状态，该子机器被隐式地插入子机器引用状态的位置	Include S
状态	用来在子机器引用状态中标识状态	→|T

将状态分解成互斥的子状态是对状态的一种专门化处理。一个外部状态被细分成多个内部子状态，每一个子状态都继承了外部状态的转换。在某一时间只有一个子状态处于激活状态。外部状态表达了每一个内部状态都具有的条件。

进入或离开一个组成状态的转换会引起入口动作或出口动作的执行。如果有多个组成状态，跨越多个层次的转换会引起多重入口动作（最外层最先执行）和出口动作（最内层最先执行）的执行。如果转换带有动作，那么这个动作在入口动作执行后，出口动作执行前执行。

组成状态也可能在其内部具有一个初始状态。组成状态边界上的转换隐含为初始状态上的转换。一个新对象起始于它的最外层的初始状态。如果一个对象到达它最外层状态的终止状态，那么该对象将被销毁。初始状态、终止状态、入口动作和出口动作封装了状态的定义，使状态的定义与进出状态的转换无关。

图 8-5 展示了一个状态的顺序分解，其中包括一个初始状态。这是售票系统的状态机模型。

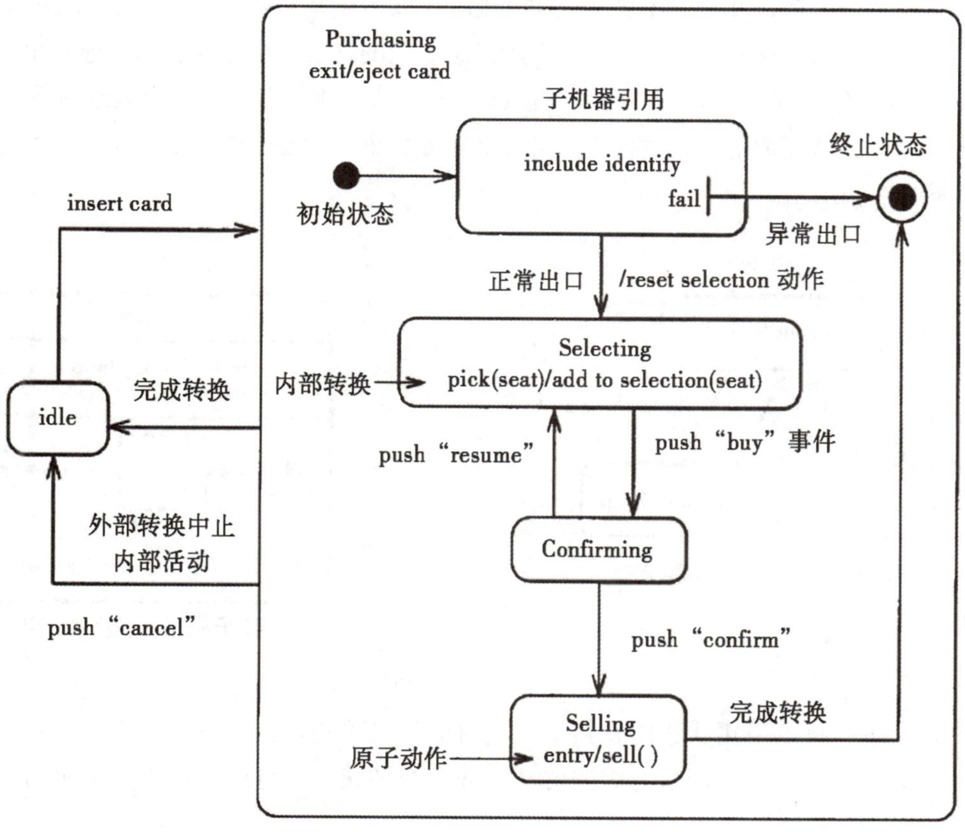

图 8-5 售票系统的状态机模型

笔记

将一个状态分解成并发的多个子状态，代表相互独立的并行处理过程。当进入一个并发超状态时，控制线程的数目增加；当离开一个并发超状态时，控制线程的数目减少。对于每一个状态而言，并发通常依靠不同的对象实现，但是，并发子状态还可以代表一个单独状态内部的逻辑并发关系。图 8-6 为带有并发组成状态的状态机。

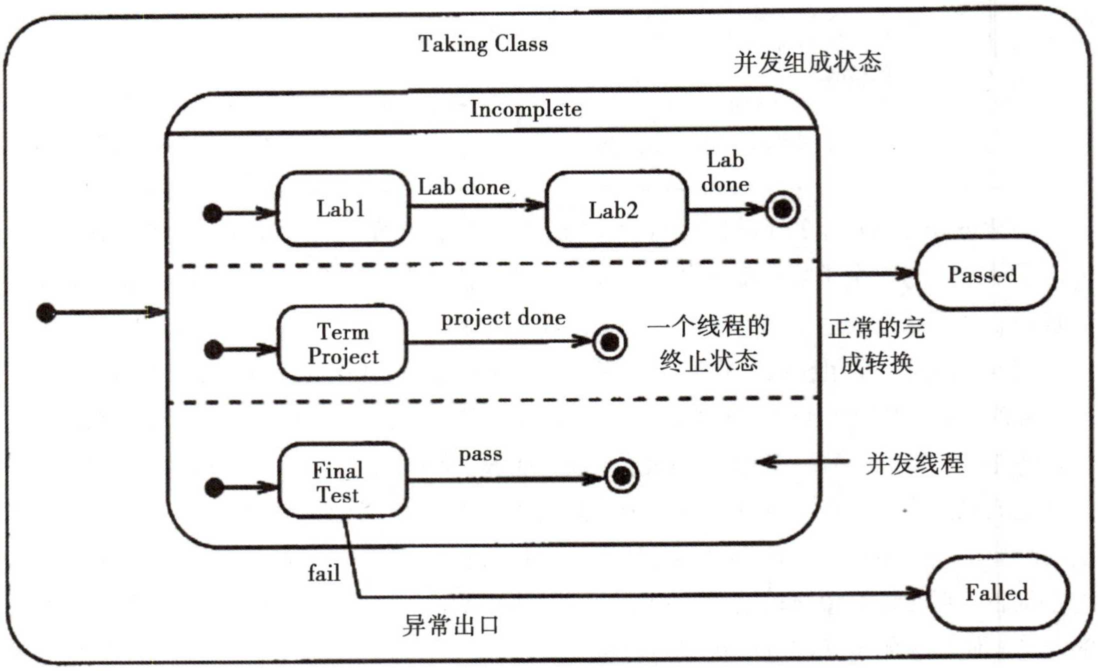

图 8-6　带有并发组成状态的状态机

通常，可以在一个状态机中使用其他状态机的一部分，这种可重用性会带来一些方便。状态机可以命名，并可以用名字引用其他一个或多个状态机。目标状态机是一个子机器，引用这个子机器的状态叫作子机器引用状态。它的含义是在需要引用的地方用一个状态机来替换原有内容。一个状态机可以包含一个活动，即可以包含一个处理过程或一个需要消耗时间才能完成的持续过程或是可以被中断的事件，而子机器不能演示子机器的引用，如图 8-7 所示。

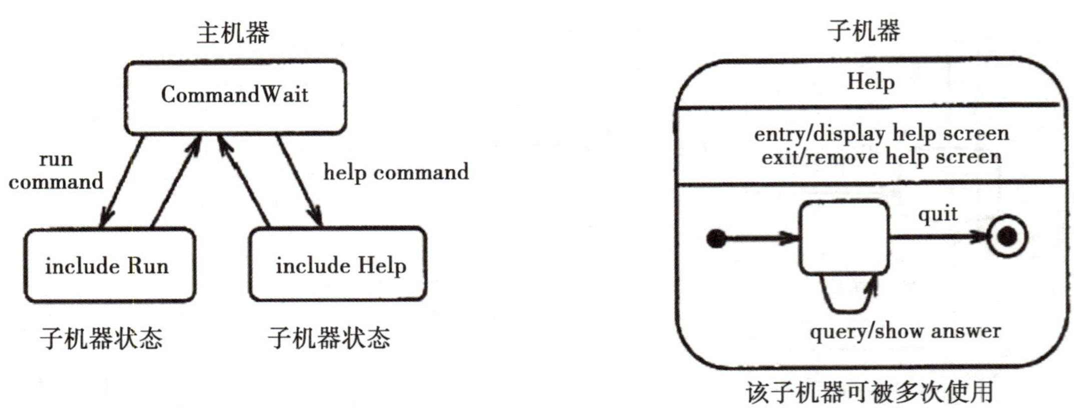

图 8-7　子机器状态

进入一个子机器引用状态的转换会激活目标子机器的初始状态。要进入其他状态的子机器，需要在子机器引用状态中安置一个或多个桩状态。桩状态用于在子机器中标识状态。

第 9 章 活动视图

学习目标

❶ 熟悉活动视图的结构和组成。

❷ 学会使用活动图。

知识导图

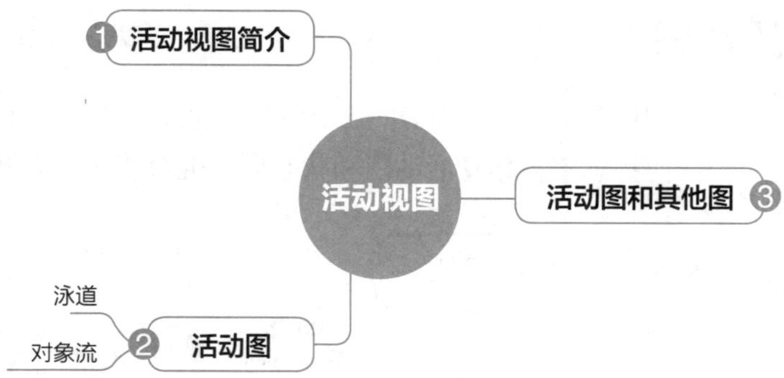

笔记

9.1 活动视图简介

活动流图是一种特殊形式的状态机，主要用于对计算流程和工作流程建模。活动流图中的状态表示计算过程中所处的各种状态，而不是普通对象的状态。通常，活动流图假定在整个计算处理的过程中没有外部事件引起的中断，否则，普通的状态机更适于描述这种情况。

活动流图包含活动状态，活动状态表示过程中命令的执行或工作流程中活动的进行。与等待某一个事件发生的一般等待状态不同，活动状态等待计算处理工作的完成。当活动完成后，执行流程转入活动流图中的下一个活动状态。当一个活动的前导活动完成时，活动图中的完成转换被激发。活动状态通常没有明确表示引起活动转换的事件，当转换出现闭包循环时，活动状态会异常终止。

活动流图也可以包含动作状态，它与活动状态有些相似，但是它是原子活动并且当它处于活动状态时不允许发生转换。动作状态通常用于短的记账操作。

活动流图可以包含并发线程的分叉控制。并发线程表示能被系统中的不同对象和人并发执行的活动。通常并发源于聚集，在聚集关系中每个对象都有它自己的线程，这些线程可并发执行。并发活动可以同时执行，也可以顺序执行。活动图不仅能表达顺序流程控制，还能表达并发流程控制，如果排除这一点，活动流图很像一个传统的流程图。

9.2 活动图

活动图是活动视图的表示法，如图 9-1 所示，它包括一些快捷的速记符号，这些符号实际上可以用于任何状态图，尽管活动图和状态图的混合表示法多数时候都很难看。

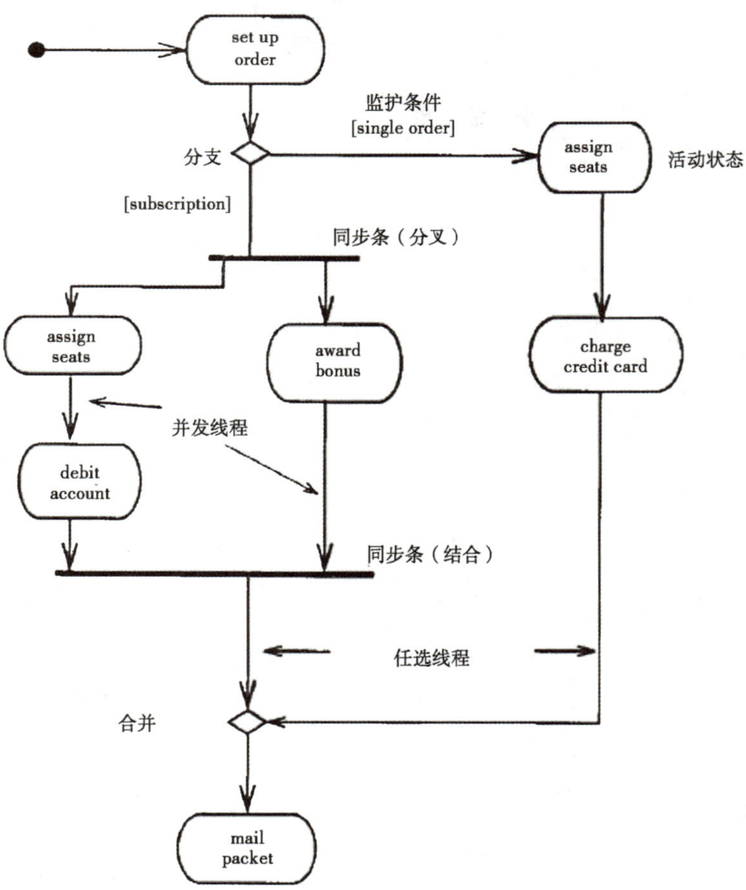

图 9-1 活动图

笔记

活动状态表示成带有圆形边线的矩形，它含有活动的描述（普通的状态盒为直边圆角）。简单的完成转换用箭头表示。分支表示转换的监护条件或具有多标记出口箭头的菱形。控制的分叉和结合与状态图中的表示法相同，是进入或离开深色同步条的多个箭头，如图 9-1 所示表示订单处理的活动图。

为了表示外部事件必须被包含进来的情景，事件的接收可以被表示成转换的触发器或正在等待某信号的一个特殊内嵌符号。发送可同样表示。然而，如果有许多事件驱动的转换，那么用一个普通的状态图表示更可取。

9.2.1 泳道

将模型中的活动按照职责组织起来通常很有用。例如，可以将一个商业组织处理的所有活动组织起来。这种分配可以通过将活动组织成用线分开的不同区域来表示。由于它的外观的缘故，因此这些区域被称作泳道。如图 9-2 所示为泳道和对象流。

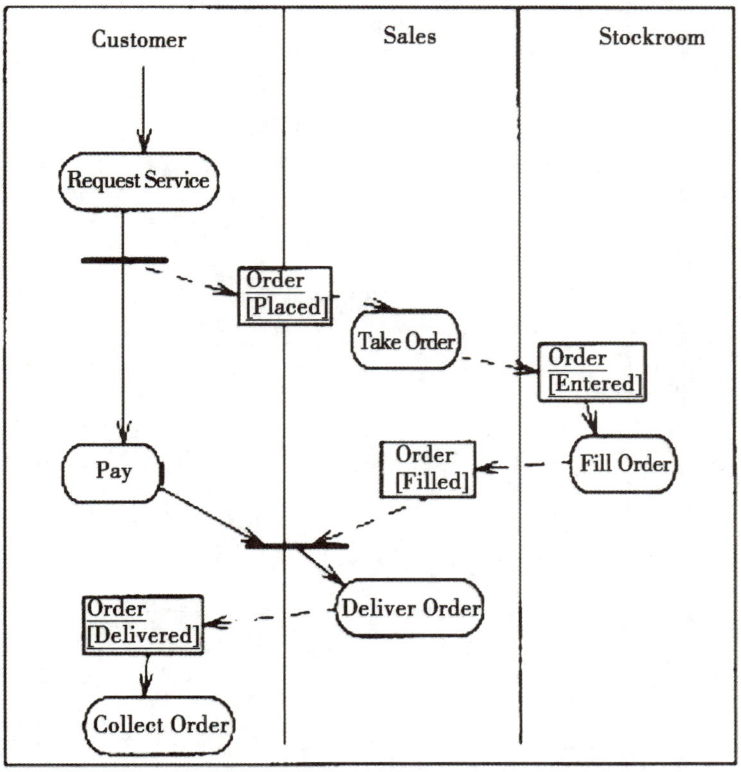

图 9-2　泳道和对象流

9.2.2 对象流

活动图能表示对象的值流和控制流。对象流状态表示活动中输入或输出的对象。对输出值而言，虚线箭头从活动指向对象流状态。而对输入值而言，虚线箭头从对象流状态指向活动。如果活动有多个输出值或后继控制流，那么箭头背向分叉符号。同样，多输入箭头指向结合符号。

笔记

9.3 活动图和其他图

活动图没有表示出计算处理过程中的全部细节内容。它表示了活动进行的流程，但没表示出执行活动的对象。活动图是设计工作的起点。为了完成设计，每个活动必须扩展细分成一个或多个操作，每个操作被指定到具体类。这种分配结果引出了用于实现活动图的设计工作。

第 10 章 交互视图

学习目标

❶ 熟悉交互视图的结构和组成。

❷ 学会使用交互视图。

知识导图

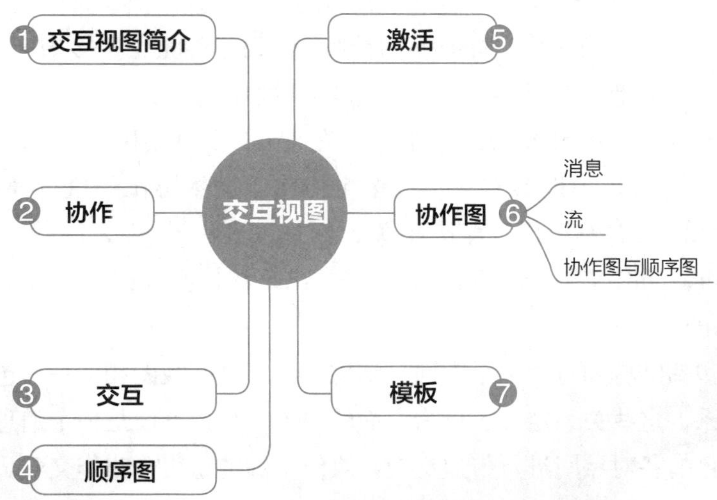

笔记

10.1 交互视图简介

对象间的相互作用体现了对象的行为。这种相互作用可以描述成两种互补的方式：一种以独立的对象为中心进行考察，另一种以互相作用的一组对象为中心进行考察。

状态机的描述范围不广，但它描述了对象深层次的行为，是单独考察每一个对象的“微缩”视图。对状态机的说明是精确的，并且可直接用于代码。然而，在理解系统的整个功能时存在困难，因为状态机一个时刻只集中描述一个对象，要确定整个系统的行为，必须同时结合多个状态机进行考察。交互视图更适合描述一组对象的整体行为。交互视图是对象间协作关系的模型。

10.2 协作

协作描述了在一定语境中一组对象以及用以实现某些行为的对象间的相互作用。它描述了为实现某种目的而相互合作的“对象社会”。协作中有在运行时被对象和连接占用的槽。协作槽也叫作角色，因为它描述了协作中的对象或连接的目的。类元角色表示参与协作执行的对象的描述；关联角色表示参与协作执行的关联的描述。类元角色是在协作中被部分约束的类元；关联角色是在协作中被部分约束的关联。协作中的类元角色与关联角色之间的关系只在特定的语境中才有意义。通常，同样的关系不适用于协作外的潜在的类元和关联。

静态视图描述了类固有的内在属性。例如，Vehicle 需要有一个所有者。协作图描述了类实例的特性，因为它在协作中起特殊的作用，例如，在一个 RentalCar 的协作中，rentalVehicle 需要 rentalDriver，它通常与交通工具不直接相关，但却是协作的基本部分。

系统中的对象可以参与一个或多个协作。虽然协作的执行通过共享对象相连，但是对象所出现的协作不必直接相关。例如，在一个 Vacation 模型中，某人可以既是 rentalDriver，同时又是 hotelGuest。不经常出现的情况是，一个对象在同一个协作中可能担当多个角色。

合作包括结构和行为两个方面。结构方面与静态视图相似——包含一个角色集合和它之间的关系，这些关系定义了行为方面的内容。行为方面是一个消息集合，这些消息在具有某一角色的各对象间进行传递交换。协作中的消息集合叫作交互。一个协作可以包含一个或多个交互，每个交互描述了一系列消息，协作中的对象为了达到目标而交换这些消息。

状态机描述范围具有一定的局限性，但它的描述层次较深入，协作不受限制但描述层次较浅。它捕获了对象组成的网络结构中相互发送消息的整体行为。协作表示潜藏于计算过程中的三个主要结构的统一，即数据结构、控制流和数据流的统一。

10.3 交互

交互是协作中的一个消息集合，这些消息被类元角色通过关联角色交换。当协作在运行时，受类元角色约束的对象通过受关联角色约束的连接交换消息实例。交互作用可对操作的执行、用例或其他行为实体建模。

消息是两个对象之间的单路通信，是从发送者到接收者的控制信息流。消息具有用于在对象间传值的参数。消息可以是信号（一种明确的、命名的、对象间的异步通信）或调用（具有返回控制机制的操作的同步调用）。

创建一个新的对象在模型中被表达成一个事件，这个事件由创建对象所引起并由对象所在的类本身所接受。创建事件，作为从顶层初始状态出发的转换的当前事件，对于新实例是可行的。

消息可以被组织成顺序的控制线程。分离的线程代表并发的几个消息集合。线程间的同步通过不同线程间消息的约束建模。同步结构能够对分叉控制、结合控制和分支控制建模。

消息序列可以用两种图来表示：顺序图（突出消息的时间顺序）和协作图（突出交换消息的对象间的关系）。

10.4 顺序图

顺序图将交互关系表示为一个二维图。纵向是时间轴，时间沿竖线向下延伸。横向轴代表了在协作中各独立对象的类元角色。类元角色用生命线表示。当对象存在时，角色用一条虚线表示，当对象的过程处于激活状态时，生命线是一个双道线。

消息用从一个对象的生命线到另一个对象生命线的箭头表示。箭头以时间顺序在图中从上到下排列。图 10-1 所示为带有异步消息的顺序图。

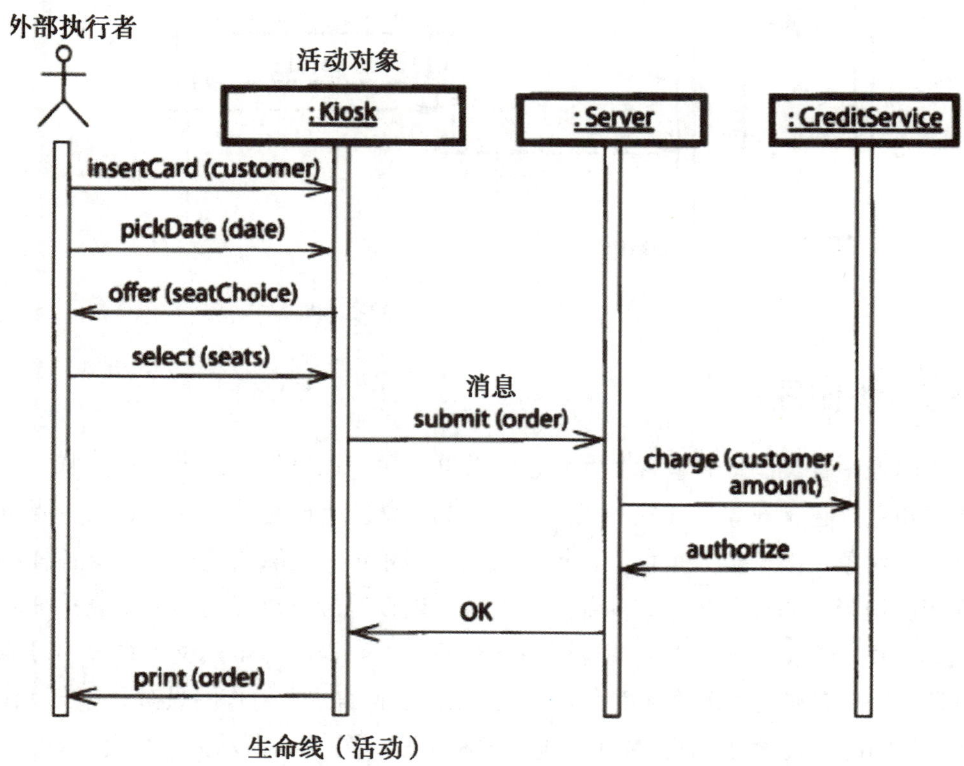

图 10-1 顺序图

10.5 激活

激活是过程的执行，包括等待嵌套过程执行的时间。在顺序图中，它用部分替换生命线的双道线表示。调用用指向由这个调用引起的激活的上部箭头表示。当控制流程重新进入对象中的一个操作递归时，递归调用发生，但是第二个调用是与第一个调用分离的激活。同一个对象中的递归或嵌套调用用激活框的叠加表示。图 10-2 所示为一个带有过程控制流的顺序图，包括一个递归调用和一个对象的创建。

笔记

主动对象是激活栈中一组激活对象中的根对象。每个主动对象有由它自己的事件驱动控制线程、控制线程与其他主动对象并行执行。被主动对象所调用的对象是被动对象。它只在被调用时接受控制，当它返回时将放弃控制。

如果几个并行控制线程有它们自己的利用嵌套调用的过程控制流，那么不同的线程必须用不同的线程名、颜色或其他方式辨别，以避免当两个线程在同一个对象中时产生混乱。通常，在一个单独的图中最好不要混合使用过程调用和信号。

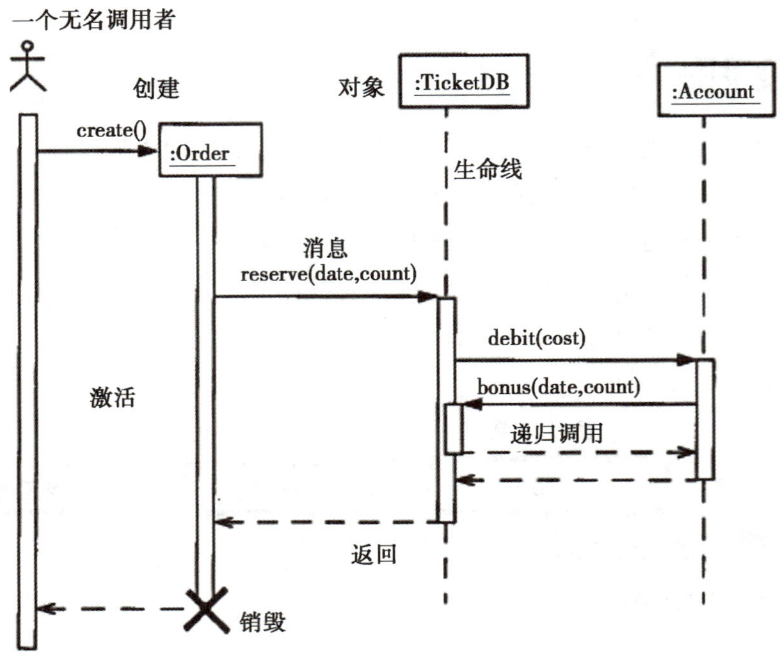

图 10-2　带有过程控制流的顺序图

10.6 协作图

协作图是一种类图，它包含类元角色和关联角色，而不仅仅是类元和关联。类元角色和关联角色描述了对象的配置和当一个协作的实例执行时可能出现的连接。当协作被实例化时，对象受限于类元角色，连接受限于关联角色。关联角色也可以被各种不同的临时连接所担当，如过程参量或局部过程变量。连接符号可以使用构造型表示临时连接（<<parameter>> 或 <<local>>）或调用同一个对象（<<self>>）。虽然整个系统中可能有其他的对象，但只有涉及协作的对象才会被表示出来。换言之，协作图只对具有交互作用的对象和对象间的关联建模，而忽略了其他对象和关联。图 10-3 所示为一个交互图。

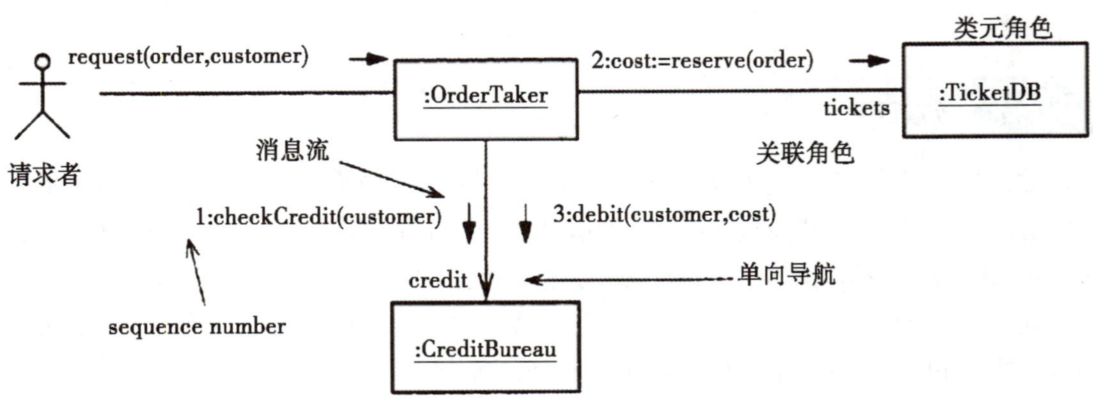

图 10-3　交互图

笔记

可以将对象标识成四个组：存在于整个交互作用中的对象；在交互作用中创建的对象（使用约束 {new}）；在交互作用中销毁的对象（使用约束 {destroyed}）；在交互作用中创建并销毁的对象（使用约束 {transient}）。设计时可以首先表示操作开始时可得的对象和连接，然后决定控制如何流向图中正确的对象，从而实现操作。

协作直接表现了操作的实现，也可以表示整个类的实现。在这种使用中，它表示了用来实现类的所有操作的语境。这使得对象在不同的操作中可以担当多种角色。这种视图可以通过描述对象所有操作的协作的联合来构造。

10.6.1 消息

消息可以用依附于链接的带标记的箭头表示。每个消息包括一个顺序号、一张可选的前任消息的表、一个可选的监护条件、一个名字和参量表、可选的返回值表。顺序号包括线程的名字（可选）。同一个线程内的所有消息按照顺序排列。除非有一个明显的顺序依赖关系，否则不同线程内的消息是并行的。各种实现细节会被加入，如同步与异步消息的区别。

10.6.2 流

通常，在完整的操作中协作图包含对象的符号。然而，有时对象具有不同的状态并且必须明确表达出来。例如，一个对象可以改变位置，或者在不同的时刻它的关联有很大区别。对象可以用它的类与它所处的状态表示，即具有状态类的对象。同一个对象可以表示多次，每次有不同的位置和状态。

代表同一对象的不同对象符号可以用变成流联系起来。变成流是从一个对象状态到另一个对象状态的转换。它用带有构造型 <<become>> 的箭头表示，并且可以用顺序号标记，表示它何时出现，如图 10-4 所示。变成流也可以用来表示一个对象从一个位置到另一个位置的迁移。

构造型 <<copy>> 不经常出现，它表示通过复制另一个对象值而得到的一个对象值。表 10-1 表示了几种对象流的关系。

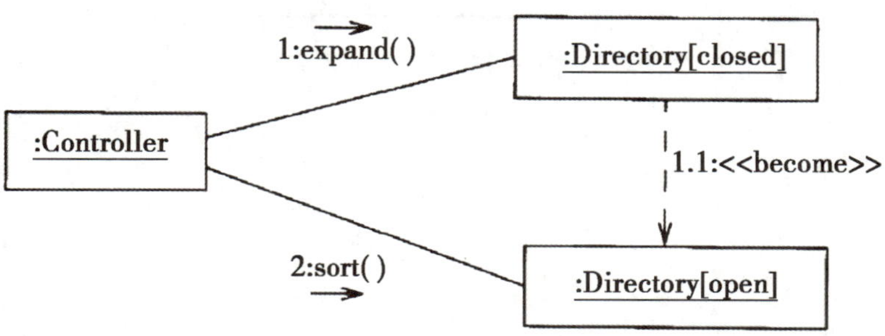

图 10-4　变成流

表 10-1　流关系的种类

流	功能	表示法
变成	从一个对象值变化到另一个对象值	<<become>>
复制	复制一个对象，之后该对象为独立对象	<<copy>>

笔记

10.6.3 协作图与顺序图

协作图和顺序图都表示出了对象间的交互作用，但是它们的侧重点不同。顺序图清楚地表示了交互作用中的时间顺序，但没有明确表示对象间的关系。协作图清楚地表示了对象间的关系，但时间顺序必须从顺序号中获得。顺序图常常用于表示方案，而协作图用于过程的详细设计。

10.7 模板

模板是一个参数化的协作，并有表示何时使用该协作的标线。参数可以被不同的值替代，从而产生不同的协作。参数通常为类指定槽。当模板实例化时，它的参数受限于类图中的实际类或受限于更大的协作中的角色。

模板用一个虚线椭圆表示，椭圆用标记有角色名字的虚线与每个类连接。例如，图 10-5 表示摘自 [Gamma-95] 的 Observer 模板的使用。在这个模板的使用中，CallQueue 替代 subject 角色，SlidingBarlcon 替代 handler 角色。

模板可以出现在分析、结构设计、详细设计和具体实现等不同层次中，这是重用经常出现的一种结构方法。

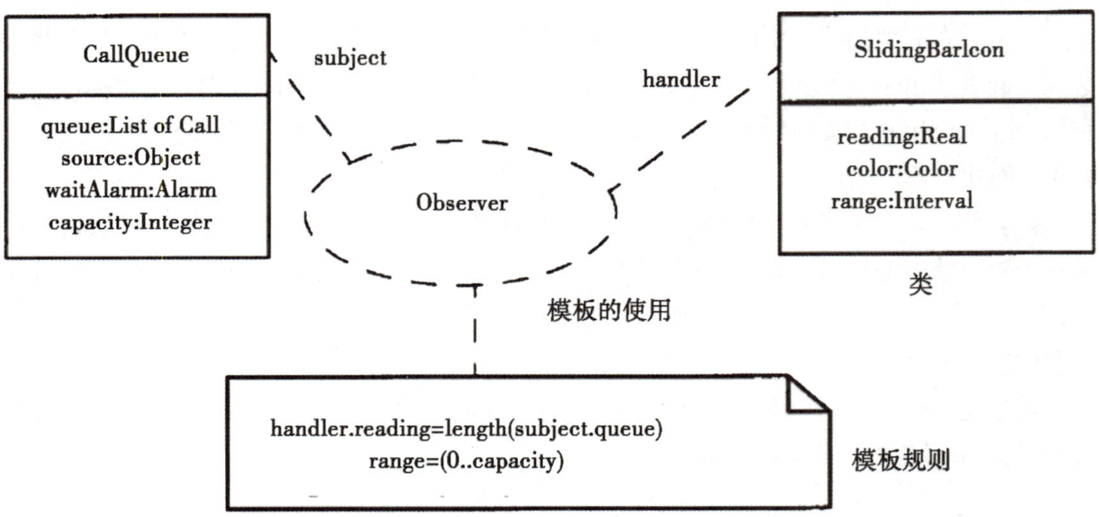

图 10-5 Observer 模板的使用

第 11 章 物理视图

学习目标

❶ 了解物理视图。

❷ 掌握物理视图构件和节点。

知识导图

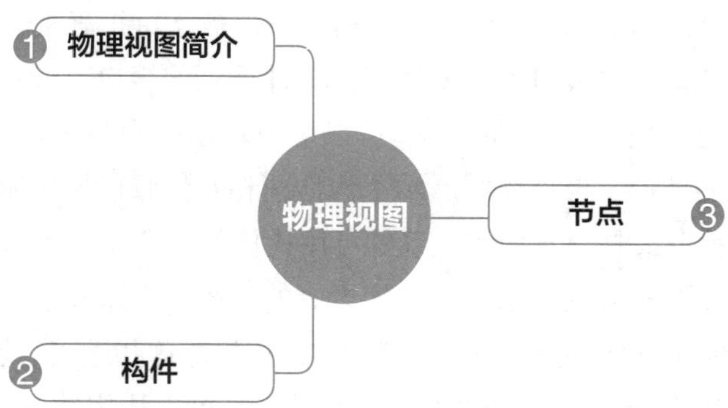

笔记

11.1 物理视图简介

系统模型的大部分内容反映了系统的逻辑和设计方面的信息，并且独立于系统的最终实现单元。然而，为了可重用性和可操作性的目的，系统实现方面的信息也很重要。UML 使用两种视图来表示实现单元：实现视图和部署视图。

实现视图将系统中可重用的块包装成具有可替代性的物理单元，这些单元被称为构件。实现视图用构件及构件间的接口和依赖关系来表示设计元素（例如类）的具体实现。构件是系统高层的可重用的组成部件。

部署视图表示运行时的计算资源（如计算机及它们之间的连接）的物理布置。这些运行资源被称作节点。在运行时，节点包含构件和对象。构件和对象的分配可以是静态的，也可以在节点间迁移。如果含有依赖关系的构件实例放置在不同节点上，则部署视图可以展示出执行过程中的瓶颈。

11.2 构件

构件是定义了良好接口的物理实现单元，它是系统中可替换的部分。每个构件体现了系统设计中特定类的实现。良好定义的构件不直接依赖于其他构件，而依赖于构件所支持的接口。在这种情况下，系统中的一个构件可以被支持正确接口的其他构件所替代。

构件具有它支持的接口和需要从其他构件得到的接口。接口是被软件或硬件所支持的一个操作集。通过使用命名的接口，可以避免在系统中各个构件之间直接发生依赖关系，有利于新构件的替换。构件视图展示了构件间相互依赖的网络结构。构件视图可以表示成两种形式：一种形式是含有依赖关系的可用构件的集合（构件库），它是构造系统的物理组织单元；另一种形式可以表示为一个配置好的系统，用来建造它的构件已被选出。在这种形式中，每个构件与给它提供服务的其他构件连接，这些连接必须与构件的接口要求相符。

构件用一边有两个小矩形的长方形表示，它可以用实线与代表构件接口的圆圈相连，如图 11-1 所示。

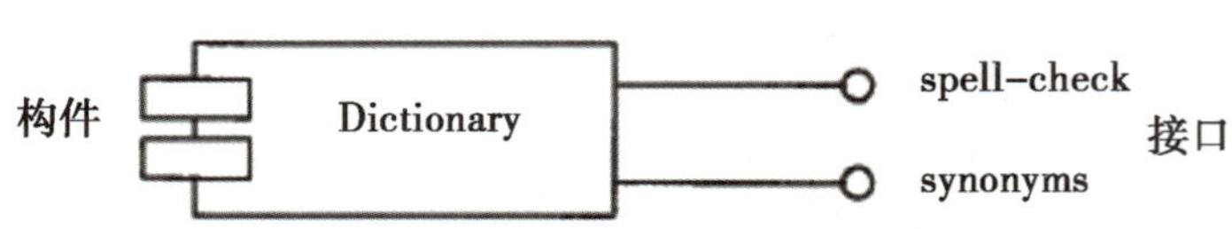

图 11-1　带接口的构件

构件图表示了构件之间的依赖关系，如图 11-2 所示。每个构件实现（支持）一些接口，并使用另一些接口。如果构件间的依赖关系与接口有关，那么构件可以被具有同样接口的其他构件替代。

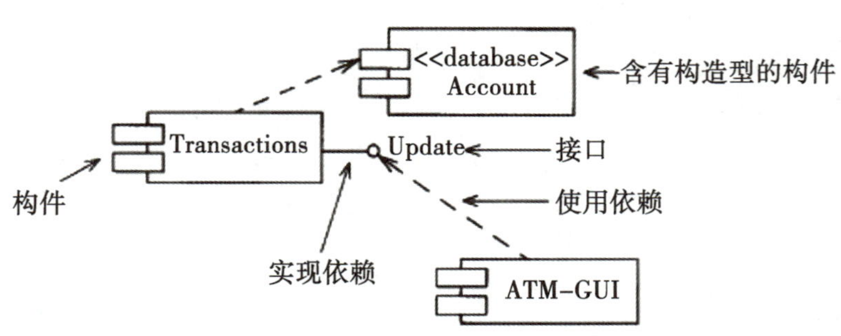

图 11-2　构件图

11.3 节点

笔记

节点是表示计算资源运行时的物理对象，通常具有内存和处理能力。节点可能具有用来辨别各种资源的构造型，如 CPU、设备和内存等。节点可以包含对象和构件实例。

节点用带有节点名称的立方体表示，可以具有分类（可选），如图 11-3 所示。

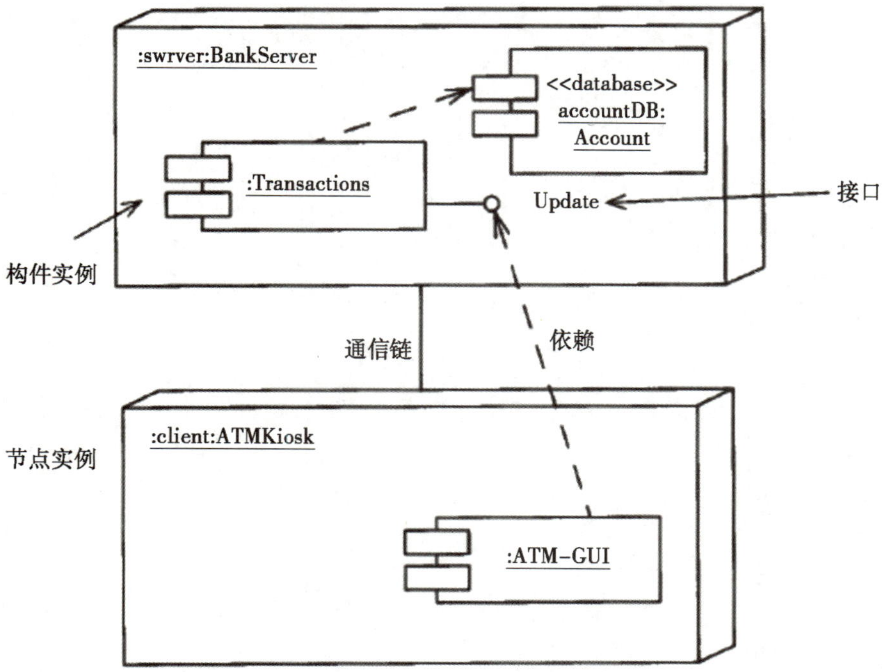

图 11-3　节　点

节点间的关联代表通信路径。关联有用来辨别不同路径的构造型。

节点也有泛化关系，将节点的一般描述与具体的特例联系起来。

对象在节点内的存在用嵌套在节点符号内的对象符号表示。如果这样的表示不方便，对象符号可以包含表示它所在节点名称的 location 标签。节点间对象或构件实例的迁移也可以表示出来。

第 12 章 模型管理视图

学习目标

1. 了解模型管理视图。
2. 掌握包及其依赖关系。
3. 熟悉模型和子系统。

知识导图

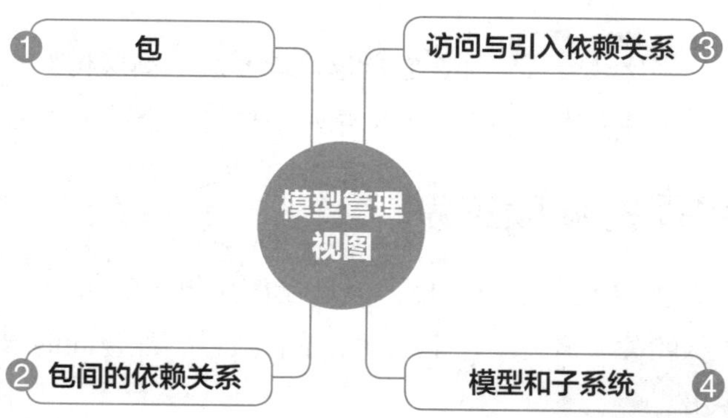

笔记

任何大的系统都必须被分成几个小的单元，使得可以一次只处理有限的信息，并且分别处理这些信息的工作组之间不会互相干扰。模型管理由包及包之间的依赖关系组成。

12.1 包

包是模型的一部分，模型的每一部分必须属于某个包。建模者可以将模型的内容分配到包中。但是，为了使其能够工作，分配必须遵循一些合理的原则，如公用规则、紧密耦合的实现和公用观点等。UML 对如何组包并不强制使用什么规则，但是良好的解组会增强模型的可维护性。

包包含顶层的模型元素，即任何不被其他元素所包含的元素，如类和它们之间的关系、状态机、用例图、交互和协作。有些元素如属性、操作、状态、生命线和消息被其他元素包含，而不在包中直接出现。每个顶层元素都有一个包，它在这个包中被声明，该包被称作元素的“家”包可能被别的包引用，但是其所有权属于家包。在一个好的配置控制系统中，建模者必须能够对家包进行访问，以修改元素的内容，这为处理大的模型提供了访问控制机制。包也是任何版本出版机制的单元。

一个包可以包含其他的包，根包可间接地包含系统的整个模型。组织中的包有几种可能的方式，可以用视图、功能或建模者选择的其他基本原则来规划包。包是 UML 模型中一般的层次组织单元。它可以被用来进行存储、访问控制、配置管理和构造可重用模型部件库。

如果包的规划比较合理，那么它能够反映系统的高层构架——有关系统由子系统和它之间的依赖关系组合而成。包之间的依赖关系概述了包的内容之间的依赖关系。

12.2 包间的依赖关系

依赖关系在独立元素之间出现，但是在任何规模的系统中，都应从更高的层次观察它。包之间的依赖关系概述了包中元素的依赖关系，即包间的依赖关系可从独立元素间的依赖关系中导出。

包间依赖关系的存在表示存在一个自底向上的方法（一个存在声明），或允许存在一个自顶向下的方法（限制其他任何关系的约束），对应的包中至少有一个独立元素之间给定种类的依赖关系的关系元素。这是一个“存在声明”，并不意味着包中的所有元素都有依赖关系。这对建模者来说是表明存在更进一步信息的标志，但是包层依赖关系本身并不包含任何更深的信息，它仅仅是一个概要。

自顶向下方法反映了系统的整个结构，自底向上方法可以从独立元素中自动生成。在建模中两种方法都有自己的地位，即使是在单个系统中。

独立元素之间属于同一类别的多个依赖关系被聚集到包间的一个独立的包层依赖关系中，独立元素包含在这些包中。如果独立元素之间的依赖关系包含构造型，为了产生单一的高层依赖关系，包层依赖关系中的构造型可能被忽略。

包用附有标签的矩形表示，依赖关系用虚线箭头表示。

图 12-1 显示了订票系统的包结构图。Seat Selection 的两个变更之间存在依赖关系，子系统的任何一个实现都只包括其中一个变更。

笔记

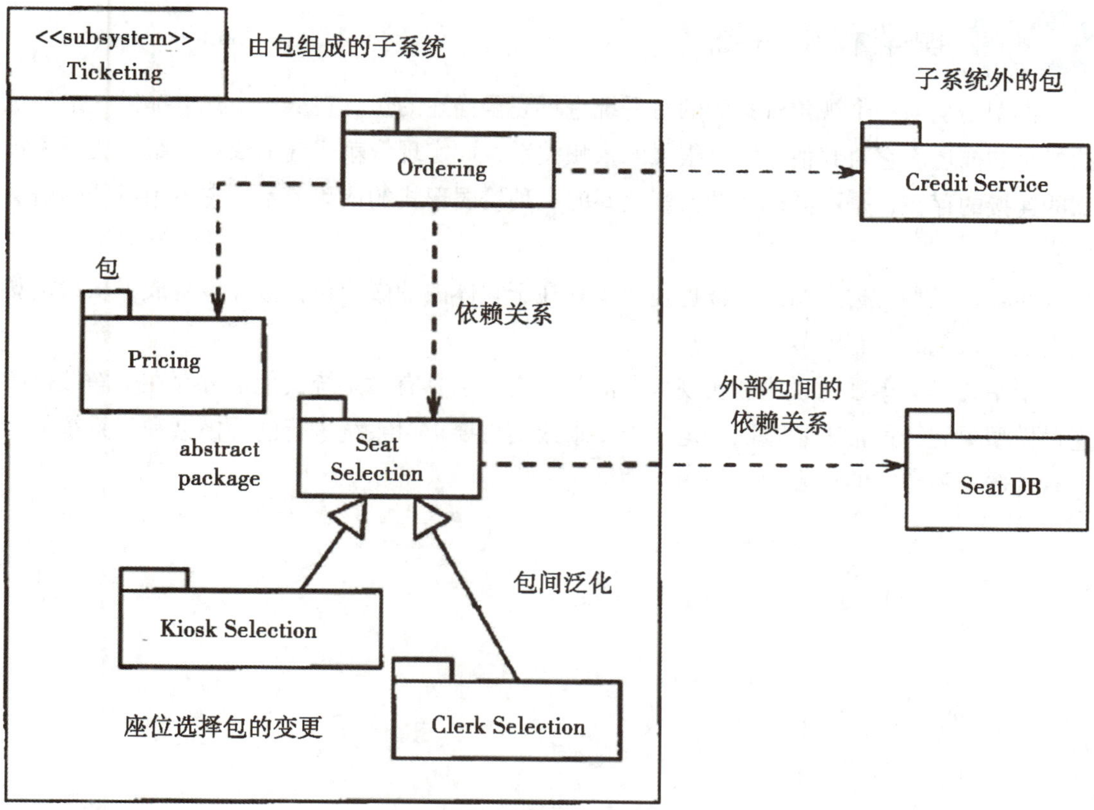

图 12-1　订票系统的包结构图

12.3 访问与引入依赖关系

通常，一个包不能访问另一个包的内容。包是不透明的，除非它被访问或引入依赖关系才能打开。访问依赖关系直接应用到包和其他包容器中。在包层，访问依赖关系表示提供者包的内容可被客户包中的元素或嵌入于客户包中的子包所引用。提供者包中的元素要有足够的可见性，使得客户包可以看到它。通常，一个包只能看到其他包中被指定为具有公共可见性的元素。具有受保护可见性的元素只对包含它的包的后代包具有可见性。可见性也可用于类的内容（属性和操作）。一个类的后代可以看到它的祖先中具有公共或受保护可见性的成员，而其他类则只能看到具有公共可见性的成员。对于引用一个元素而言，访问许可和正确的可见性都是必需的。所以，如果一个包中的元素要看到不相关的另一个包中的元素，则第一个包必须访问或引入第二个包，且目标元素在第二个包中必须有公共可见性。

嵌套在另一个包中的包是包容器的一部分，而且可以完全访问包容器中的内容。然而，对包容器来说，如果不访问嵌套包，则不能看到嵌套包的内部，其内容被封装了。

请注意访问依赖关系不改变客户的命名空间或以任何其他方式自动建立引用，它仅仅授予建立引用的权限。引入依赖关系用来将名字加入客户包的名字域作为路径名的别名。

笔记

12.4 模型和子系统

模型是从某一个视角观察到的对系统进行完全描述的包。它从一个视点提供一个系统的封闭的描述。它对其他包没有很强的依赖关系，如实现依赖或继承依赖。跟踪关系表示某些连接的存在，是不同模型的元素之间的一种较弱形式的依赖关系，它不用特殊的语义说明。

通常，模型为树形结构。根包包含了存在于它体内的嵌套包，嵌套包组成了从给定观点出发的系统的所有细节。

子系统是有单独的说明和实现部分的包。它表示具有对系统其他部分存在干净接口的连贯模型单元，通常表示按照一定功能要求或实现要求对系统进行的。模型和子系统都用具有构造型关键字的包表示，如图 12-1 所示。

第 13 章 扩展机制

学习目标

❶ 了解 UML 的扩展机制。

❷ 理解扩展机制中的约束、标记值和构造型。

知识导图

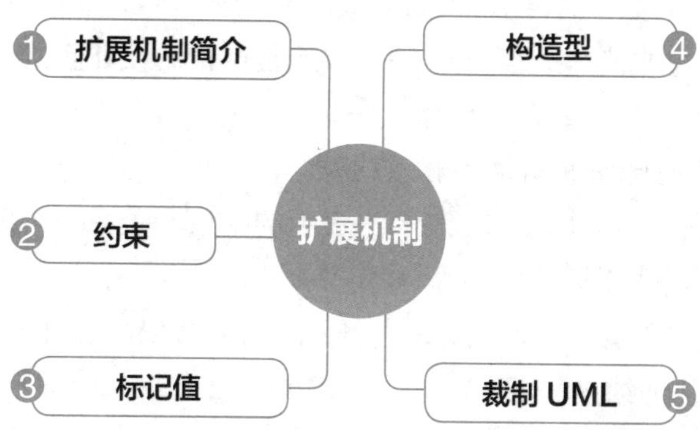

笔记

13.1 扩展机制简介

UML 提供了几种扩展机制，允许建模者在不改变基本建模语言的情况下做一些通用的扩展。这些扩展机制已经被设计好，以便于在不需理解全部语义的情况下就可以存储和使用。由于这个原因，扩展可以作为字符串存储和使用。对不支持扩展机制的工具来说，扩展只是一个字符串，它可以作为模型的一部分被导入、存储，还可以被传递到其他工具中。期望后端工具设计得能够处理各种扩展，这些工具会为它们需要理解的扩展定义特定的语法和语义。

这种扩展的方法很可能不能满足出现的多种要求，但是它以一种易于实现的方式容纳建模者对 UML 裁制的大部分要求。

扩展机制包括约束、标记值和构造型。

一定要记住扩展是违反 UML 标准形式的，并且使用它会导致相互影响。在使用扩展机制之前，建模者应该仔细权衡它的好处和代价，特别是当现有机制能够合理工作时。扩展用于特定的应用域或编程环境，但是它导致 UML 方言出现，包括所有方言的优点和缺点。

13.2 约束

约束是用文字表达式表示的语义限制。每个表达式都有一种隐含的解释语言，这种语言可以是正式的数学符号，如 set-theoretic 表示符号；或是一种基于计算机的约束语言，如 OCL；或是一种编程语言，如 C++；或是伪代码或非正式的自然语言。当然，如果这种语言是非正式的，那么它的解释也是非正式的，并且要由人解释。即使约束由一种正式语言表示，也不意味着它自动为有效约束。

约束可以表示不能用 UML 表示法表示的约束和关系。当陈述全局条件或影响许多元素的条件时，约束特别有用。

约束用大括弧内的字符串表达式表示。约束可以附加在表元素、依赖关系或注释上。图 13-1 表示了几种约束。

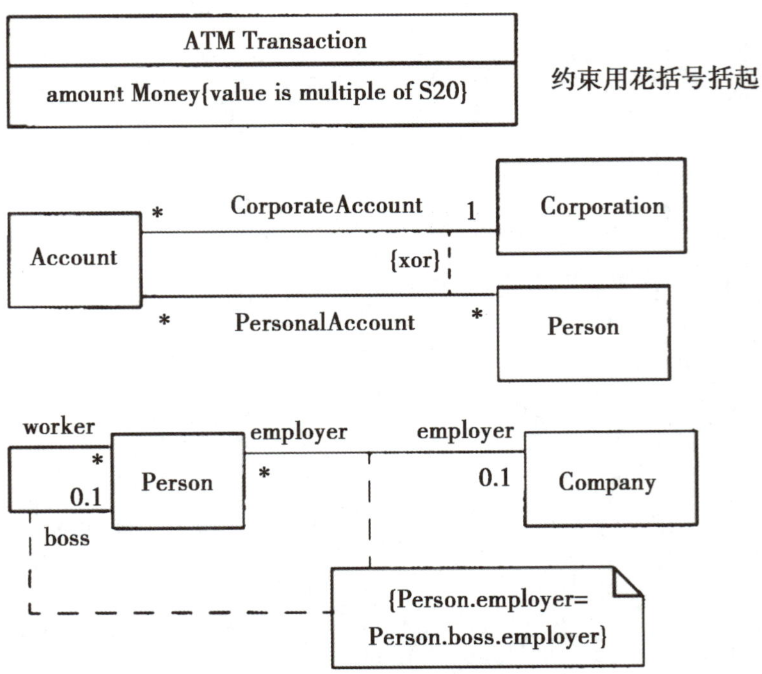

图 13-1 约 束

笔记

13.3 标记值

标记值是一对字符串—— 一个标记字符串和一个值字符串——存储着有关元素的一些信息。标记值可以与任何独立元素相关，包括模型元素和表达元素。标记是建模者想要记录的一些特性的名字，而值是给定元素的特性的值。例如，标记可以是 author，而值是对元素负责的人的名字，如 CharlesBabbage。

标记值可以用来存储元素的任意信息，对于存储项目管理信息尤其有用，如元素的创建日期、开发状态、截止日期和测试状态。除了内部元模型属性名外，任何字符串都可以作为标记名（这是因为标记和属性在一起会被认为是一个元素的属性，并且可以被工具一起访问），而一些标记名已经被预定义了。

标记值还提供了一种方式将独立于实现的附加信息与元素联系起来。例如，代码生成器需要有关代码种类的附加信息，以从模型中生成代码。通常，有几种方式可以用来正确地实现模型，建模者必须提供做出何种选择的指导。有些标记可以用作标志告诉代码生成器使用哪种实现方式。其他标记可被加入工具使用，如项目计划生成器和报表书写器。

标记值也可以用来存储有关构造型模型元素的信息。标记值用字符串表示，字符串有标记名、等号和值，它被规则地放置在大括号内，如图 13-2 所示。在图表中标记值经常被省略，只显示在下拉表格中。

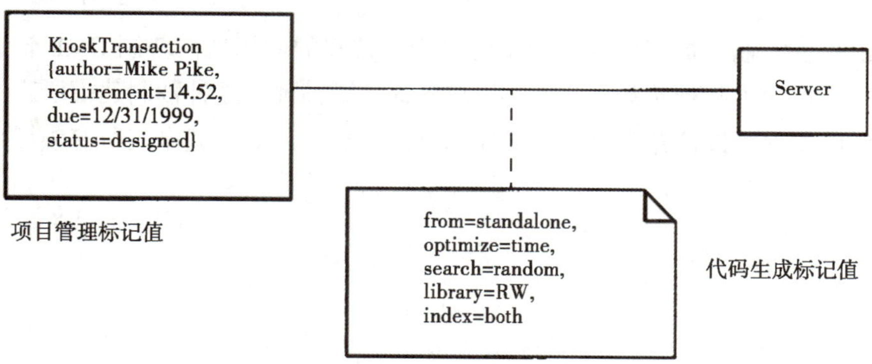

图 13-2　标记值

13.4 构造型

许多建模者希望为了一种特定的应用域裁制一种建模语言，这带来一些风险，因为被裁制的语言不易普遍被人理解，但人们仍然试图这么做。

构造型是在一个已定义的模型元素的基础上构造的一种新的模型元素。构造型的信息内容和形式与已存在的基本模型元素相同，但是含义和使用不同。例如，商业建模领域的建模者希望将商业对象和商业过程作为特殊的建模元素区别开来，这些元素的使用在特定的开发过程中是不同的。它们可以被看作特殊的类——有属性和操作，在与其他元素的关系和使用上会有特殊的约束。

构造型建立在已存在的模型元素基础上，构造型元素的信息内容与已存在的模型元素相同。这样便可以允许工具以相同的方式存储新元素和已存在的元素。构造型元素可以有它自己的区别符号，并且这很容易被工具所支持。例如，一个“商业组织”可以有一个看起来像一组人的图标。构造型也可以有一组适用于它使用的约束。例如，一个“商

笔记

业组织”可能只能与另一个“商业组织”联合，而不能与任何其他组织联合。不是所有的约束都能被多用途工具自动确定，但是都可以被手动执行或被理解构造型的加入工具确定。

构造型（图 13-3）可以用标记值存储不被基本模型元素所支持的附加特性。构造型用双尖括号内的文字字符串表示，它可以放在表示基本模型元素的符号的里边或旁边。建模者也可以为特殊的构造型创建一个符号，这个符号替代了原来基本模型元素的符号。

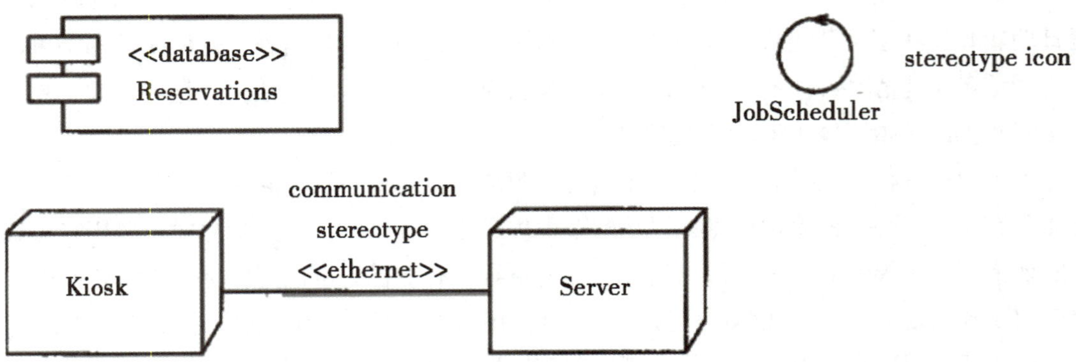

图 13-3　构造型

13.5 裁制 UML

约束的扩展机制、标记值和构造型使得为了特殊的应用域而裁制 UML 轮廓成为可能。现在已经形成了几种轮廓。此外，用户还提出了其他。这种裁制建模语言的能力意味着应用域的用户可以使建模语言适应应用域的需要，还能够共享在所有领域中通用的概念。

第 14 章 包和 UML 基础

学习目标

❶ 了解包图的作用及其关系。
❷ 掌握包的合并。
❸ 掌握 Core 包和 Profiles 包的用法。

知识导图

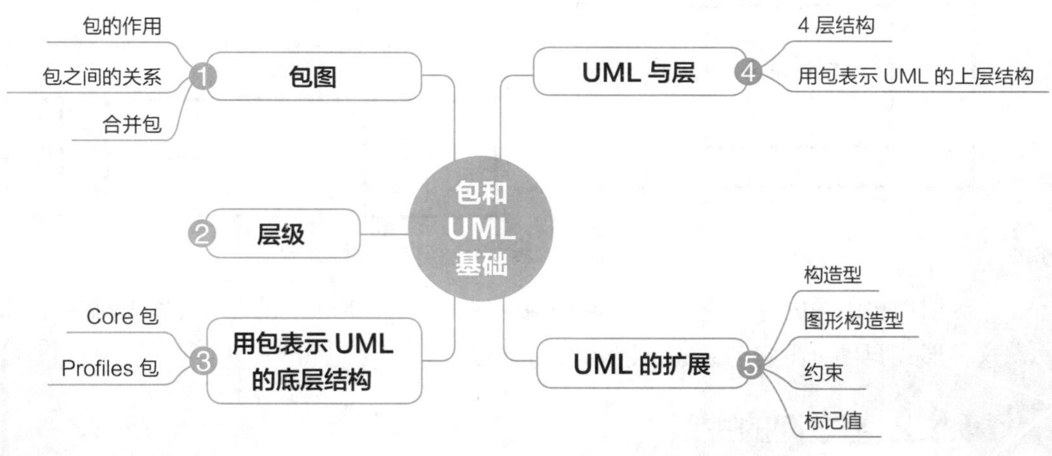

笔记

14.1 包图

在开始学习 UML 的基础知识前，先来了解包图。这个图对 UML 中的其他图提供支持。作为 UML 各个版本的中流砥柱，包图在 UML 2.0 中同样具有“图”的地位。

14.1.1 包的作用

包是用来对一个图的元素（如类和用例）进行分组的。把分组后的元素用一个带有标签的文件夹图标包围起来，就完成了对其打包。如果给包起一个名字，就命名了一个组，在 UML 术语中，包为这组元素提供了一个命名空间（namespace），这组元素属于这个包。UML 有两种方式来表示一个包的内容，如图 14-1 所示。

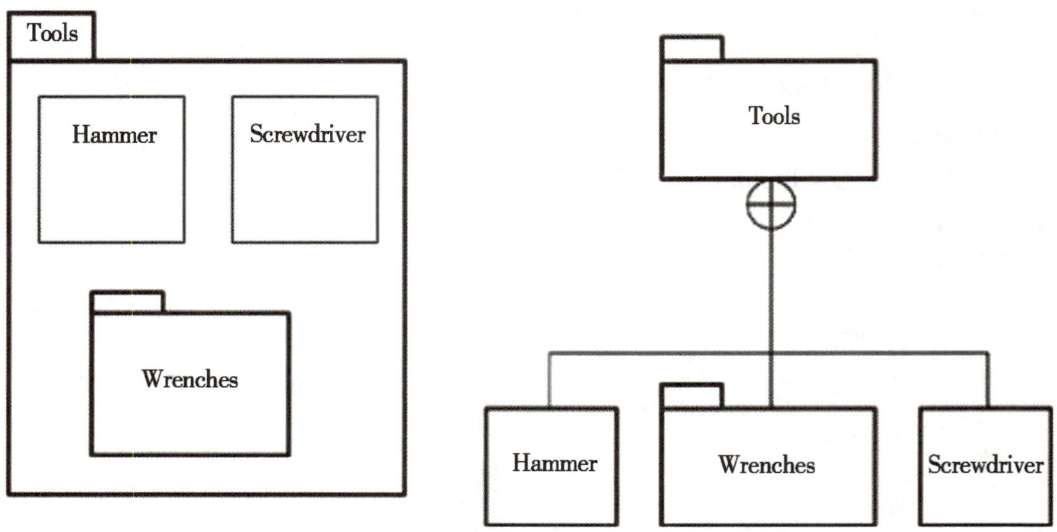

图 14-1　表示一个包的内容两种方式

引用包中的内容，使用 PackageName：：PackageElement 的形式（如 Tools：：Hammer），这种形式叫作全限定名（fully qualified name）。

14.1.2 包之间的关系

两个包之间可以有 3 种相关的方式：一个包可以泛化另一个包、依赖另一个包或者细化另一个包。图 14-2 展示了包之间的泛化关系和依赖关系。

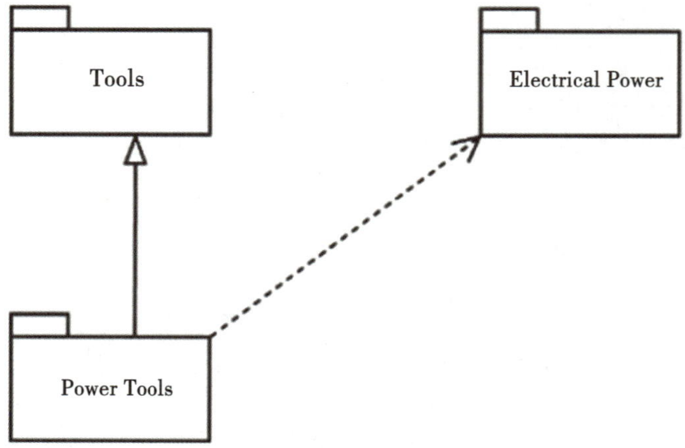

图 14-2　包之间的泛化关系和依赖关系

在 UML 的其他元素中，已经遇到过泛化和依赖的关系。细化则只是和细节有关。只有当一个包和另外一个包包含相同的元素，但却带有更多细节的时候，前者才是后者的细化。例如，当开始写一本书的时候，总是从一个简短概括每章内容的提纲入手。假设每章的概括都是一个名为 Proposal 的包中的元素，而 Complete Book 是另外一个包含所有完成章节的包。在这个例子中，包 Completed Book 就是包 Proposal 的细化。图 14-3 示意了表示细化关系的两种方式。

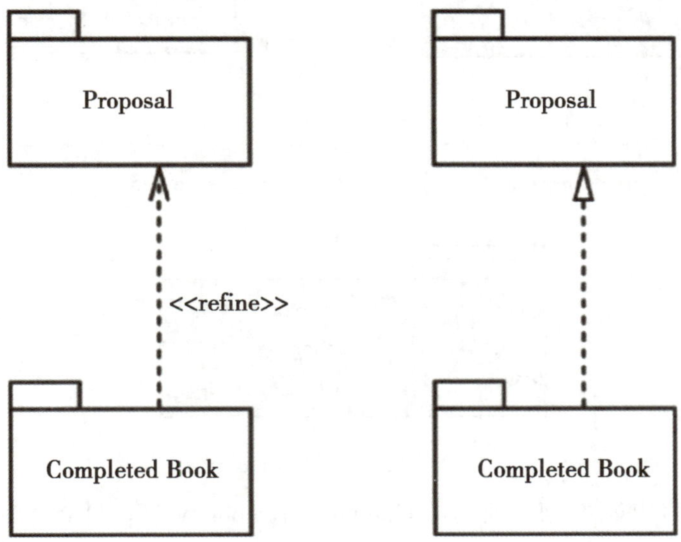

（a）　　（b）

图 14-3　表示细化关系的两种方式

图 14-3（a）中把细化关系表示为依赖关系的一种，因此使用了带有箭头的虚线和 <<refine>> 关键字。

图 14-3（b）中使用了一个用来表示（一个类和一个接口之间的）实现关系的符号。这是否意味着一个类“细化”了它的接口呢？从某种意义上讲，当接口和一个类相关联时（这个例子中的类是收音机），对一个接口的操作（如调节控制柄）会导致更加细致的操作（如收听一个无线电台）。另外，之后会再次见到这个实现（细化）符号。

14.1.3 合并包

一个包可以和另一个包合并，合并关系是进行合并的包（目标包 target）和获得合并操作的包（源包 source）之间的一种依赖关系。合并的结果是源包发生了变换。

需要注意的是，这里的源包和目标包的定义和通常意义上的源和目标有些不同。在下面的例子中，Telephones 和 Computers 是目标包，而 Computer Telephony 是源包。

假设有一个名为 Computers 的包和一个名为 Telephones 的包。第 3 个包 Computer Telephony 分别和这两个包合并。图 14-4 展示了这些包和它们的内容。注意，包 Computer Telephony 是空的。

笔记

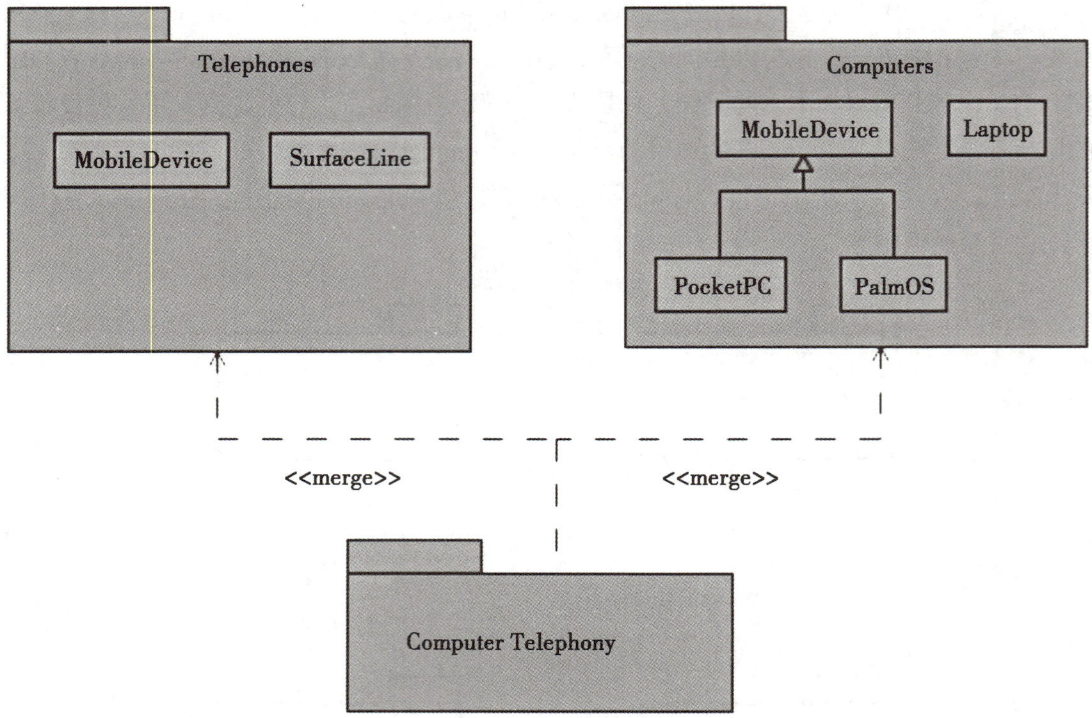

图 14-4　对一个包和另外两个包的合并建模

合并变换后 得出如图 14-5 所示的 Computer Telephony 包。两个目标包中的所有的类都被导入这个包中，通过全限定名，Laptop 和 SurfaceLine 的继承关系表示出了它原来所在的包。

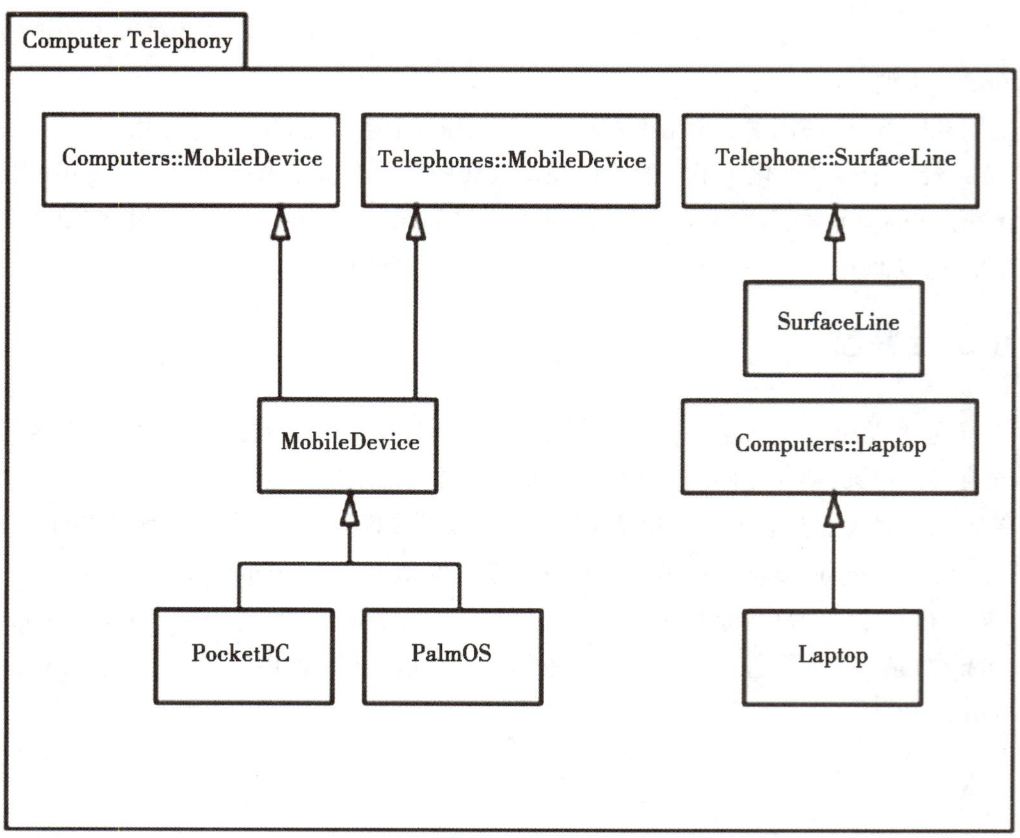

图 14-5　合并变换结果

笔记

MobileDevice 的继承关系体现出了有关合并的一个重要问题。当包之间进行合并，并且它包含具有相同名字的类的时候，这个类在变换所得的包中具有目标包中所有同名类的属性和操作。Computer Telephony 包中的 MobileDevice 继承自每个目标包中的 MobileDevice 类。实际上，Computer Telephony：：MobileDevice 是一个具有计算能力的智能手机，和 PocketPC 与 PalmOS 之间的继承关系表明智能手机可以在这两种操作系统中实现。

对包图的了解便于顺利地学习 UML 的基础知识。这是因为 UML 是根据包定义的。在讨论这些包之前，首先要将注意力放到概念上。

14.2 层级

前面介绍的 UML“大图”说明了各种 UML 的分类以及每种图属于哪一类。正如第 1 章“UML 概述”中提到的，所有这些种类的图都有必要，因为这些图从不同的视角观察一个系统。因为不同的风险承担人关心系统出于不同的原因，必须能以不同的方式反映出一个一致的系统映像。

尽管 UML“大图”有助于记忆 UML 的元素，但它却不是 UML 的定义。三个好朋友是以一种形式化的方式定义 UML 结构的，这样定义出的元素才能够清晰地展现所讨论的系统。UML 2.0 正是建立在这种清晰展现的基础上。

先从 UML 的体系结构开始讨论。可以把体系结构理解成一组关于系统如何组织、决策的简单总结。这些决策主要集中于系统的组成元素，这些元素是什么，做什么，具有哪些行为，它有哪些接口以及如何将这些元素组合到一起。

UML 具有一个四层体系结构。每个层次是根据该层中元素的一般性程度划分的。图 14-6 给出了所有的体系结构，用一种简单的记号表示 M0 到 M3 这些层。

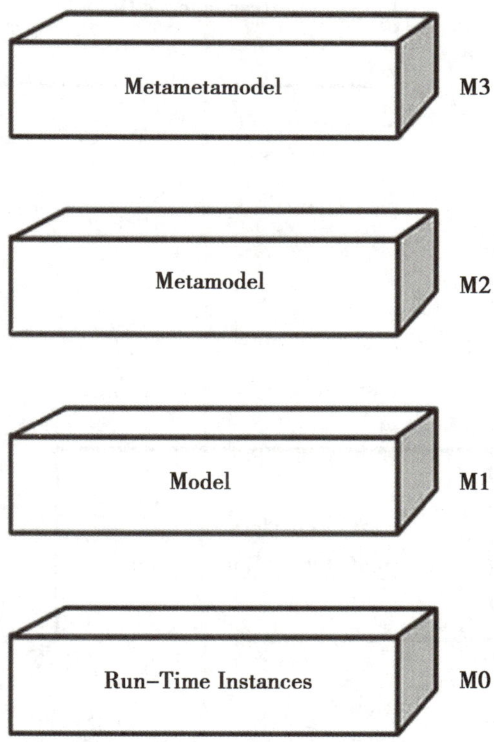

图 14-6　UML 的四层体系结构表示

最具体的一层是 M0 层，它是运行时实例层（runtime instance layer）。当模型进入代码创建阶段时，这个层开始发挥作用。

接下来是 M1 层，叫作模型层（model layer）。使用 UML 建立的模型就在这一层。

在每章的开始，当了解类和节点这样一个概念的时候，工作在 M2 层，也就是四层体系结构中的第 3 层。这一层定义了用来具体化模型的语言。经过一番体验，当对 UML 足够熟悉的时候，第 3 层就成为下一个更加内在的层次。由于这一层定义了纳入模型中的东西，所以它叫作元模型层（Metamodel layer）。UML 大图展示的类、节点、构件、用例等属于元模型层。

如果有一种用来具体化类、用例、构件以及其他所有用到的 UML 元素的语言，M3 就是定义这个语言的一种方法。由于这一层定义了纳入元模型中的东西，因此它叫作元元模型层（Metametamodel layer）。

笔记

打个比方来帮助理解层级。现在离开系统建模的世界，讨论一个稍微现实一些的例子。

当写一封商务信函的时候，开头先写上名字和地址，然后写上日期、收件人地址、问候语，之后是信函正文和结尾（如 Sincerely），最后是签名或打印名字。实际上，这是书写一封商务信函的格式。当写信给朋友的时候，会按照另外一种格式来写。当只是发送一个便笺时，又会是一种不同的格式。

和图 14-6 中的四个层级一样，所书写的信函（在字处理程序中）也是一个模型。商务信函的一组格式是元模型。当打印和发送的时候，就拥有了一个运行时实例。

沿着这个模型的层级向上看。商务信函格式（business letter guidelines）以一般的通信格式为基础，友人信函格式（friendly letter guidelines）和便笺格式（business memo guidelines）也是这样。通信的格式（以问候语开始，向收信人表达的想法和感受）形成了这些元模型的基础，因此，通信格式（correspondence guidelines）就是元元模型。

如果按照包的想法和概念思考通信格式，可以用图 14-7 描述。

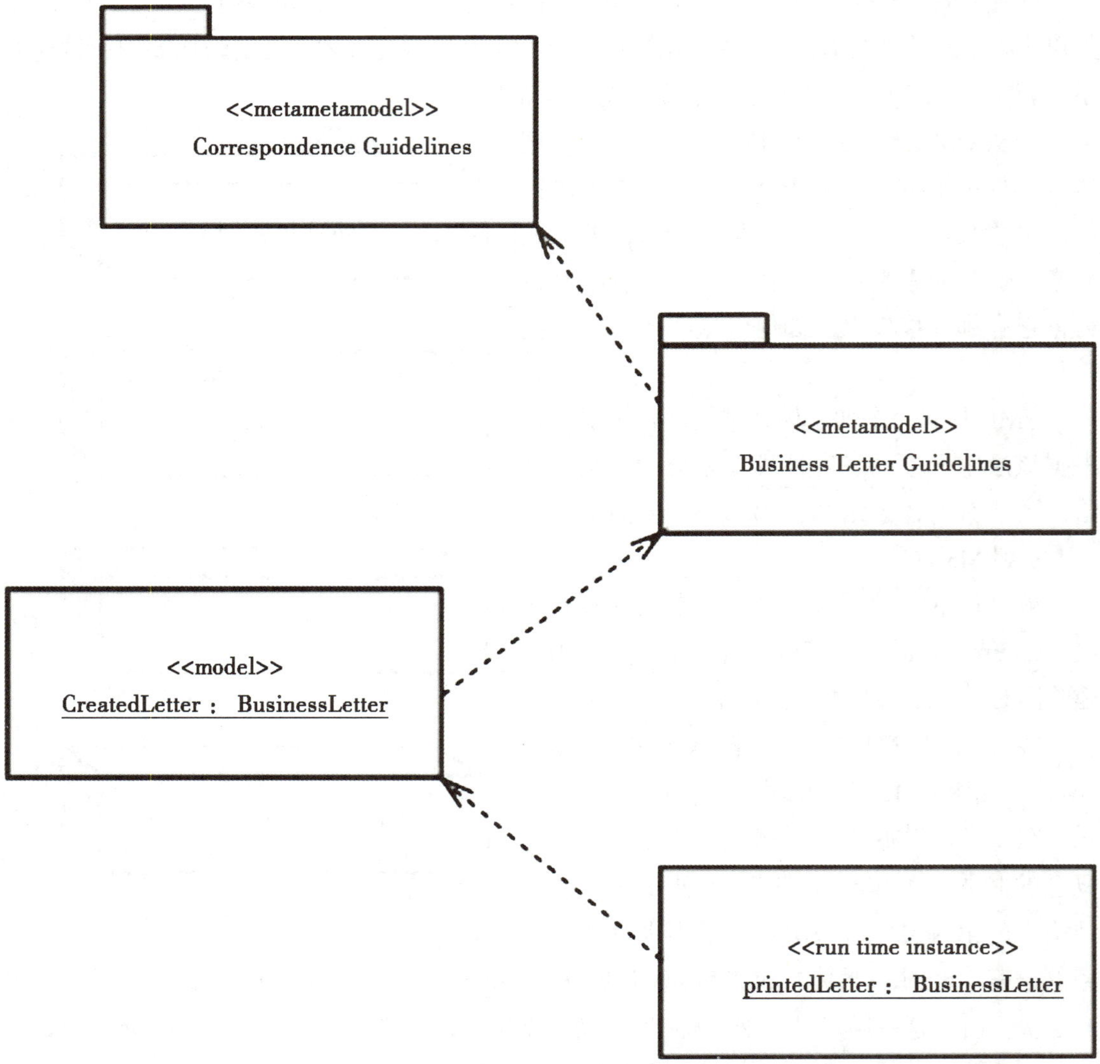

图 14-7　在信件书写例子中对元模型和元元模型建模

14.3 用包表示 UML 的底层结构

笔记

类图是用 MOF 描述的，这些图组成了规范（这就是为什么 MOF 是 UML 的基础）。Infrastructure Library 如图 14-8 所示，Infrastructure Library 包含两个包，分别是 Core 和 Profiles。可以把 Core 看作创建 UML 这样的元模型的概念的集合，把 Profiles 看作定制元模型的概念的集合。Core 包含了定义 UML 的概念，而 Profiles 则包含了能够针对特定领域创建 UML 变体的概念。

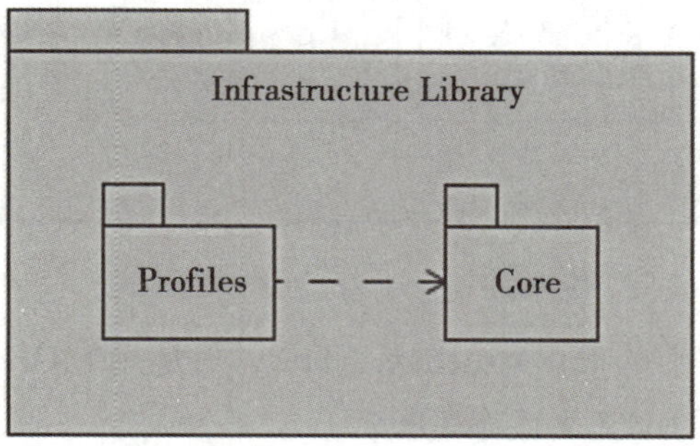

图 14-8　Infrastructure Library 拥有 Core 和 Profiles 包

Infrastructure Library 是一个现实中的图书馆，并且假设谈论的都是和图书相关的“概念”。在图书馆的 Core 区，可以找到一些类似《如何绘制油画》的图书。通过阅读图书，可以掌握自己独特的油画技巧，然后可以把油画技巧用图书的方式出版。读者能够应用这些技巧画出和作者的风格一样的油画。

在图书馆的 Profiles 区，可能会有《绘画人体学》这样的书。

14.3.1 Core 包

Core 包拥有 4 个包，分别是 Primitive Types、Abstractions、Basic 和 Constructs，如图 14-9 所示，下面对每一个包进行概要介绍。

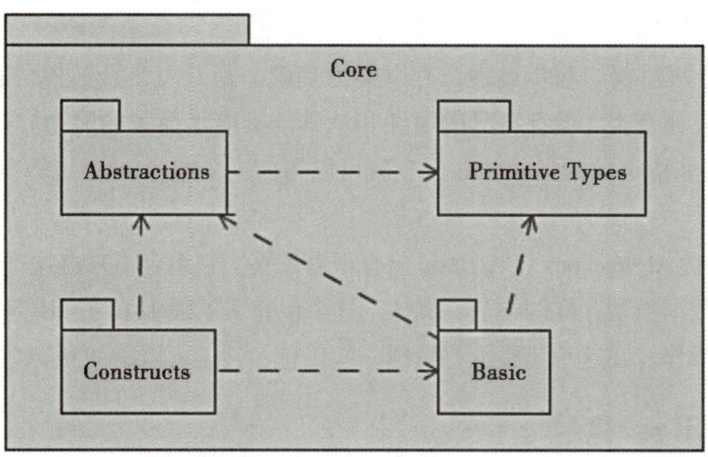

图 14-9　Core 包

1. Primitive Types

如果要创建一种建模语言，就需要用到 Primitive Types 这种数据类型。这个包中的数据类型有 Integer、Boolean、String 和 UnlimitedNatural。最后一种数据类型表示一个自然

笔记

数组成的无限集合中的一个元素，它指定用星号（*）表示无限。UML 模型中，在类之间关联的末端，可以看到一个表示多重性的数字（这是使用星号表示“很多”的最初由来）。图 14-10 所示是对这些类型建模。

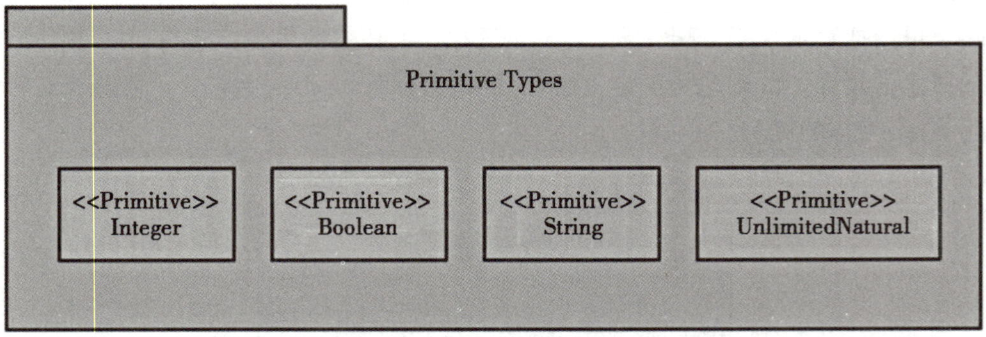

图 14-10　Primitive Types 包

如果定义了 UML 基础的 Infrastructure Library 图是用 MOF 表示的，那么 MOF 的定义在哪里呢？ MOF 定义的定义又在哪里呢？

MOF 具有所谓的映射性（reflective），意思是 MOF 也是用 MOF 定义的。

用油画的例子打个比方，其原始类型（primitive types）就是油彩的特性。在应用任何风格的相应规则的时候，都要考虑这些特性。

2. Abstractions

Abstractions 包含 20 个包，这些包说明了如何表示第 1~13 章学习过的概念。Elements 包是这些包中最基础的一个，它只拥有一个名为 Element 的抽象类。现在已经涉及元元模型层了，所以，可以很习惯地把 Element 称为一个抽象元元类。

由于用模型表示事物已经很平常了，所以，Element 是所有其他类的超类，同时也是 Infrastructure Library 的元元类。

其他的包还有 Relationships、Comments、Multiplicities 和 Classifiers。一个分类（classifier）可以描述结构和行为的任何元素，类、用例、节点和参与者都是 UML 中的分类。

3. Basic

Basic 包是开始建模的起步过程，它以类为基础，是开发复杂建模语言的基础。如果能够想象 UML 只具有类（带有自己的属性和从其他类继承而来的能力）、参数（供一个类的操作使用）、包和指定数据类型的能力，就可以明白这个包了。

4. Constructs

Constructs 包对 Abstractions 包和 Basic 包有很多依赖。它组合了来自这些包的内容，并添加了类、关系和数据类型这样的细节。例如，这个包充实了很多细节，说明了在一个类中如何可视化属性和操作。在这个包中，将发现一些信息，它们可以添加到类之间的关系中。

14.3.2 Profiles 包

Profiles 包提供了一种机制，能够针对一个特定的知识领域改变元模型。每次改变都得到一个单独的 profile。

Profile 被看作 UML 的一种调整，例如，为了对法律和教育领域建模而改写的 UML。可以以 UML 为基础添加内容，而 Profiles 包说明了能够添加的内容，熟悉了构造型，

profile 是扩展 UML 的一种方法。Profiles 包说明了创建构造型的正规的机制。这个包拥有名为 Extension 和 Stereotype 的元元类（这是元元模型级别的类）。

为了理解 Extension 和 Stereotype 是如何工作的，假设要创建一个 UML Profile 来对电工学建模。希望能够具备一定的方法，对电容、晶体管、电阻、电源以及其他的电工部件建模。由于这些东西都是硬件，可以创建一个节点的构造型，这在 UML 符号中是用来表示硬件的。

到目前为止，还没有绘出一个块状图标，但已经有了一个名为 Node 的元元类。如果希望表示出要创建一个名为 Capacitor（一种用来存储电荷的电路元件）的构造型，如图 14-11 所示。

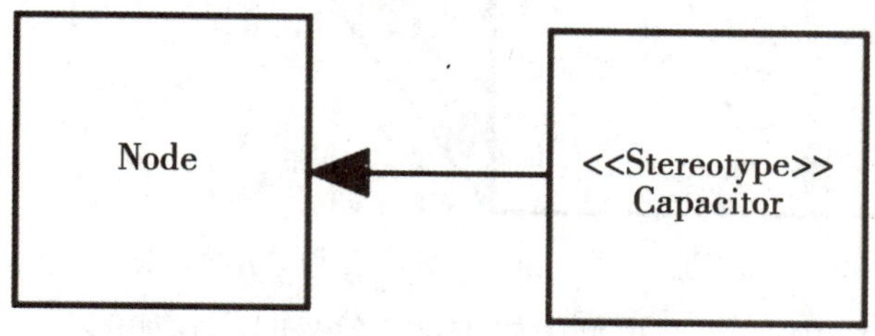

图 14-11　创建一个 Capacitor 构造型

实心箭头代表“扩展”关系，这是一个元类和一个构造型之间的关系。

电容以及其他的电路部件通常提供一个接口来修改它的操作。对于一个电容器来说，这个接口就是控制柄（是不是很耳熟）。通过操作控制柄来改变电容中存储的电荷的数量。下次调节收音机的时候，记住所调节的旋钮就是电容的一个接口。因此，创建一个名为 ControlKnob 的接口构造型。

当所有的构造型完成后，把它放入一个表示 profile 的包图标中。图 14-12 示意了包含构造型的 Electricity profile。

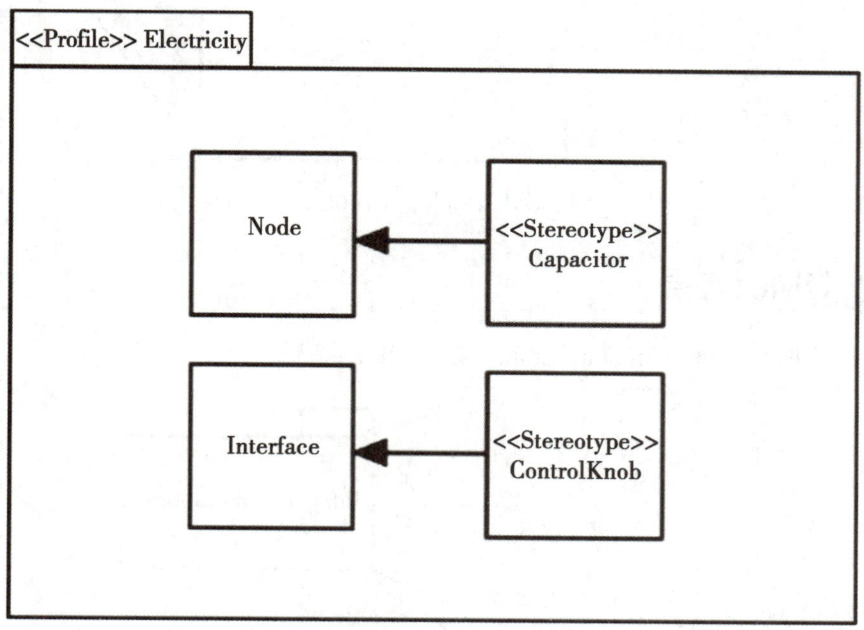

图 14-12　Electricity profile

在实际过程中，一旦构造型创建好了，就可以在 Electricity profile(即扩展的元模型中）的 UML 中使用其符号，如图 14-13 所示（在 UML 中，可以使用块图标）。

笔记

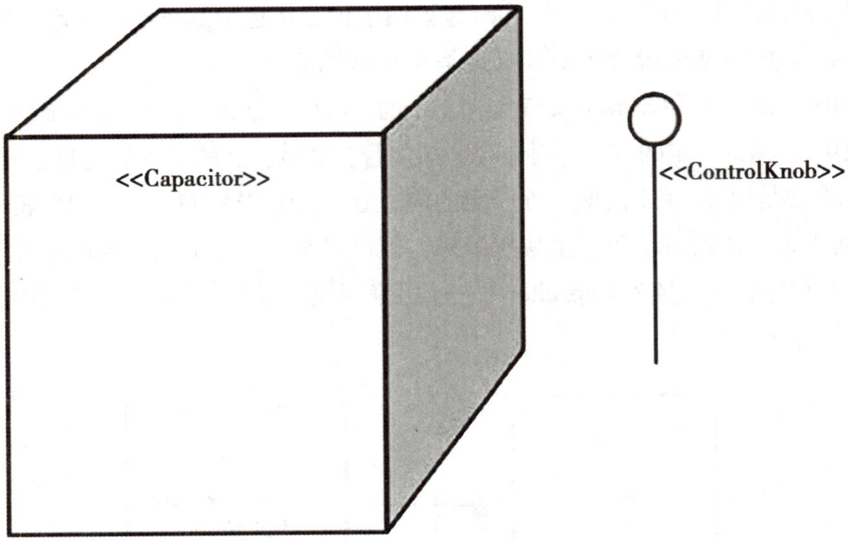

图 14-13　创建 Electricity profile 的结果可以作为 UML 中可用的符号

在更多的实际过程中，当在模型中使用这些符号时，它如图 14-14 所示。

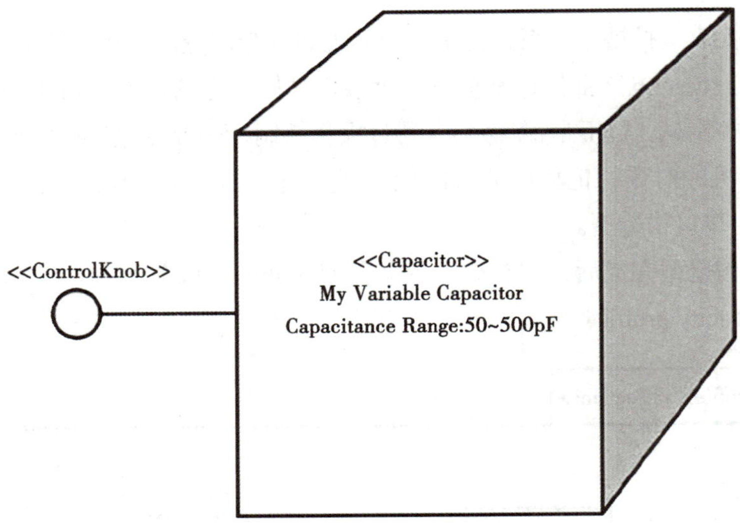

图 14-14　使用 Electricity profile 中的符号

14.4 UML 与层

如图 14-5 所示，Infrastructure Library 是 UML 的基础。

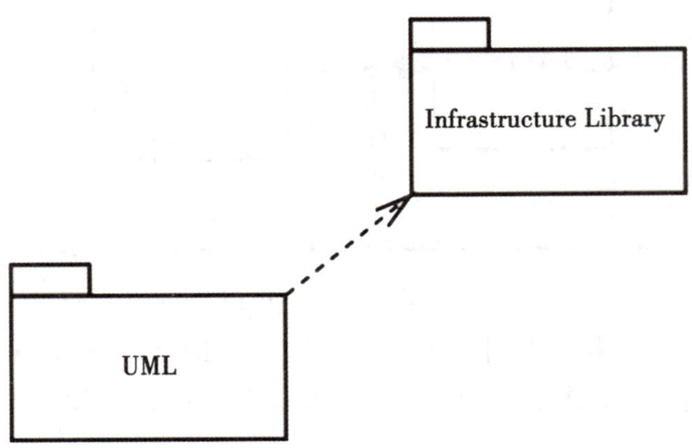

图 14-15　UML 是以 Infrastructure Library 为基础的

14.4.1 4 层结构

笔记

UML 是所创建模型的基础，这当然是一种说法，还可以用相关的术语，如类、元类和元元类表述这样的“基础”关系。当在自己的模型中创建一个类的时候，就已经创建了一个 UML 类的实例。反过来，一个 UML 类也是元元模型中的一个元元类的实例。从另外一个方向看，运行时实例来自根据的模型产生的代码。图 14-16 中用 4 层结构概括了上述内容，并展示了元元模型中的一些资源。

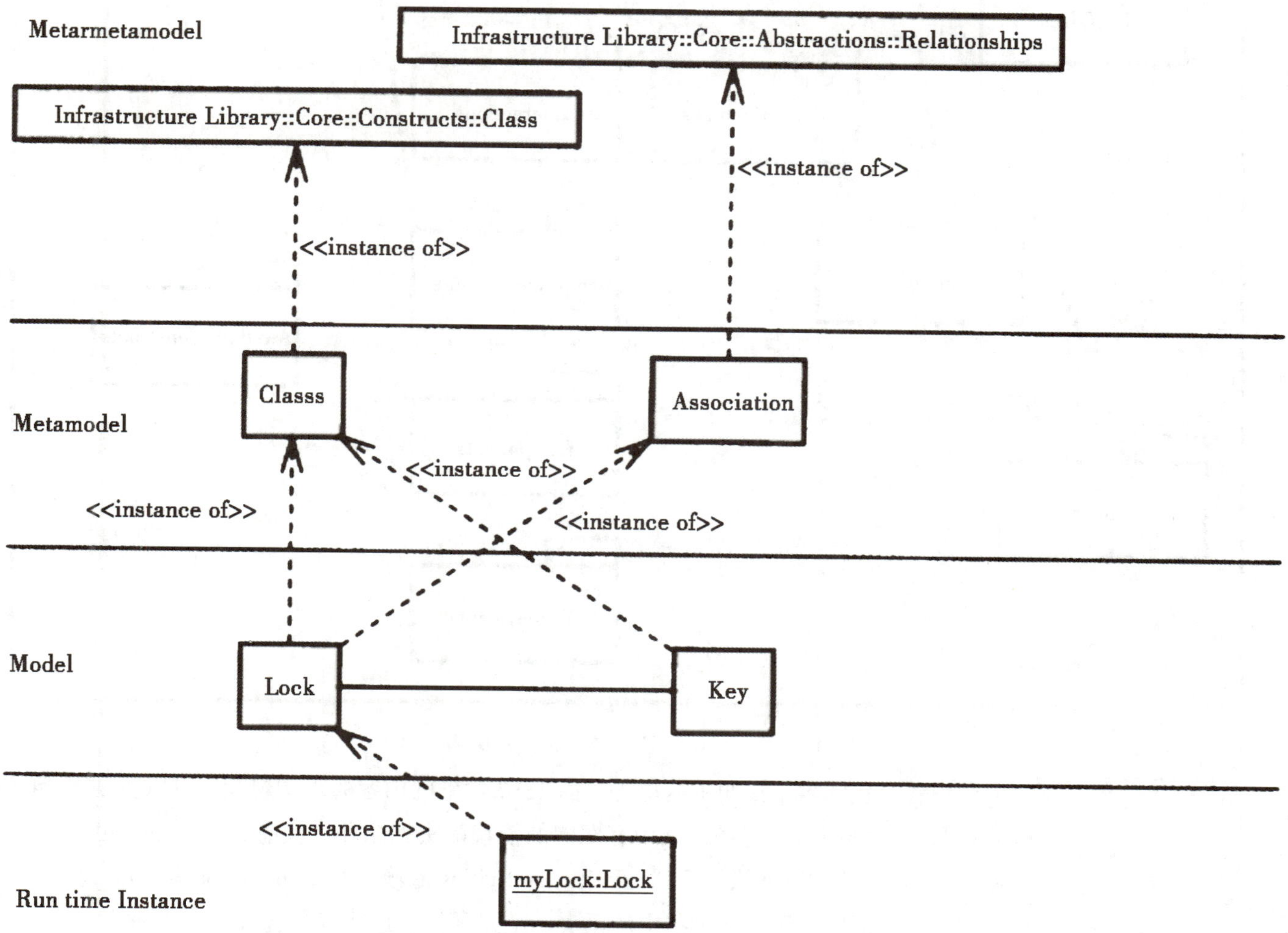

图 14-16　模型的 4 层结构中的实例

14.4.2 用包表示 UML 的上层结构

就像包可以用来表示 UML 的基础一样，它也可以用来对 UML 中的元素（也就是 UML 所谓的上层结构，superstructure）建模。

图 14-17 是对图 14-15 中的 UML 包的具体细化，可以看出其中包含了 12 个包。

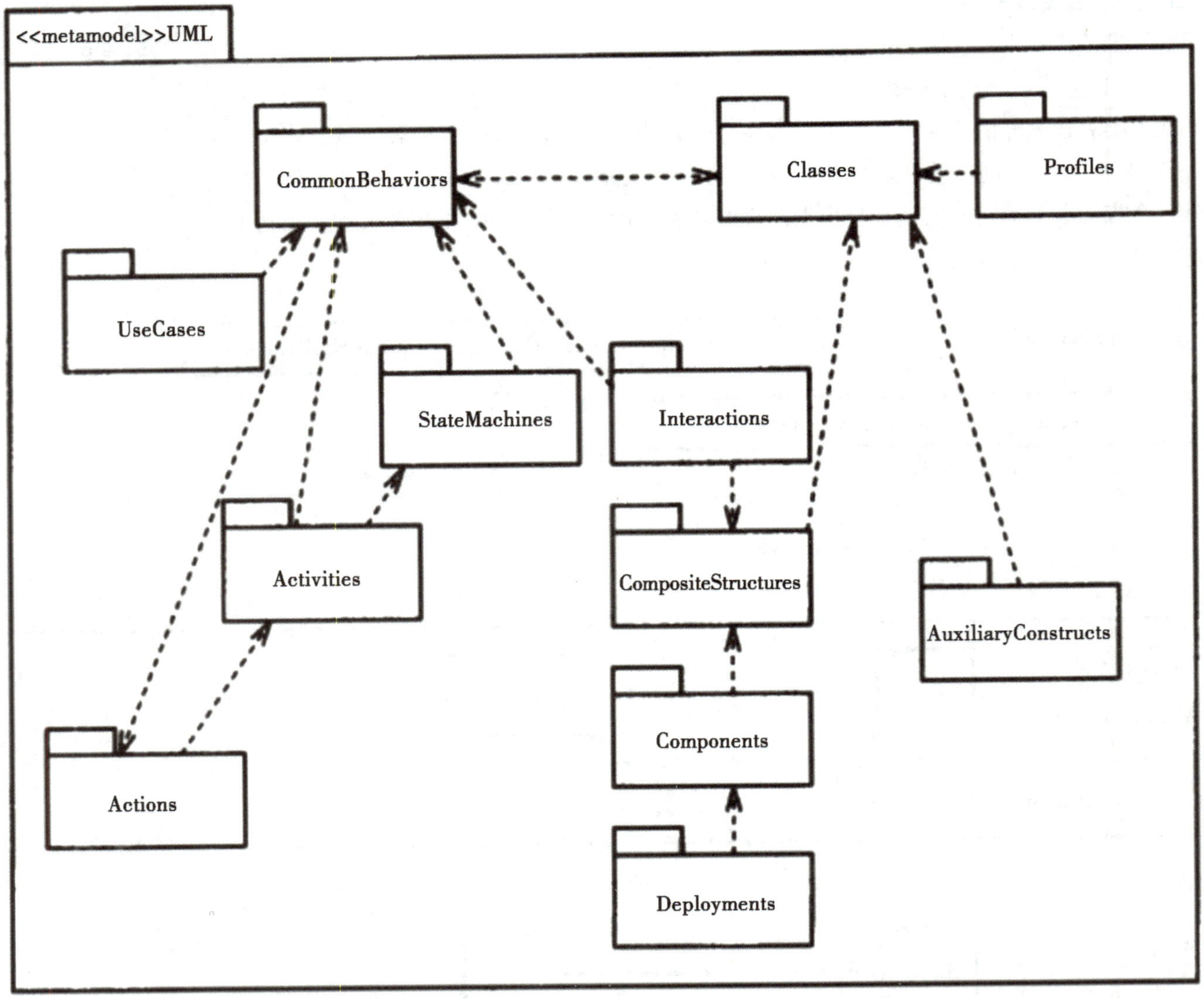

图 14-17　UML 的上层结构

图中各个包的名字说明了这里是在前 13 章学到的内容的正式规范。可以发现图 14-17 中依赖箭头的排列有些奇怪，其中有双向的依赖箭头和循环依赖箭头（CommonBehaviors 依赖于 Actions，Actions 依赖于 Activities，Activities 依赖于 CommonBehaviors）。每个包中至少有一个元素依赖于另一个包中的至少一个元素，于是就有了这张图。

包的名字表明了其中的内容，因此这里只是概括地介绍一些重要包的特性。顺便说一句，这里的 Profiles 是 Infrastructure Library 中的 Profiles 包的复用。

1. Classes

Classes 包包含了类以及类之间的关系的规范，曾经提到过，这些元素和 Infrastructure Library：：core 中的 Abstractions 包和 Constructs 包相关联。实际上，Classes 包通过那些包合并为 Kernel 而复用了其中的规范。Kernel 是一个表示 UML 的基础建模概念的包。

2. CommonBehaviors

这个包中包含了和对象如何执行行为、对象间如何进行通信以及如何对时间的消逝建模等相关的规范。

3. UseCases

这个包使用来自 Kernel 和 CommonBehaviors 包中的信息。它规范了捕获一个系统的功能需求的图。这个包中有参与者、用例、包含关系、扩展关系等的正式规范。

4. CompositeStructures

除了对组成结构图（在第 1 章中提到过）的规范，这个包还说明了端口和接口，并说明了类之间的协作是如何发生的。

5. AuxiliaryConstructs

这是一个负责外观的包，它处理的是模板和符号。模板技术是用来可视化一个系统中的信息流的，而符号是用来表示模型的。

图 14-18 给出了一个模型的图标，它是带有一个小三角形的包的符号。另外，AuxiliaryConstructs 还包含了原始类型，这复用了前面见到的 Infrastructure Library 中的信息。

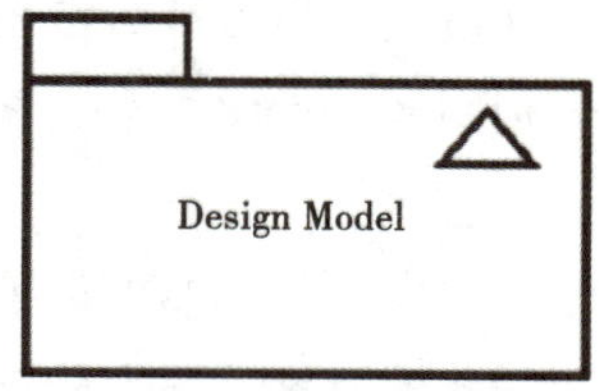

图 14-18　用包的符号表示模型

14.5 UML 的扩展

在前面几章中已经介绍过，UML 拥有一个广泛的结构，这个结构是前 13 章中学到的内容广泛的建模技术的基础。

除了这些技术，UML 中有 3 个机制能够帮助扩展它，那就是构造型、约束和标记值。

14.5.1 构造型

构造型是用双尖括号括起来的字符串，用于扩展一个 UML 元素，扩展后的元素就成为一个新的元素。在前面的 Profiles 介绍中，讲述了构造型如何对 UML 基础发挥作用。记住，不需要为了使用构造型而创建一个全新的 profile。

构造型增添了灵活性。它可以使用已有的 UML 元素建立新的 UML 元素，新建的 UML 元素能够捕获自己系统或者领域中的某方面特征，而使用标准 UML 元素则无法表达这种特征。

除了创建的构造型，UML 还提供了一组现成的构造型。本节后面将介绍其中一部分。

1. 依赖

基于依赖的构造型扩展了（带箭头的虚线开始的一端）客户和（带箭头的虚线指向的一端）供应者之间的一种依赖关系。现在快速浏览一下表示依赖关系的构造型。

<<import>> 依赖位于两个包之间。构造型向客户的命名空间（包对其组成部分的名字分组管理形成的区域）中添加了供应者的内容。在本章中，已经见到过 <<refine>>，这是表示包之间的依赖关系的另一种构造型。

在 <<send>> 构造型表示的依赖关系中，客户向供应者发送了一个信号。

在 <<instantiate>> 构造型表示的关系中，客户和供应者都是类。这个构造型表示客户创建了供应者的实例。

2. 类

前面元模型的相关章节中见到过 <<metaclass>> 这个构造型。它是一个类，它的实例也都是类，而不是对象。在 UML 模型中创建的一个类是元类的一个实例，元类是 UML 中的一个类。

笔记

<<type>> 是通过属性、操作和关系规范一组对象的类。<<type>> 不包含方法（实现操作的可执行算法）。一个对象可以符合多个 <<type>>。

<<implementationClass>> 和 <<type>> 是相对的，它表示一个类在一种编程语言中的实现。对象只能有一个 <<implementationClass>>。

<<utility>> 是属性和操作的一个集合，这些属性和操作不是该类的成员，它是一个没有实例的分类。

通过类、操作或方法就可以创建或销毁一个实例。Java 中的构造方法和析构方法，可以分别用 <<create>> 和 <<destroy>> 表示。

3. 包

UML 有一些内建的用于包的构造型，其中一个构造型说明了包中包含了可供其他包复用的建模元素，这个构造型叫作 <<modelLibrary>>。

<<framework>> 是一个构造型的包，它包含了可以使 UML 元素复用的模型和模板。前面已经介绍过这种结构。

14.5.2 图形构造型

有时可能不得不在 UML 模型中引入一两个新符号，以便更好地表达意思。只要小组里的每个人都能够一致地理解所使用符号的含义，那么使用这个符号就是可以接受的。

部署图就为这种尝试提供了很多机会。通常很多硬件剪贴图可以用来取代见到的平淡无趣的立方体图标。使用一幅图来表示一个 UML 图标的时候，创建了一个图形构造型（graphic stereotype）。图 14-19 给出了一个例子，表示一个 ARCnet 的模型。

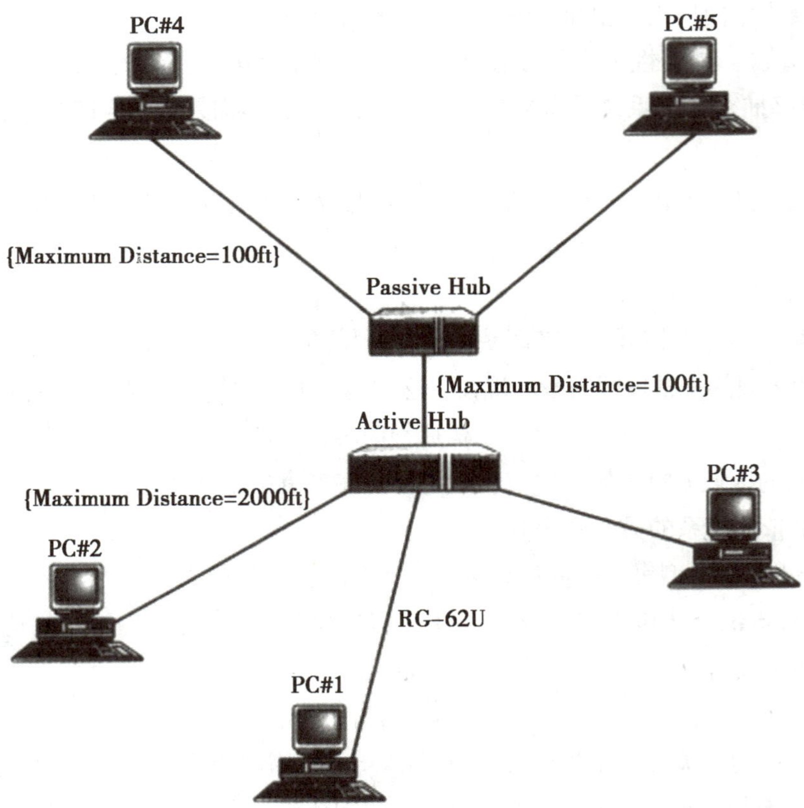

图 14-19　对一个 ARCnet 用图形构造型建模

14.5.3 约束

笔记

约束为 UML 模型元素提供条件和限制。可以以任何格式说明约束，只把约束写入一个花括号中就可以。例如，如果一个类拥有一个 velocity 的属性，就可以使用如下约束 { velocity cannot exceed the speed of light }。

14.5.4 标记值

标记值（tagged value）用来显示定义一个属性，它也写在花括号中，由一个标记和一个值组成。标记代表要定义的属性。例如，可以把 { location = nodeName } 附加到一个构件上，其中 nodeName 表示构件所驻留的节点。

第 15 章 UML 环境

学习目标

❶ 了解语义职责。

❷ 学会使用建模工具建模。

知识导图

笔记

15.1 简介

UML 模型需要在环境中使用。多数人使用建模技术是为了达到一个目的，即为了开发性能优良的系统，而不是为了使用模型本身。模型的目的和对模型的解释也受环境之外的因素影响。在广阔的外部环境中，包括跨越多种语言的元模型、模型编辑工具、程序设计语言、操作系统和主系统构件以及使用系统的商业和工程背景。确定模型的意义和使用目的取决于所有这些工具，其中也包括 UML。

模型在不同的具体层次中出现。UML 是一种通用建模语言，包括语义和表示法，适用于不同的工具和实现语言。应用中的每个层次需要使用不同层次的 UML 建模思路。

15.2 语义职责

元模型是对模型的一种描述。建模语言用来描述模型，因此，它可以用元模型描述。元模型试图通过定义语义使语言精确，但是为适应新情况，它必须允许扩展。元模型的实际形式对于用工具实现模型和模型的互换很重要，但多数用户并不关心它。因此，在本书中未涉及它。

元模型和语言必须能够覆盖很大的背景信息并具有很强的解释力。现存系统有不同的执行和存储模型，从中选择一种作为正确的解释是不可能的。实际上，这样的选择甚至可能产生误导。可以将执行模型的不同解释作为语义变更点。语义变更点是一个随执行的具体语义不同而不同的点，但它与系统的其他方面无关。例如，一个环境可以选择支持或不支持动态类元，即对象具有在运行时改变所属类的能力。现在，许多程序设计语言不允许这么做，主要是因为程序设计语言实现方面的原因，但有些语言实现了这一功能。在静态语义中，这种区别是不能辨认的。选择静态分类还是选择动态分类可以用一个具有两个选项（静态分类或动态分类）的语义变更点标明。当这些选择存在时，人们经常辩论哪一种是正确的解释。相反，如果明确了这只是一种选择，并给选项起一个名字，这样任何一种选择都可以使用。

元模型描述了一个结构良好的模型的内容，正如一种程序设计语言描述一个结构良好的程序一样。只有结构良好的模型才有意义和恰当的语义，询问一个结构糟糕的模型的意义是没有意义的。然而，多数开发中的模型的结构是不完善的，并有可能相互矛盾。但是模型编辑工具必须支持不完整的模型，而不仅只支持完整的模型。UML 元模型可以描述正确的、结构完善的模型。分离的元模型能描述可能的模型片段。让工具开发者决定在哪里划定支持模型片段的界限和支持结构不完善的模型用哪种语义。

UML 包含一些内置的扩展机制，以适应特殊领域的应用。这些机制包括定义构造型和标记值的能力。通过定义一组构造型和标记值并采用相应的使用约定，这些机制可用于裁制 UML 的变体。例如，可以开发出以不同程序设计语言的执行语义为核心的 UML 变体语言。使用扩展机制会很有效，但也会带来潜在的危险。因为这些语义不是在 UML 中定义的，UML 不支持它的含义，这种解释取决于建模者。此外，如果不注意，某些含义可能是二义性的，甚至是矛盾的。建模工具能够自动支持由工具定义的构造型和标记值，但不支持用户自定义的扩展。不论是否支持扩展，任何扩展的使用都会使用户偏离语言标准所提供的标准定义，并损害模型的互换性和易理解性。当然，使用特殊的类库也会偏离所谓的最完美的互换性，所以不用担心这些。当扩展有帮助时就使用，当扩展不必要时则应避免使用它。

15.3 表示法职责

表示法并不是给模型增加含义，而是帮助用户理解模型的含义。表示法没有语义，但它经常为用户加入一些内在含义，如在一张图中基于相近意义的两个概念的密切联系。

UML 文档 [UML-98] 和本书定义了一套规范的 UML 表示法，可以称作模型的格式出版。这和许多程序设计语言类似，把期刊文章中的程序印刷成有吸引力的格式，包括仔细的规划、用黑体保留字表示，且每个过程用不同的图形来说明。而实际的编译者不得不接受较为凌乱的输入，期望编辑工具能把表示法扩展成屏幕格式，包括诸如使用不同的字体和颜色加亮条目，简单地删除和过滤不需要使用的条目的能力，放大图像以展示图中嵌套元素的能力，通过超文本热链转入其他模型和视图的能力，以及动画功能。试图将所有这些可能的项目都标准化是不可能的，也是愚蠢的，因为没有这个必要，而且这样还会限制有益的创新。这种表示法的扩展能力是工具制造者的工作。在交互式工具中，产生二义性的危险不大，因为用户总能找到一个明确的解释。这也许比坚持一种粗看上去没有任何二义性的表示法更有用。这个观点是说：当需要时，一个工具必须能生成规范化的表示法，特别是在印刷格式中，但在使用交互式工具中也应该采用合理的扩展。

期望工具能让用户有限制但又有效地扩展表示法。已经规定构造型可以有自己的图标。对其他表示法的扩展也是允许的，但用户要谨慎使用这些扩展机制。

笔记

注意

表示法不仅仅是图片，它还包括基于文本格式的信息和元素中间不可见的超链接。

15.4 程序语言职责

UML 必须在没有与不同的实现语言明确合并时与它共同使用。UML 应该允许多数程序设计语言使用，包括规格说明和目标代码生成。问题是每种程序设计语言都存在许多不想吸收到 UML 中的语义，因为它们作为程序设计语言来说很容易控制，而在执行语义中有相当大的变化。例如，并发的语义在不同的语言中存在不同的处理方法（如果能够处理这些语义）。

UML 中没有详细描述简单数据类型，这么做是经过深思熟虑的，因为不想把偏爱的一种程序设计语言的语义合并到其他所有语言中。对于多数的建模目的，这不是一个问题。应使用适合于目标语言的语义模型。这是语义变更点的一个例子。

详尽的语言实现特性的表示使得在不把实现特性的语义内置到 UML 的情况下，带来捕获其信息的问题。可以通过构造型和标记值捕获超越了 UML 内置能力的语言特性，这些可以由工具或代码生成器分配给语言特性和代码生成选项，一般的编辑器不需要理解它。事实上，用户可以用一个不支持目标语言的工具创建一个模型，然后把最终模型转换到适用于最终处理的工具。当然，如果工具不能理解构造型和标记值，那么就不能对它进行一致性检查，但这并不比用文本编辑器和编译器差。如果必要，可以创建一个工具来使用 UML 的一组特定的扩展。

在可预知的未来，代码生成和逆向转换不仅需要 UML 模型，还需要设计者的输入信息。代码生成器需要的指导和提示可以由标记值和构造型提供。例如，建模者可以指定哪种包容器类用于实现一个关联。当然，这种工具中的代码生成设置方法也许是矛盾的，但目前没有一种标准化的实际设置方法。目前不同的工具均使用对自己有竞争优势的代码生成器，但最终将会出现缺省设置并发展为成熟的标准。

笔记

15.5 使用建模工具建模

在实际系统中，模型需要工具支持，工具提供了观察和编辑模型的交互方式，提供了一层超出 UML 自身作用域的组织，可以帮助用户理解并获得信息。通过搜索和过滤已经存在的资料，工具有助于在大型模型中查找信息。

15.5.1 工具问题

工具处理模型的物理组织和存储。它必须支持一个项目的若干工作组同时工作，以及支持跨越多个项目的重用。以下几个问题超出了规范的 UML 的作用域，但在运用实际工具中必须予以考虑。

二义性和未详尽说明的信息在初期阶段，许多事物不能用语言表达。工具必须能够调整模型的精确性并且不能强迫每个值都进行详细说明。

选项表示用户不想在任何时候都看到所有信息。工具必须能够过滤和隐藏那些某一时间不需要的信息。工具还要通过显示器硬件的功能提供交替的可视化支持。

模型管理模型单元的配置控制、访问控制和版本超出 UML 的作用域，但是它对于软件工程过程十分重要，并且位于元模型的上层。

与其他工具的接口模型需要由代码生成器、规格计算机、报表书写器、执行引擎和其他后台工具处理。其他工具需要的信息要包含到模型中，但这不是 UML 信息。标记值适合保存这些信息。

15.5.2 工作进展过程中产生的不一致模型

建模的最终目标是生成一定细化层次的系统描述。最后的模型必须满足不同的有效性约束才有意义。但是，正如许多创造性的过程一样，结果不必以线性方式产生，中间产品不必每一步都满足所有的有效性约束。实际上，一个工具不仅要处理语义上满足有效性约束的模型，还要处理在句法上有效的模型，这些模型满足一定的构造规则，但可能会违背一些有效性约束。语义上无效的模型不能直接使用。相反，它可以看作通向最终目标的过程中的工作。

15.5.3 空值和未详细说明的值

一个完整的模型包含它的所有元素的所有属性值。在许多情况下，空值（无值）是一种可能出现的值，一个值是否可能为空是属性类型描述的一部分。例如，空值对集合大小的上限没有意义。有的集合有固定的大小，有的则没有固定的上限值，在这种情况下，集合的大小是无限的，所以，是否具有空值实际上取决于一种数据类型的可能值的范围。

另一方面，在设计早期，开发者也许没有注意到特殊特性的值。在特定的阶段，这个值可能没有意义，如建立领域模型时的可视性。或者，这个值有含义但建模者还未详细说明它，开发者应当记住它仍然需要细化。这种情况下，这个值是没有详尽说明的，这表示一个值最终是被需要的，但目前还没有被详细说明。它和空值不同，空值在最终模型里是合法值。许多情况下，特别是字符串中，空值是表示一个未被详尽说明的值的好方法，但并非全是这样。未被详细说明的值在结构完善的模型中是无意义的，UML 定义不处理没有详细说明的值。这是支持 UML 的工具的职责，也是处于进展中的没有语义的工作模型的一部分。

第 16 章 在开发过程中运用 UML

学习目标

❶ 了解传统的和新的开发过程方法学。

❷ 掌握 UML 的开发流程。

知识导图

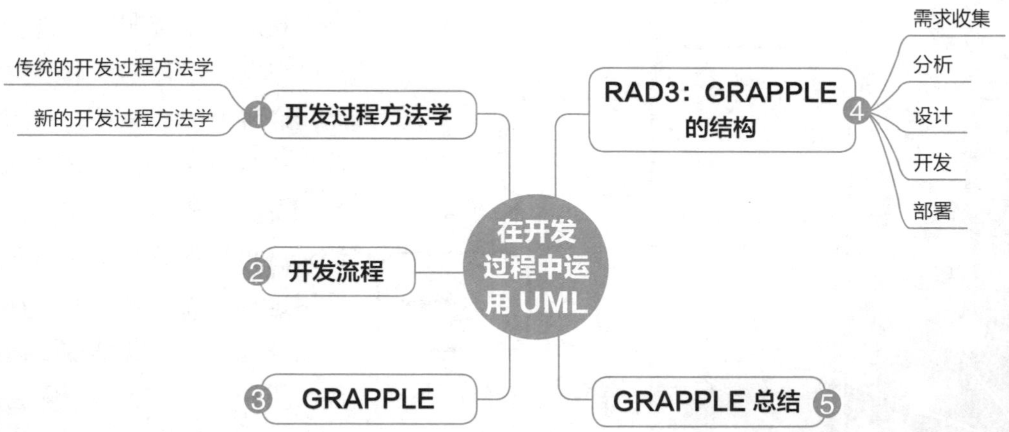

笔记

16.1 开发过程方法学

开发组必须经历一个结构化的系统开发过程。在开发过程中所经历的步骤的结构和性质就是前面提到的开发过程方法学。在进行程序设计前，开发人员必须充分理解所要解决的问题，这就需要专门有人负责需求的分析。进行需求的分析之后，有人将分析产品转化为设计产品。然后，程序员再根据设计产品编制代码，这些代码在经过测试和部署后，最终成为目标系统。

16.1.1 传统的开发过程方法学

对开发过程中各个阶段的简单描述可能会让人觉得开发过程中的各个活动是按照时间顺序一个接着一个展开的。事实上，早期的开发方法就采取这种方式。图 16-1 说明了一种曾经造成广泛影响的开发方法模型。它被称为“瀑布（Waterfall）”模型，就像活动图中的活动一样，在瀑布方法中，分析（Analysis）、设计（Design）、编码（Coding）和部署（Deployment）阶段是一个接着一个按照顺序进行的。前一个阶段完成后，下一个阶段才能开始。

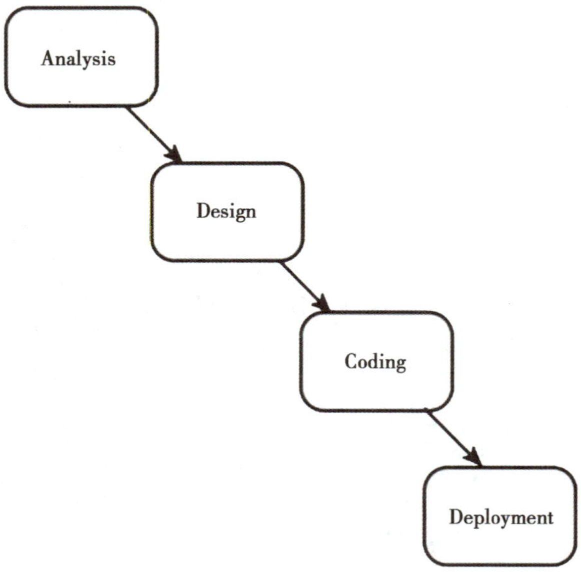

图 16-1　软件开发过程的瀑布方法

这种开发方式有一些明显的缺点。首先，这种方式下的开发过程被分割。分析员将分析结果转交给设计人员，设计人员再把设计结果交给开发人员。若采用这种工作方式，那么这几个组的成员在一起工作和共享重要信息的机会就很少。

这种方法的另一个问题是，它不利于在项目开发过程中对问题的逐步理解（通常，对问题的理解是随着开发过程的深入而增强的，甚至是在分析之后转向设计的）。如果过程不能回溯到早期阶段，那么后期萌发的好的思想将不能被利用。在开发过程中塞进新的见解是非常困难的。重新进行分析和设计（同时引入对问题的更进一步理解）会大大增加项目获得成功的机会。

16.1.2 新的开发过程方法学

与传统的瀑布方法明显不同，当代软件工程强调开发阶段的无缝集成。例如，系统分析员和设计人员通常要往返进行分析和设计，为程序设计人员提供坚实的基础。程序设计人员反过来也要与分析人员和设计人员交互，共享重要的见解，修改设计，充实代码。

这种方法的优点是，随着对问题理解的深入，项目小组能够引进新的思想，建立起更完善的系统。缺点（如果有缺点）是，一些故步自封的人想看到中间阶段，达到一个清晰的结尾。有时项目经理可能对客户说出这样的话：“分析已经结束，将要进行设计，两三天后就开始编码”。

这种做法充满了危险。在开发过程的各个阶段之间设置人为的障碍最终会导致所开发的系统不是客户想要的。

传统方法还有另外一个问题：瀑布方法的追随者通常将过多的项目开发时间用于编码。其直接结果是，宝贵的系统分析和设计时间被编码侵吞。

笔记

16.2 开发流程

在计算机程序设计的早期，分析问题，设计解决方案，编制程序代码都是由一个人完成的。在原始时代（那时人认为地球还是平的），一个人也可以建造出一个很舒适的房子。

为了开发各种复杂的系统，今天的企业需要采取群组工作方式。由于知识越来越专业化，一个人不可能知道一个企业的全部方面，如理解问题，设计解决方案，将解决方案转化成程序代码，在硬件上部署解决方案的可执行版本，确保所有软硬件构件都能很好地协同工作。

项目小组中必须包括的成员有：系统分析员，他与客户交流，理解客户的问题；设计人员，他设计问题的解决方案；程序设计人员，将解决方案编制成代码；将代码部署到硬件上运行的系统工程师。一个开发过程必须考虑到所有这些角色，合理地利用他们，为开发过程的每个阶段分配时间。开发过程还必须产生一些指明过程进度以及形成职责跟踪的工作产品。

最后，开发过程必须确保每个阶段的工作不是分离的。相反，必须在开发过程中得到反馈信息，以培育创造能力，增加在开发过程中采纳新思想的容易程度。基线：能容易地修改系统的蓝图，然后再修改系统，而不是修改了系统再去改变系统蓝图。

在开发过程中还要构造出一组开发阶段，每个阶段都产生大量的书面制品。一些商业可用的开发方法学的做法就是这样，让项目经理填写大量的表格。

产生这种情况的一个原因是一种方法能够适用于所有开发过程的错误思想。每个组织都是独一无二的。一个组织有它自己的文化、标准、历史和人员。适用于跨国大公司的软件开发方法用在一个小公司身上时，很可能失败，反过来也一样。为了让一个方法能够应用于某个组织，在开发过程中制定大量的书面制品有助于将一个开发方法学运用于某个组织，这种观念是错误的。

因此，一个开发方法学必须能够做到：

（1）保证开发小组对所要解决的问题有一个坚实的理解。

（2）要考虑到开发小组是由不同角色组成的。

（3）能够在小组的不同角色成员之间有良好的通信关系。

（4）考虑到跨越阶段的开发过程的反馈信息。

（5）开发出能够向客户反映出开发进度的工作产品，但是要避免产生过多的纸面制品。

如果采用某种开发过程能够在一个短的时间周期内开发出一个完善的产品，那么它就是一个好的开发过程。

16.3 GRAPPLE

为了适应对开发过程多方面的要求，本节介绍快速应用工程指导原则（Guidelines for Rapid APPLication Engineering，GRAPPLE）。GRAPPLE 吸取了许多其他方法的精髓。三个好朋友（指发明 UML 的三位科学家）还开发了 Rational 统一开发过程（Rational Unified

提示

尽管“过程”和“方法学”有一些差别，但它们是可互换的。

Process，RUP)，在这之前，他们每个人还有自己的开发过程方法学。这些开发过程方法学的思想与 GRAPPLE 类似。Steve McConnell 的 *Rapid Development*（Microsoft Press，1996）一书介绍了适用于快速开发的很多好的做法。

GRAPPLE 的第一个字 Guideline（指导原则）非常重要：这说明 GRAPPLE 并不是写在教科书中的一个开发方法学。相反，它是一组可自适应的、灵活的开发思想。可以把它看成开发过程的简要骨架。将它作为开发背景，以说明在这个背景中如何使用 UML。经过适当的完善和补充，GRAPPLE 可以适用于许多种不同组织（也许不是全部组织）的软件开发过程。它为项目经理留有余地，以便让他发挥自己的创造力和好的思想来适应自己的组织，减少不必要的一些开发步骤。

笔记

说明

在讨论 GRAPPLE 之前，大家可能会想："为什么要在介绍 UML 的书里讲这些内容？"这是因为除学习如何使用 UML 画图外，还需要理解为什么要使用 UML 以及什么时候使用 UML。

16.4 RAD3：GRAPPLE 的结构

GRAPPLE 由 5 个段（segment）组成，使用"段"，而不是"阶段"，为的是说明这不是通常意义上的那种一个阶段完成后，下一个阶段才能开始（又不想把这个词叫作"块"（piece），这个称呼很难听）。每个段由许多动作（action）组成。每个动作能够产生一个工作产品，并且每个动作都是一个特定的执行者（player）的职责。

在许多情况下，项目经理可以根据工作产品生成一个要提交给客户的报告。工作产品实际上就是项目开发过程中的各种纸件。

项目经理可以在每个段中增加动作来改变 GRAPPLE。另一种改变方式是到一个更深的层次，把每个动作进一步划分为多个子动作。还可以对每个段中的动作重新排序。组织的需求将决定具体的开发过程如何改变具体的开发过程。

GRAPPLE 主要适用于面向对象系统。因此，每个段中的动作主要是生成面向对象的工作产品。GRAPPLE 中有下列段：

（1）需求收集（requirements gathering）。

（2）分析（analysis）。

（3）设计（design）。

（4）开发（development）。

（5）部署（deployment）。

这 5 个段组成的过程简称为 RADDD（或 RAD3）。在第 3 段以后，项目经理将所有工作产品转化为一个设计文档，将该设计文档交给客户和开发人员。当所有的 RAD3 段都完成后，要结合所有的工作产品生成系统的定义文档。

在所有这些段开始之前，客户必须已经为该系统制作了一个业务案例。还要求开发组的成员特别是分析员尽可能多地阅读相关的文档资料。

16.4.1 需求收集

如果给每个段指派一个重要性的级别，那么这一段是最重要的。如果不理解客户需要什么，就无法构造出正确的系统。如果不理解客户的领域和他想要解决的问题，那么所有的用例分析都无济于事。

1. 发现领域过程

开发过程的起点是获得对客户业务过程的理解，特别是获得要使用目标系统的客户的理解，这是一个好的思想，要获得这种理解，分析员通常应与客户或者客户指定的具有业务知识的人面谈，与他一起一步一步地讨论相关过程。

笔记

分析员获得一套客户业务领域的词汇，这套客户使用的词汇是初期的重要成果。在下一个动作中，分析员要用这些词汇与客户进一步面谈。

这项活动的工作产品是一个或者一组能够捕获业务过程中的步骤和判定点的活动图。

2. 领域分析

这个动作类似于第 3 章中与篮球教练交谈的那个例子。它可以与前一个动作同时进行。目标是尽可能深刻地理解客户的领域。注意，这个动作和前一个动作是针对领域中的概念，不是分析最终建立的系统。分析员必须能够在客户的世界里游刃有余，因为分析员在开发组中要担当客户和开发组之间的使者。

分析员与客户会谈的主要目标是理解客户领域中的主要实体。在分析员与客户交谈的过程中，另一个小组的成员做记录（最好是在一个装有字处理软件包的膝上型电脑上做记录），对象建模人员构造高层类图。如果有多于一个的组员做记录，那更好。

对象建模人员听取名词，然后开始为每个名字建立一个类。最终，一些名词可能成为类中的属性。对象建模人员还要听取动词，它可能成为类中的操作。此时，基于计算机的自动建模工具可能会派上大用场。

工作产品是一个高层的类图和会谈记录。

知识拓展

录音还是不录音？

对会谈过程录音好，还是仅依靠会谈记录呢？这是一个在实际中经常遇到的问题。如果会谈过程中使用录音机录音，那么分析员听的注意力和记的注意力就不容易集中（反正还可以在事后重放对话过程）。干脆忘掉录音机，在做记录的时候就当录音机不存在。

在训练对象建模新手时，录音机是一个有用的工具。一个有经验的建模者能够比较建模新手所建的模型和实际的会谈录音，检查模型的完整性。

3. 识别协作系统

17 世纪的诗人 John Donne 写道："没有人是孤岛，只包括他自己"。如果这句话放到今天来说，可以说成"没有不和其他人交往的人"，还可以说成"没有哪个系统是孤岛……"，等等。无论从哪个角度考虑，John Donne 写的都是对的。当今企业中的计算机系统不是孤立地存在于真空中。它必须与其他系统协作。在开发过程的早期，开发组要找出新建系统要依赖哪些老系统，哪些老系统要依赖新建的系统。这个动作备受系统工程师关注，因为他要为准备新建的系统建立部署图。图中每个节点是一个系统，节点之间的连线是系统之间的通信关系，节点中还要表示出驻留在节点中的软件构件和构件间的依赖关系。

4. 发现系统需求

因为这个动作名字中有"需求"两个字，因此这个动作极其重要。在这个动作中，开发组要经历第一次联合应用开发会议（Joint Application Development session，JAD session），在整个 GRAPPLE 中还有好几个这种 JAD session。

JAD session 的参加者是来自客户所在组织的决策者、可能的用户，以及开发组的

笔记

成员。还要有一个协调者缓和会议气氛。协调者的任务是引出组织的决策者和用户对系统的需求。至少要有两个人做会议记录，对象建模人员应该在会议中细化他以前建立的类图。

会议得到的工作产品是一个包图。每个包代表一个系统功能的高层领域（如“协助顾客”）。每个包中包括一组用例（例如，“获取顾客历史信息”和“与顾客交互”）。系统的复杂性决定了会议的时间长度。一般很少短于半个工作日，有时长达一个工作周的时间。客户的组织必须要舍得在会议的时间上投资。

当今系统开发的一个挑战是短的开发周期。单独会谈可能耗时数周或者更长的时间，因为被找的人不一定总有时间。如果等他有时间了再会谈，那么就白白浪费了宝贵的系统开发时间，单独会谈时可能会产生意见上的分歧，解决这些分歧又要浪费更多的时间。将所有人召集起来开会的作用显然要超过和每个单独的人开会的作用，这样对每位会议参加者都有好处。

5. 将结果提交给客户

当开发组完成所有需求动作后，项目经理就要将这些动作的结果提交给客户。有些组织在这个时候可能需要客户对这些结果认可，然后才能继续开发过程。其他一些组织可能要根据这些结果做成本估算。这个动作工作产品视不同的组织而不同。

16.4.2 分析

在这一阶段，工作组深入研究需求段获得结果并增进对问题的理解。事实上，分析段的部分工作在需求段就已经开始。例如，对象建模者在需求段 JAD session 时就应该开始细化类图了。

1. 理解系统的用法

这个动作是一个高层用例分析。在一个与可能的用户的 JAD session 中，开发组与用户一同工作，找出发起每个用例的参与者以及从用例中获益的参与者，这些用例是在需求段 JAD session 中发现的（以前介绍过，参与者可以是一个系统，也可以是一个人）。协调者协调会议气氛，并且要有两个小组成员做记录。有过几个项目经验后，协调者有可能发展成为用例分析员。

开发小组还要尝试开发出新用例。产生的工作产品是一组用例图，图中说明了用例和用例的参与者，以及带着构造型（<<extends>> 和 <<includes>>）的用例之间的依赖关系。

2. 充实用例

在这个动作中，开发组继续和用户一同工作，目标是分析出每个用例中的步骤序列。这个动作的 JAD session 可以是前一个动作的 JAD session 的继续。注意，对用户来说，这通常是最困难的 JAD session。他们往往不习惯将一个操作分解成各个组成步骤并列举出所有可能的这种步骤。工作产品是对每个用例步骤序列的文本描述。

3. 细化类图

在 JAD session 期间，对象建模者听取所有讨论并继续细化类图。这时，对象建模者应当在类图中加入关联名、抽象类、多重性、泛化和聚集。工作产品是一个细化了的类图。

4. 分析对象状态变化

对象建模者进一步细化模型，要展示出对象状态的变化。工作产品是一个状态图。

笔记

5. 定义对象之间的交互

开发组有了用例图和细化了的类图后，就该定义对象之间如何交互了。对象建模者开发一组顺序图和协作图来描绘对象之间的交互。状态变化应当包括在内。这些图形成了该动作的工作产品。

6. 分析与协作系统的集成

系统工程师要找出与协作系统集成的具体细节，这个过程是与前面过程同步进行的。何种类型的通信？何种网络体系结构？如果系统要访问数据库，那么一个数据库分析员要决定这些数据库（物理的和逻辑的）的体系结构。这个动作的工作产品是详细的系统部署图和（如果有必要）数据模型。

16.4.3 设计

在本段中，工作组使用分析段的结果来设计系统的解决方案。设计段和分析段可以往返进行，直到设计完成。事实上，在一些方法学中，分析和设计被当作一个阶段。

1. 开发和细化对象图

程序员根据类图产生一些必要的对象图。他检查每个操作并开发对应操作的活动图充实对象图。活动图将是开发段中编码的基础。工作产品是上述对象图和活动图。

2. 开发构件图

在本动作中，程序员是重要角色。这个段的任务是可视化地描绘构件和构件之间的关系。构件图是本动作的工作产品。

3. 制订部署计划

当构件图完成后，系统工程师就开始编制系统的部署以及系统与其他协作系统集成的计划。系统工程师要绘制系统的部署图，图中要表明每个节点中驻留了哪些构件。这个动作的工作产品是部署图。

4. 设计和开发用户界面原型

这个动作要包括另一个与用户的 JAD session。尽管属于设计段的一部分，这个会议也可以是早期与用户进行的 JAD session 的继续——说明了分析和设计之间的相互作用。

用户界面应当考虑到所有用例的完成。为了执行这个动作，一个 GUI 分析员要与用户一起开发纸面上的用户界面构件原型（按钮、检查框、下拉列表、菜单等）。当用户对界面构件满意后，开发人员就开发显示器上的用户界面原型，拿给用户让他认可。工作产品是屏幕界面原型的快照。

5. 测试设计

用例是进行测试设计的依据。目标是评价所开发出的软件是否能够做到所期望的事——也就是说，它能够实现用例所描述的事情。更好的做法是再请一位开发组之外的测试专家为自动测试工具开发测试脚本。这些测试脚本构成本动作的工作产品。

6. 开始编制文档

系统最终用户和系统管理员使用的文档不要太早就开始编制。编制文档的专业人员与开发人员共同编制文档，制定出每个文档的高层结构。文档的结构就是工作产品。

16.4.4 开发

笔记

该段由程序员负责。有了充分的分析和设计结果，这个段的工作就能快速平稳地进行。

1. 编制代码

根据掌握的类图、对象图、活动图和构件图，程序员可以编制实现系统的代码。这一动作的工作产品是编制出的代码。

2. 测试代码

测试专家（不是开发人员）运行测试脚本，评价代码是否做了预期的工作。测试结果是这个动作的工作产品。这个动作中产生的信息要反馈到前面的动作中，反过来也是如此，直到代码通过了所有层次的测试。

3. 构建用户界面和用户界面到代码的连接及测试

这个动作向着用户认可的用户界面原型靠近。GUI 专家构建用户界面并将界面连接到代码。要进一步测试，确保用户界面工作正确。这个动作的工作产品是带有用户界面的功能系统。

4. 完成文档

在开发段中，文档专家与程序员并行工作，确保文档及时完成和交付。该动作的工作产品是文档。

16.4.5 部署

当开发完成后，系统就要被部署到适当的硬件上运行并要与协同系统集成起来。尽管如此，这一段中的第一个动作在开发段之前就可以开始。

1. 编制备份和恢复计划

由系统工程师编制计划，以防系统崩溃。这个动作的工作产品是备份和恢复计划，计划中要详细说明如何备份系统以及系统崩溃后如何恢复。

2. 在硬件上安装最终系统

系统工程师在必要的开发人员协助下，将最终开发好的系统部署到合适的计算机上运行。工作产品是完全部署好的计算机系统。

3. 测试安装后的系统

最后，开发组还要对安装好的系统测试。测试的结果将决定系统是否需要进一步精化，并且测试结果组成了工作产品，这个工作产品就是这个新系统。

16.5 GRAPPLE 总结

从 GRAPPLE 中的段和动作可以看到 GRAPPLE 的运动方式是从一般到具体，从不精确到精确。它开始于一个对领域的概念理解，然后是系统的高层功能，接着继续深入每个用例、细化模型，最后设计、开发和部署系统。

还要注意到在分析段和设计段中的动作比在开发段中的动作多。也就是说，强调对系统的设计。基本思想是尽可能多地在前端的分析和设计上下功夫，为的是能使编码平稳地进行。这看上去好像有点背离系统这个主题，但在实际开发中，编码只是系统开发过程的一小部分。分析得越充分，就越能接近目标。

笔记

正如前面所述，GRAPPLE 只是一个简单的开发过程骨架，并没有涉及一些重要问题的细节，例如测试的层次。还省略了一些重要的细节：中间工作产品存放在哪里，如何存放？如何处理在任何时候都非常重要的配置管理问题？

没有讨论这些问题是因为它与正在学习的 UML 不直接相关。下面对这些细节问题做一个简单的回答。工作产品（已经完成的或者正在进行中的）可以被存储在位于组织局域网中的一个数据仓库中。一种可选择的方案是安装一个集中控制的数据仓库软件包来控制各个用户对每个工作产品的读出和写入，这也是配置管理问题的基本解决方案。数据仓库技术至今仍然在不断发展，当然还有别的可供选择的方案。

开发过程方法学将一个系统开发项目的开发过程分为阶段和活动。没有开发过程方法学的指导，开发过程就会产生混乱，开发者无法理解要解决的是什么问题，因而系统也不可能满足用户的需求。早期的开发过程方法学采用严格的“瀑布”顺序，即分析、设计、编码和测试。

这种顺序的开发过程方法学机械地分割了开发过程，因此一个开发组不能对项目的生命周期产生的问题增加理解。它还将主要的开发工作量分配给了编码，浪费了分析和设计阶段的宝贵时间。

本章还介绍了 GRAPPLE，它是一个开发过程的骨架。GRAPPLE 由 5 个段组成：需求收集、分析、设计、开发和部署。每个段又由一些动作组成，每个动作都产生各自的工作产品。UML 图是许多动作的工作产品。

第 17 章

UML 视图实战案例

学习目标

❶ 学会用 GRAPPLE 开发过程解决问题。

❷ 学会从业务场景中发现业务过程。

知识导图

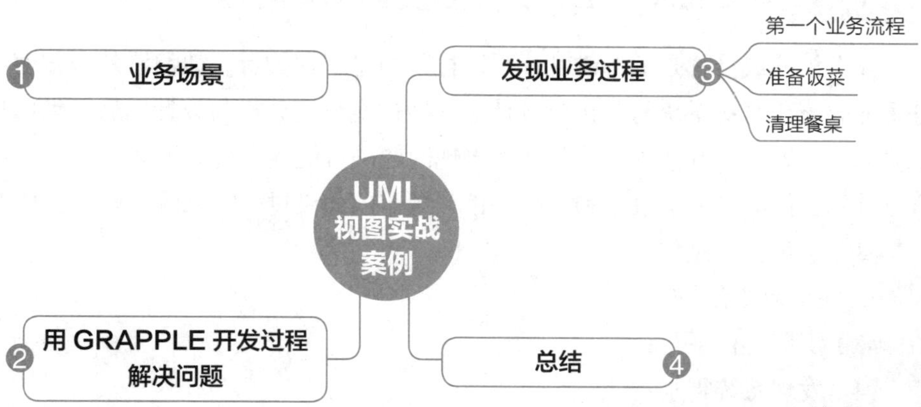

笔记

17.1 业务场景

LaHudra、Nar 和 Goniff 对全世界的餐饮业进行调查后，得出一个惊人的结果：人们更喜欢外出就餐，但他们对目前外出就餐的某些状况并不满意。

LaHudra 说道："在调查未结束之前就能预测出调查结果。当外出就餐时，有时服务员拿了订单后就消失了，过了一小时才能看见他。顾客对这种情况很不满意，当到一个很优雅的餐馆就餐时，当然希望受到的待遇要更好些"。

"确实是这样" Nar 说，"有时候在点了菜之后改变了主意，想找服务员，或者想问一些问题，或者……，但是却找不到他。"

"同意，但是外出就餐的感受还是比较有趣的，有人喜欢在餐厅等候的那种感觉。当一群厨师和工作人员为了准备丰盛的菜肴而忙碌时，那种感觉也是很不错的。毕竟调查结果表明大部分人还是喜欢外出就餐的。" Goniff 插嘴道。

"那么是否有某种措施可以保持住顾客的这种感觉同时让它变得更好呢?" Nar 问道。

"我知道该怎么做!" LaHudra 说，"采用技术。"

这时候他决定找一个联合软件开发组来建立未来的餐馆。

17.2 用 GRAPPLE 开发过程解决问题

开发组的成员都是 GRAPPLE 开发过程的忠实拥护者。他们清楚地知道项目的大部分时间都应该花费在系统的分析与设计上。经过充分的分析与设计之后，编码过程才会高效率地平稳推进，并且系统安装和部署出现问题的可能性也会大大降低。

首先要做的是需求收集和了解餐馆领域。前面讲过，需求收集段包括如下几个动作：

（1）发现业务过程；

（2）执行领域分析；

（3）识别协作系统；

（4）发现系统需求；

（5）结果提交给客户。

17.3 发现业务过程

LaHudra、Nar 和 Goniff 办事一点都不小气。他们准备开办的是跨国的餐饮公司，并且在 LNG 设置了一个分支机构，还雇用了许多有经验的服务员、厨师以及维护人员。

现在他们等待的是这个未来餐馆的技术骨干。他们将和这些技术骨干一同开设这里的第一个餐馆，为的是不使这里外出就餐的人感到慢怠。

开发组的成员很不走运，因为他们只能用一张白纸起家。他们现在要做的就是理解业务领域和业务过程。下面是他们要做的工作。

对业务过程的分析从分析员与餐馆工作人员的会谈开始。在谈话过程中，要有一个记录员在一旁将会谈记录录入计算机。同时，一个模型设计师将在一块白板上绘制业务过程的活动图，主要让分析员、记录员和餐馆工作人员都能看清他绘的图。

下一小节将考察一个餐馆中有关业务过程的会谈经过。会谈的目标是建立能够描述业务过程的活动图。

17.3.1 第一个业务流程

笔记

“感谢您花费宝贵的时间与我交谈。”分析员说。

“不客气，你想知道些什么呢?”餐馆工作人员说。

“先从一次具体的业务过程开始吧。当一名顾客走进餐馆时，要做些什么?”

“经过是这样的。如果顾客穿着外套，要帮助他脱下外套，将外套存放在存衣间里，并给顾客一张取衣票。对顾客戴的帽子也按同样过程处理。接着……”

“等等，再重复一遍。假设顾客比较多，需要排队等候。是不是先来先进或者按照先后次序登记顾客的名字后，再直接进来，还是…… ”

“不。会尽量让顾客感到舒服。但是如果确实排队，会询问顾客是否要预订席位，并尽可能处理顾客的预订，让顾客尽快入席。如果没有空缺的席位可供预订，顾客可以登记下他的名字，并可以选择先到休息室里喝点饮料，休息一会儿。当然顾客也可以不去休息室，也可以到一个指定的候餐区坐下来等。”

“真有趣，顾客还没有预订饭菜，活动图上就多了几个判定点了。”

现在暂停交谈过程，并记录下刚才的谈话。记录下的活动图大致如图 17-1 所示。

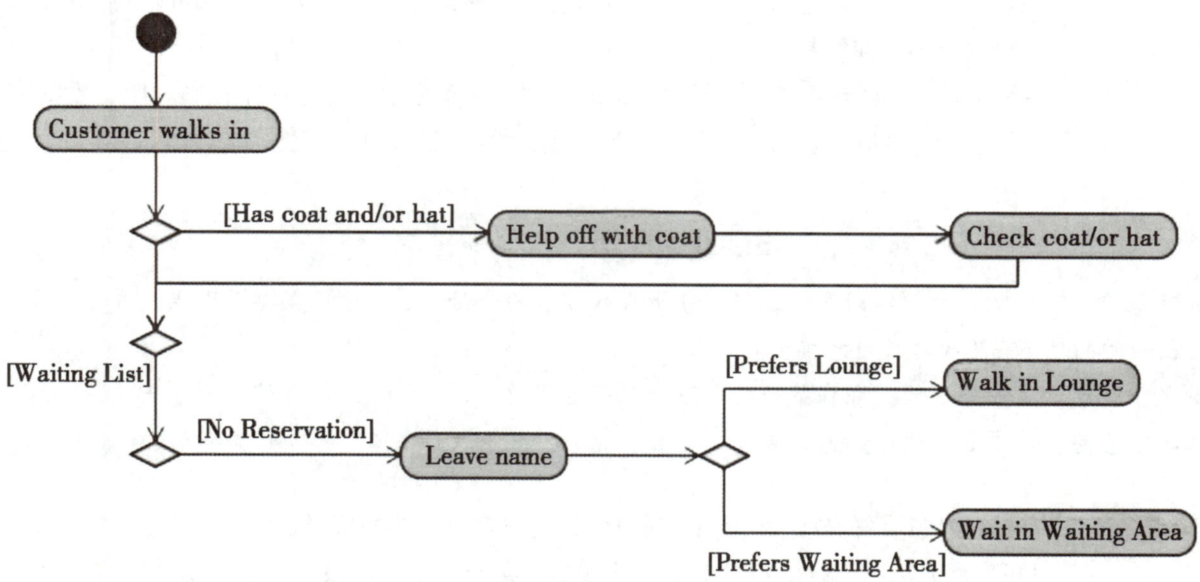

图 17-1 餐馆业务过程“招待一名顾客”的开始阶段

现在重新回到谈话过程中。

分析员的工作是继续询问业务过程。

“好，轮到某个排队的顾客或者已经预订了席位的顾客来到餐馆后，是不是就该让他入座就餐了?”

“是的，但是也没想象的那么简单。在顾客入座就餐之前，餐桌必须提前准备好。清洁师要事先清理桌面，除去旧的桌布，换上新的桌布，还要调整好桌子和座位。当一切准备就绪后，领餐员将顾客领到餐桌前就座，并叫一名服务员来招待顾客。”

“叫服务员?”

小技巧

明确定义

注意分析员在这里的行为。餐馆工作人员使用了一个新的词汇（这个词汇在访谈过程中是“新”的），分析员对这个词汇的定义紧追不舍。

知道在何时以及如何明确定义，这是访谈技巧的一部分，关于这个技巧，经验是最好的老师。

“是的。这个过程不太复杂，因为每名服务员都被分派了一个指定的服务区，并且通常服务员都在各自的服务区附近活动，而且知道哪个餐桌已经准备就绪。领餐员一打手势，服务员就能看见。”

“接着怎么样？”

“然后服务员就接管了这一桌的顾客。他给每位就餐者一份菜单，并询问顾客是否要预订酒水。然后服务员会叫一名助手，助手来的时候会给顾客端来面包、黄油，并给每位顾客倒一杯水。如果顾客订了饮料，服务员立刻会取来。”

“打断一下，刚才说服务员时一直用‘他’，是不是服务员一定是男性？”

“对不起，这样说只是出于习惯，不必非得是男性。”

“建议以后一律使用‘服务员’而不用其他称呼，怎么样？我还注意到顾客有好几次机会都可以点酒水或饮料。”

“确实如此。如果一名顾客因为等待席位而在休息室里，并且叫了饮料在喝，没喝完的话他可以带到就餐席位去。但是严格禁止顾客带过多的饮料到就餐席位去。”

小技巧

发现业务逻辑

分析员并不仅是被动地听对方解答问题。这里，分析员从以前的谈话中注意到了某些共同点，并对重复出现的事物提出新的问题（有几次订饮料的机会）。

问题的答案中就包含了业务逻辑，即在某一场合下，业务过程所要遵循的规则。在这个例子中，业务逻辑是禁止顾客从休息室携带过多的饮料到就餐席。

“应该设置这样的规定，再回到餐桌旁，看顾客点饭菜的情况如何？”

“好。每天都有当日的特色菜点，这些特色菜点菜单上都没有，服务员在顾客点菜时会向顾客背诵出这些菜点。”

“可以观察到一种常见的情况，顾客通常会让服务员给他推荐一些菜点，并且服务员也很诚实——服务员通常会告诉顾客哪个好吃，哪个不太好吃等等。这家餐馆鼓励服务员这样做吗？”

“是的，餐馆里的服务员也在这里吃过饭，他对什么好吃什么不好吃也有自己的见解。如果他确确实实发现某些饭菜很难吃，希望他在告诉顾客之前首先要告诉厨师。如果服务员只是说哪些更好吃，那就不介意了。餐馆当然不愿意听到手下的服务员对顾客说餐馆中的菜做得很难吃。”

“完全能够理解。好，下面总结一下。某位顾客，更常见的是一组顾客，不是吗？一组顾客脱下外衣，进休息室候餐，入席就座，还可能订了饮料，吃面包喝水，点菜。”

小技巧

停下来做总结

在谈话的过程中不时地停下来，做一些总结是一个好的做法。可以帮助理解问题，记住领域中的术语，还可以让对方获得轻松、愉快的感觉，他会认为你在集中注意力听他讲话。

“现在服务员取回了顾客订的饮料并给顾客，顾客可以边喝边点菜。服务员暂时离开，给顾客 5~10 分钟的时间选择，然后再回来招待顾客。顾客选得越快，服务员回来的也应越快。”

“服务员如何能够知道何时应该尽快返回？”

“他必须时刻注意所服务的顾客的举动。服务员一般都在各自的服务区内活动，除非是到厨房给厨师送菜单或者因为某种原因必须留在厨房与厨师谈话。”

“服务区？”

“是的。每个服务员都被指派一个服务区，里面有几张餐桌。有一个服务区是专门为吸烟者设置的，其余是非吸烟者就餐的服务区。”

“如何确定某个区域的服务员是谁？”

“服务员轮流负责各个服务区。”

“现在重新回到餐桌。顾客点了菜，服务员记录下顾客所点的菜点，接着呢？”

“接着通知厨师。服务员将顾客的选择填在一张表格中并交给厨师。”

“表格中要登记些什么内容？”

“桌号、顾客点的饭菜、酒水，还有（也是最重要的）菜单送到厨房的时间。”

“为什么时间如此重要？”

“因为通常厨房都是很繁忙的地方，厨师必须按照接到菜单的先后次序安排好自己的工作。”

“这会引起混乱吗？”

“有时候确实会引起一些混乱。”

“为什么这么说？”

“大部分顾客吃主菜前都要吃一些小菜，并且都希望主菜是刚出锅的热菜。因此，厨师就得先做小菜（通常这些小菜都是事先已经做好了的，如一些沙拉、凉菜），服务员将小菜端给一组顾客。问题是一组顾客中有人吃得快，有人吃得慢，但是主菜还得为多个人同时上，这样吃得慢的顾客在吃主菜时可能菜就有点凉了。因此，为每个顾客做小菜的先后次序必须能够很好地协调。”

“嗯，这看上去是另一个问题了。应该把这个问题拿出来单独讨论——从厨师的角度讨论。”

“不错，这听起来是一个好主意。”

“现在活动图已经到了厨师正在做主菜。您对绘制的活动图有什么看法？”，如图 17-2 所示。

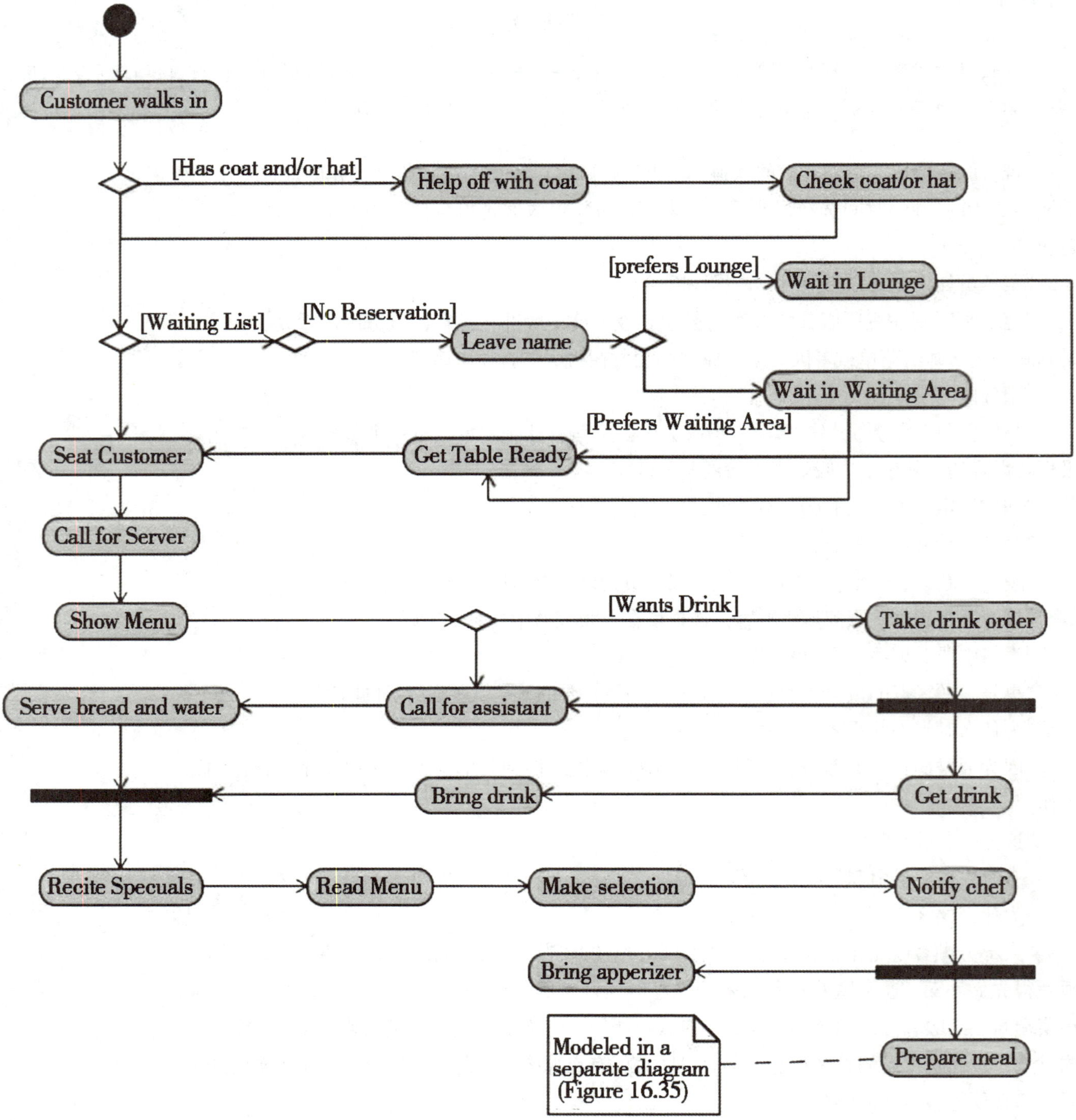

图 17-2　餐馆业务过程“招待一名顾客”的中间阶段的活动图

“我认为理解得已经比较充分了。不管怎样，厨师都要做主菜的，服务员要在所有人都吃完小菜后给一组顾客同时上主菜。顾客在就餐时，服务员在自己的服务区内巡回服务，至少要到每个有顾客正在就餐的餐桌检查一次。”

小技巧

把复杂的问题分开讨论

分析员在这里做出了一个重要的决定——将可能是另一个单独的过程推迟讨论。到底什么时候讨论取决于分析员的经验。

一个好的指导原则是，如果谈话者使用了诸如“复杂”“混乱”或者在回答某件事情是否很“复杂”时回答了“是”，那么很可能就要把这个事物的过程分为几个步骤单独提取出来建立模型。在做出这样的决定之前，应该让会谈者多讲一些。

“如果顾客对某食品不满意怎么办？"

“那就尽量做到让顾客满意，即使造成一定的经济损失，也要如此。宁可少赚些钱，也不能丢掉顾客。”

“不错的见解。”

“谢谢。当就餐完毕后，服务员会上前询问顾客是否再来一些甜食。如果顾客要吃，服务员就会给顾客一份甜食菜单，并记录下顾客的选择。如果顾客不吃甜食，服务员还会询问顾客要不要喝咖啡，如果要，服务员则端来咖啡和杯子为顾客冲咖啡。如果顾客就餐后什么也不需要，服务员就拿来账单让顾客确认，过几分钟后服务员再回来收钱（现金或信用卡支付），找零钱，给顾客收据。顾客离开座位，取回衣帽，离开餐馆。”

“是这样的过程吗？”

“不完全是。顾客走后，服务员还要叫清洁师清理餐桌，并重新布置餐桌和座椅，以备下一批顾客使用。”

“既然这些工作已经不涉及离开的顾客了，那么可以将它作为另一个单独的过程拿出来讨论，现在只简单地提及就够了。还有几个问题要请教。首先，服务员如何能及时地察觉到顾客已经就餐完毕，即将离开呢？”

“服务员一般都在各自的服务区内活动，扫视服务区内的每张餐桌。一般他很有经验，知道吃一顿饭大约要花多少时间。因此，当服务员离就餐的人距离不太远时，就可以预料到顾客是不是已经吃完或马上要离开。还有其他问题吗？”

“还有，前面曾谈到过服务员有可能出于某些原因到厨房和厨师交谈。都有哪些原因呢？”

“有的时候是顾客让服务员到厨房问问厨师饭菜何时做好。这时，顾客会主动召唤服务员，服务员就会到顾客身边询问顾客的要求，然后到厨房询问厨师饭菜何时做好，再回来将厨师的回答转达给顾客。”

“知道，现在绝对还没有把餐馆如何招待一名顾客的过程完全弄清楚。”

“这样说太幽默了。没问如何招待顾客之前，我自己还没把这个过程整理清楚。我认为已经正确地记录了刚才所说的一切，现在绘制出的图对自己的整理思路也大有好处”，如图 17-3 所示。

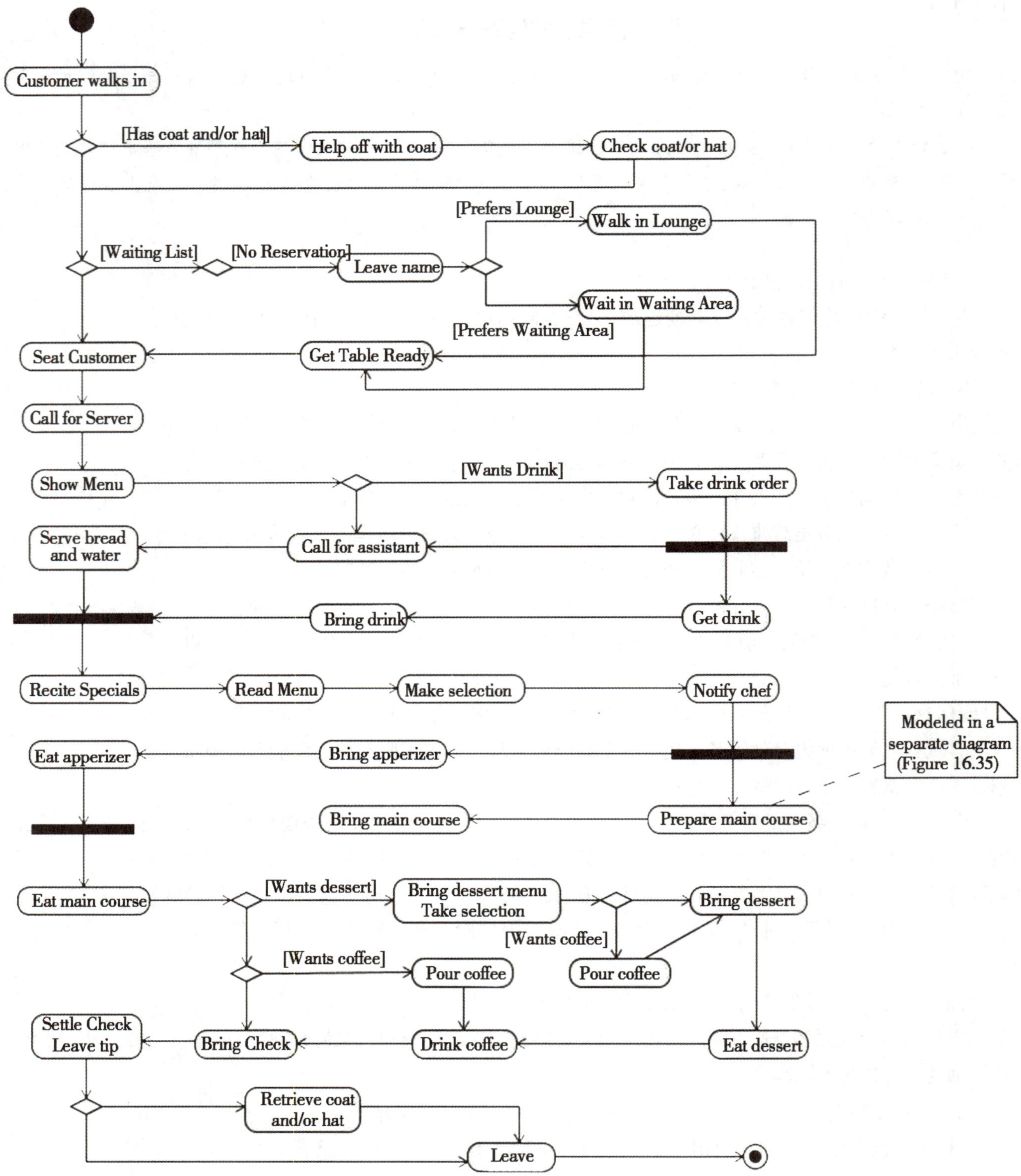

图 17-3　餐馆业务过程“招待一名顾客”的活动图

可以将活动图改绘为泳道图。当建立了一个业务过程模型后，很有必要做这件事情，因为泳道图可以反映出参与业务过程的各个角色。如图 17-4 所示是业务过程 “ Serving a customer（招待一名顾客）”的泳道图。

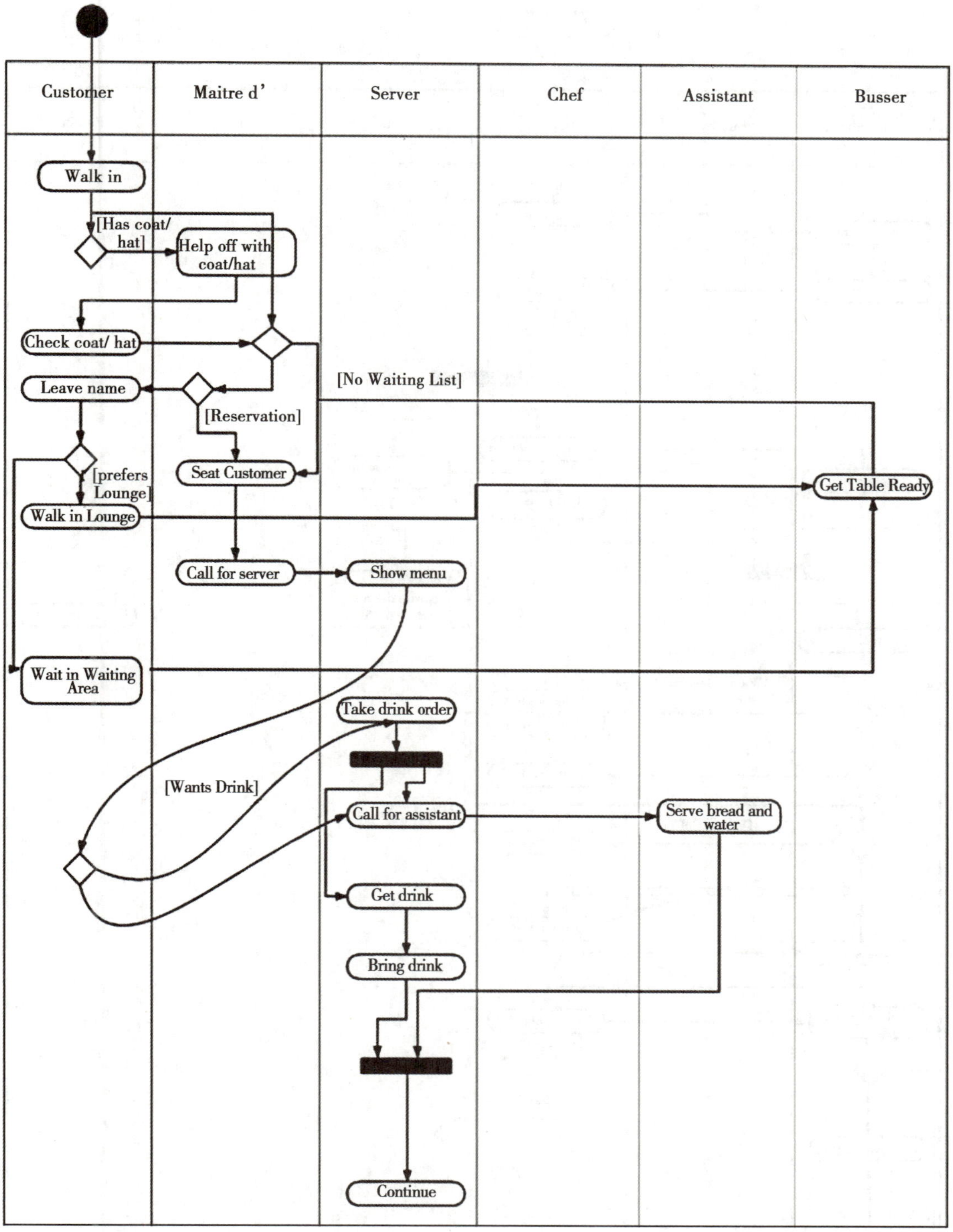

Customer
Maitre d'
Server
Chef
Assistant
Busser
Walk in
[Has coat/ hat]
Help off with coat/hat
Check coat/ hat
Leave name
[No Waiting List]
[Reservation]
[prefers Lounge]
Seat Customer
Walk in Lounge
Get Table Ready
Call for server
Show menu
Wait in Waiting Area
Take drink order
[Wants Drink]
Call for assistant
Serve bread and water
Get drink
Bring drink
Continue

笔记

笔记

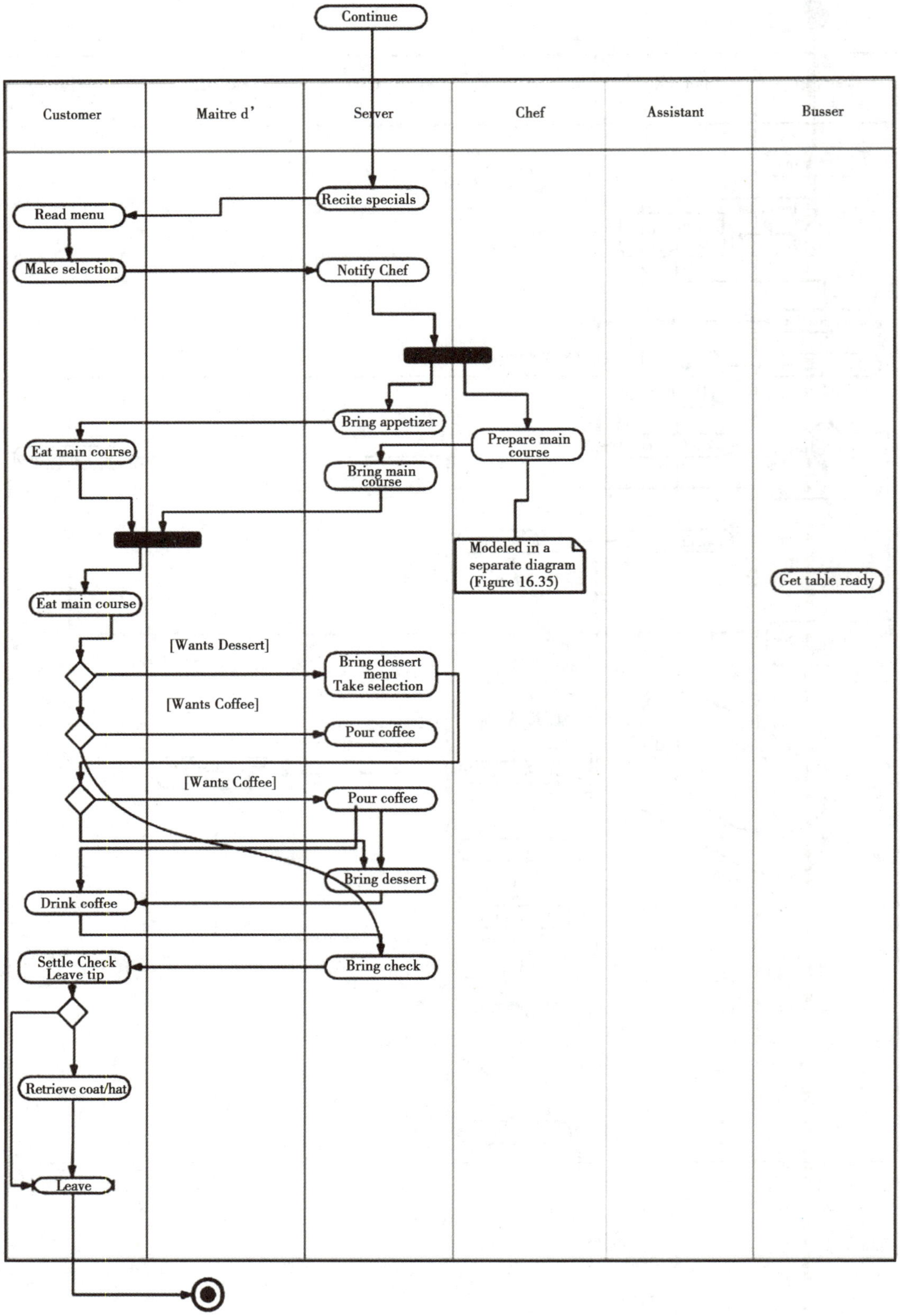

图 17-4　业务流程图

17.3.2 准备饭菜

记住前面的会谈所得出的业务过程了吗？下面再加入分析员与餐馆工作人员的对话，

研究一下另一个业务过程“Preparing the meal（准备饭菜）”。

分析员说：“在前面的谈话中曾提到，顾客在吃主菜前通常都要先吃点小菜，并且大部分顾客都想吃热的主菜。给一组顾客要同时上主菜，并且菜还得是热的，因此协调好上菜的时机很重要，您能对此具体说明一下吗？”

“当然可以。一起就餐的一组顾客吃小菜或喝汤或吃沙拉凉菜的速度几乎没有相同的。必须协调好给他上主菜的时机，这就需要服务员和厨师之间的协作。厨师收到服务员拿来的菜单后就开始做小菜，同时也要开始做主菜。当顾客吃完小菜后，服务员到厨房去端来主菜，送到顾客的餐桌上。”

“那服务员如何得知小菜已经被吃完了呢？”

“服务员要不时地去餐桌旁检查。这时就要服务员和厨师间的协作：厨师将做好的小菜交给服务员后，要等服务员回来通知他顾客马上就要吃完小菜时才做烹饪主菜的最后手续。服务员待在各自的服务区内，不停地监视顾客的餐桌，在合适的时候，服务员会到厨房通知厨师，顾客即将吃完小菜，需要上主菜。厨师得知这一消息后，完成主菜烹饪的最后工序。厨师的技术都很熟练，并有一些助手在旁协助，能够同时协调好多组顾客的上菜要求，目标是尽量让想吃主菜的顾客尽快吃上主菜。”

“主菜上的总是很及时吗？”

“并不总是这样。但是，根据经验和常识，一般主菜上的都很及时。最常见的情况是一组顾客中有一个人吃得很慢，主菜上来时他还在吃小菜，但这无妨大局。”

“明白了。对这个业务过程的模型图有什么意见？”（图 17-5）

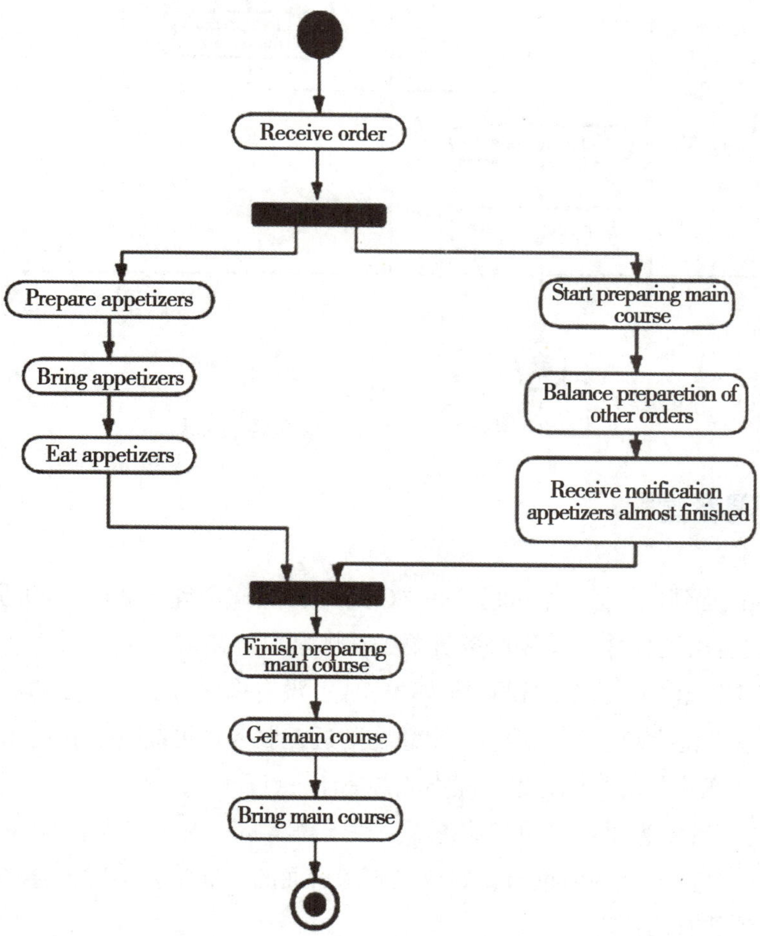

图 17-5　餐馆业务过程“准备饭菜”的活动图

同前一个业务过程一样，这个业务过程模型也应绘制成泳道图，如图 17-6 所示。

笔记

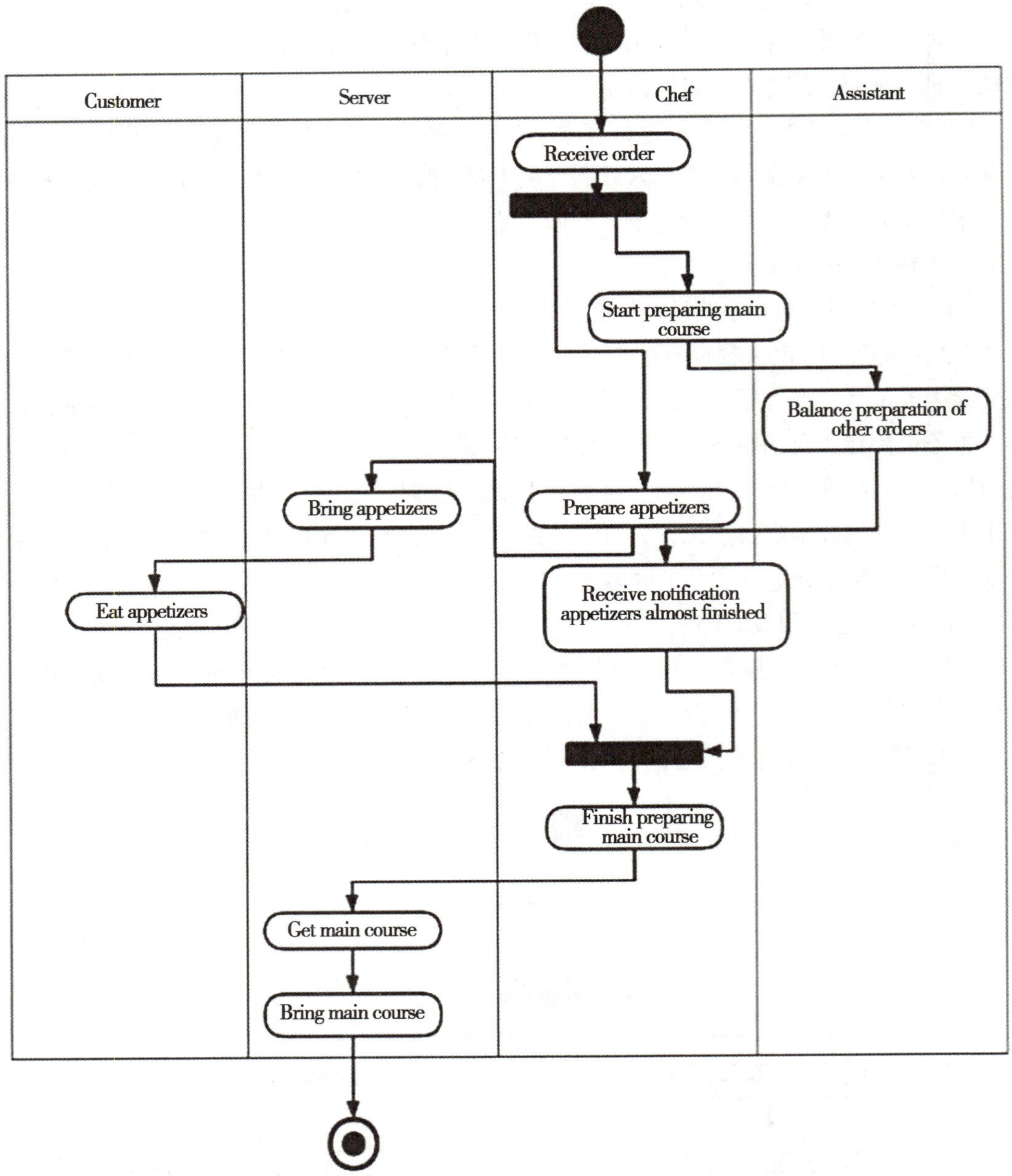

图 17-6 餐馆业务过程“准备饭菜”的泳道图

17.3.3 清理餐桌

“再回到前面提到过的另一个过程——“Clean the table（清理餐桌）”，分析员说。

“这个过程也需要协作。首先服务员要确认顾客已经离开，然后叫清洁师料理一下餐桌。如果餐馆业务繁忙，这个过程必须快速完成。没有像服务员一样多的清洁师，有时这个过程显得有些杂乱无章。清洁师不一定总在附近，服务员可能需要寻找他。”

“‘料理一下餐桌’的大概意思，能不能再具体一点”？

“当然，这家餐馆为每一组顾客准备了一块干净桌布。因此，清洁师必须取下旧桌布，换上干净桌布，并把取下的旧桌布叠好放在厨房后面的仓库里。第二天会将旧桌布打包并派人把桌布送到洗衣店清洗。”

图 17-7 是这个业务过程的活动图。

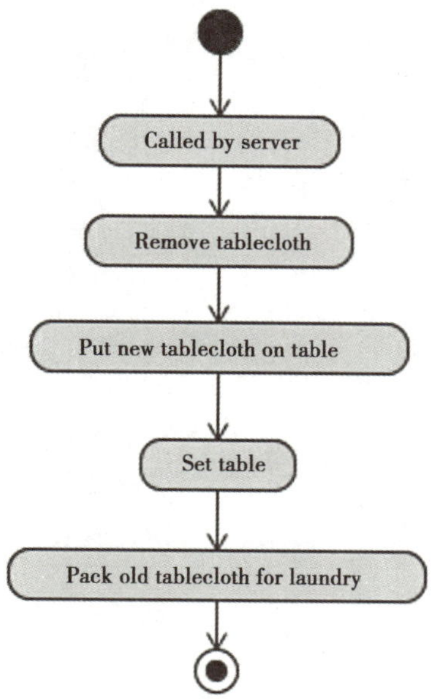

图 17-7　“清理餐桌”的活动图

17.4 总结

如果是一名渴望获得知识的分析员，应该记住下面这些从会谈中得出的经验教训：

在谈话过程中应该不时地停下来做总结，测试一下对问题的理解，熟悉并会使用领域术语，尽量使谈话气氛保持轻松、愉快。

对不熟悉的领域术语，务必让对方解释清楚。不必担心让对方觉得无知。和他谈话的目的正是要获得业务知识，学习领域术语。毕竟，在后面要进行的领域分析中，就要使用这些术语。

要经常从前面的回答中辨别出新问题，对方对每个问题的解答都要集中注意力听。业务逻辑通常就包含在对方对问题的解答中。

当遇到业务逻辑时要做记录，还要整理和维护好这些记录，以后随时会用到这些记录（开始时可能不知道什么时候会用到它，但说不定哪天就会有建立业务规则支持工具这样的想法）。

如果觉得业务过程的某些部分过于复杂，就应当暂时将这些复杂的部分搁置，把它作为单独的过程日后讨论。每个业务过程复杂度不宜过高，以容易被绘制成模型图为宜。绘制出的模型图的清晰性比模型的复杂性更重要。

征求对方对业务过程模型的反馈意见，根据对方的建议修改模型图。

本章将 UML 运用到具体的开发过程中的一个学习案例中的场景。在学习案例的场景中，虚构的 3 个人物 LaHudra、Nar 和 Goniff 决定在未来的餐饮业中使用计算机技术。作为一个分析员，要做的工作是理解业务过程和业务领域，收集需求——这些是 GRAPPLE 开发过程第一段中的动作。

新成立的 LNG 餐馆为工作提供了领域专家，需要同领域专家会谈理解业务过程。

本章大部分内容都是分析员同领域专家之间的对话。对话中穿插的注解说明了如何与领域专家会谈。本章的目标是说明如何根据会谈记录，绘制出反映业务过程的 UML 模型图。

第 18 章 领域分析

学习目标

❶ 学会分析业务过程并开发初步类图。
❷ 学会对类进行分组并形成关联。
❸ 掌握形成聚集和组成的方法。
❹ 学会填充类的信息。

知识导图

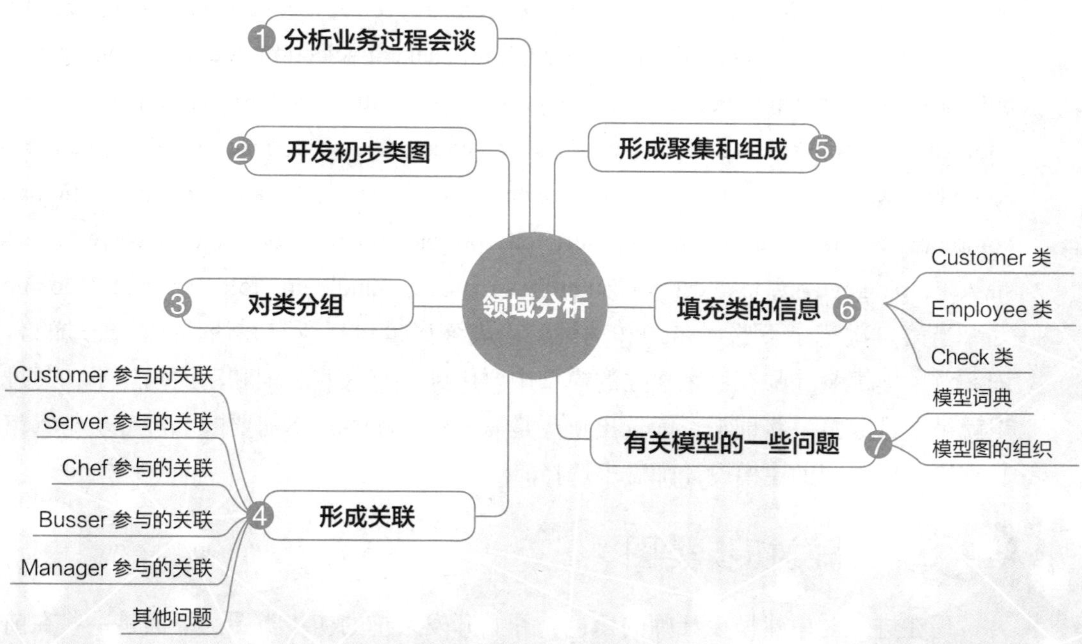

笔记

18.1 分析业务过程会谈

开发组要同餐馆的领域专家进行多次会谈，但是最初的会谈是面向业务领域的，目标是建立系统的初步类图。这个工作由一名对象建模设计师负责。他或者同分析员一同参加会谈，或者只分析会谈记录，在这个阶段，对象建模设计师在谈话记录中查找名词、动词以及动词短语。其中一些名词可能成为模型中的类，另一些名词成为类的属性。动词或者动词短语可能成为类的操作或类之间的关联标记。

下面检查一下第 17 章中的谈话记录。餐馆工作人员使用了哪些名词和动词呢？有下列一些名词：

注意

这里的名词表示的是概念，因此都用单数。

customer，coat，cloakroom，coat-check ticket，hat，line，waiting list，reservation，name，cocktail lounge，drink，dinner，waiting area，table，busser，tablecloth，maitre d'（=maitre d'hotel），waiter，serving area，diner，menu，assistant，tray，bread，butter，glass，water，person，party，server，menu choice，selection，daily special，restaurant，chef，dish，kitchen，order，smoking area，form，time，appetizer，main course，dessert，dessert menu，coffee，cup，check，cash，credit cards，change，credit card receipt，tip，silverware，napkin，room，laundry

动词和动词短语有：

has，help，store，give，get in line，honor，seat，leave，sit，wait，come up，get rid of，set，walk，call for，hover，see，gesture，show，ask，order，decide，call over，bring，pour，order，go，get，wait，bring，finish，reserve，refuse，recite，recommend，encourage，like，tell，express，look，come back，drink，read，allow，make a selection，get attention，get an order，talk，assign，designate，determine，notify，write，prioritize，consist of，prepare，bring，finish，coordinate，cook，pick up，eat，come over，check on，cost，lose money，lose a customer，come by，want，take an order，pour，collect，leave，call，get ready，glance，anticipate，talk，come out，summon，go back，find out，tell，prefer，finish，coordinate，receive，check，rely，stay，keep an eye on，take care of，hunt for，remove，bundle up，fold，arrange，pack up，send

当第一次记录下这些名词和动词时，应该尽量包括所有在谈话中出现过的名词和动词。对象建模设计师在后来建立的模型中要用到所有这些名词和动词吗？不，通过常识知识就可以排除掉一些词汇，筛选出哪些是需要的，哪些是不需要的。进一步与餐馆工作人员交流，可以帮助建模设计师做出选择。

18.2 开发初步类图

现在进入对象建模设计师的角色，开始开发系统的初步类图。下面是一些在前文曾提及的常识知识。先从筛选名词开始。

回忆第 17 章中的谈话内容可知，“侍者（waiter）”和“服务员（server）”是同义词，因此这两个名词应该只保留一个，保留“服务员”。“顾客（customer）”和“就餐者（diner）”也是同义词，两者中可以去掉一个，选择保留“顾客”。“人（person）”这个词太笼统，也可以去掉。“菜单选择（menu choice）”和“选择（selection）”大致是同一个意思，可以去掉其中一个。“选择”这个词更具描述性，因此保留它，而去掉另一个（纯属个人观点）。

还可以再筛选掉一些词吗？一些名词更适合作为类的属性，而不是类。在领域词汇表中，“名字（name）”“时间（time）”以及“预订（reservation）”属于这类名词。另一个名词

笔记

“洗衣店（laundry）”物理上不是餐馆的一部分，因此可以排除掉。

现在还得考虑问题的另一方面：还可能在词汇表中增加一些类？如果仔细检查谈话记录，将会发现餐馆工作人员曾提到过“指定的区域（designated areas）”和“轮换服务员的服务区（rotate the servers）”。那么，谁指定和轮换服务员的服务区呢？显然，还需要另一个类“经理（manager）”。这个名词在谈话中未曾提到，可能只是因为分析员的注意力都集中到顾客、服务员、厨师和清洁师身上了。

增加类（以后还将看到增加抽象类）反映出项目进展过程中对问题理解的深入。

在筛选掉一些与其他名词意义重复或者应该作为属性的名词，并增加了代表新类的名词后，得到如下可能成为系统中的类的名词列表：

顾客（Customer）、外套（Coat）、储衣室（Cloakroom）、取衣票（CoatCheckTicket）、帽子（Hat）、队（Line）、等候队列（WaitingList）、休息室（CocktailLounge）、饮料（Drink）、正餐（Dinner）、候餐区（WaitingArea）、餐桌（Table）、清洁师（Busser）、桌布（Tablecloth）、领餐员（Maitre d’）、服务区（ServingArea）、菜单（Menu）、助手（Assistant）、碟（Tray）、面包（Bread）、黄油（Butter）、玻璃杯（Glass）、水（Water）、一组顾客（Party）、服务员（Server）、选择（Selection）、每日特色菜点（DailySpecial）、餐馆（Restaurant）、厨师（Chef）、盘装菜（Dish）、厨房（Kitchen）、订单（Order）、吸烟区（SmokingArea）、表单（Form）、小菜（Appetizer）、主菜（MainCourse）、甜食（Dessert）、甜食菜单（DessertMenu）、咖啡（Coffee）、杯子（Cup）、账单（Check）、现金（Cash）、信用卡（CreditCard）、找回的钱（Change）、信用卡收据（CreditCardReceipt）、小费（Tip）、餐具（Silverware）、餐巾纸（Napkin）、房间（Room）、经理（Manager）、预订的事物（Reservation）。

图 18-1 是用这些名词绘制的初步的类图。类名首字母大写，如果类名由多个词组成，那么每个词的首字母都要大写。

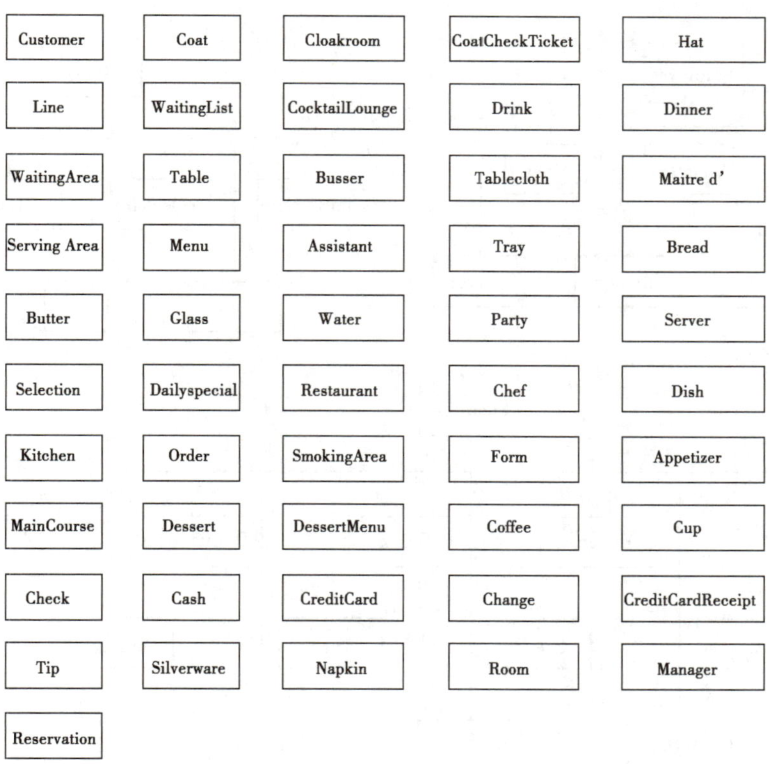

图 18-1　餐馆业务领域的初步类图

笔记

18.3 对类分组

现在将设法形成一些有意义的组。第一组中人组成：Customer、Busser、MaitreD、Assistant、Chef、Party、Server 和 Manager。除了 Customer 和 Party 外，其余的类代表的人都是餐馆中的雇员（Employee），因此可进一步将这些类分为 3 组：Customer、Party 和 Employee 组。

第二组由餐馆中的食物组成：Drink、Diner、Bread、Butter、Water、DailySpecial、Dish、Appetizer、MainCourse、Dessert 和 Coffee。

第三组由餐馆中的用具组成：Glass、Silverware、Tray、Cup、Napkin 和 Tablecloth。

第四组包含与支付有关的项目：CoatCheckTicket、Check、Cash、Change、CreditCard、CreditCardReceipt 和 Tip。

还有一组由餐馆中的区域组成：WaitingArea、SmokingArea、CocktailLounge、Cloakroom、Kitchen、ServingArea、Table 和 Room。Room 指的是存放脏桌布的房间（当然也可以存放其他东西），这些桌布第二天要被送到洗衣店清洗。为了使这个词的意义更明确，不妨称其为 LaundryRoom（待洗衣物存放间）。

最后，将餐馆中用到的各种表单划为一组：Menu、DessertMenu、CoatcheckTicket、Check 和 Form。最后一个词代表的是当订单送到厨房后服务员给厨师的表单。为了更明确起见，这里将它称为“OrderForm（订单表）”。

注意，最后一组还可以再细分为两组：Form（表单）和 PaymentItem（支付项）。这样分组也是可以接受的。

怎样处理这些组呢？每个组名可以称为一个抽象类名——抽象类是用作其他类的超类，自己并不产生实例的类。抽象类 RestaurantArea 有 CocktailLounge、ServingArea、Table、WaitingArea、Cloakroom 和 Kitchen 子类。

根据上面的讨论修改图 18-1，得到图 18-2 所示的类图。

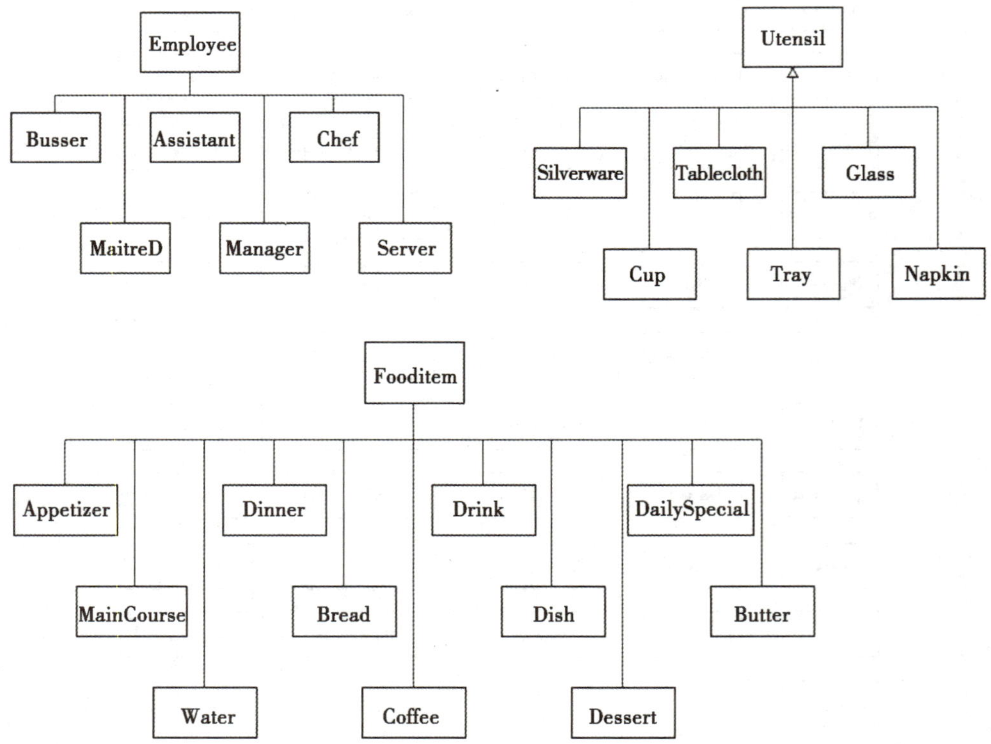

图 18-2　用抽象类将类图划分为有意义的组

18.4 形成关联

笔记

下一步是建立和标记出类之间的关联。动词和动词短语可以帮助标记关联。但是不局限于只使用前面谈话中提到的动词，可以使用含义更准确的动词标记关联。

一种策略是先从几个类开始，找出与这几个类存在关联的其他类，然后再寻找另外一组类与其他类的关联，直到穷尽了所有的类为止。在标记出类之间的关联后，进一步找出类之间的聚集和组成关系，最后使用一些动词或动词短语表示类的操作。

18.4.1 Customer 参与的关联

先从 Customer 类开始寻找关联。哪些类与 Customer 类有关联呢？ Reservation 是明显的一个。另一个是 Server。另几个是 Menu、Meal、DessertMenu、Dessert、order、Check、Tip、Coat 和 Hat。图 18-3 说明了这些关联。

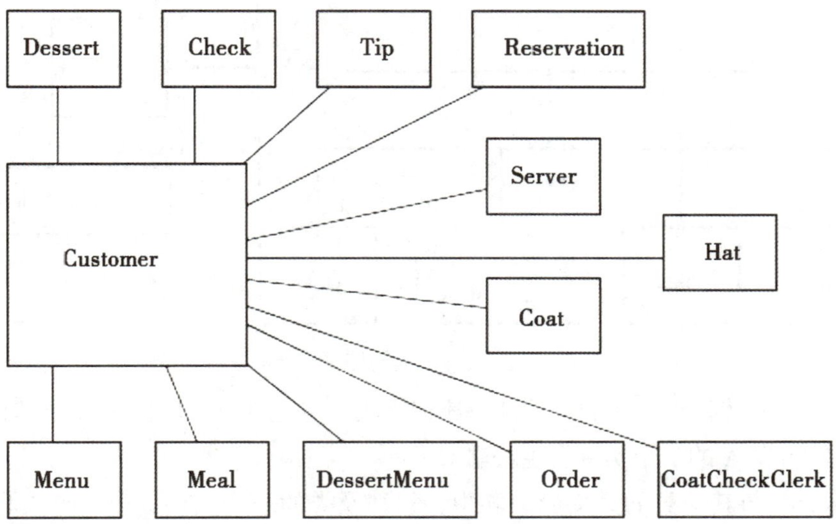

图 18-3 Customer 类的初步关联

这时要做出一些果断的决定。Customer 与 Coat、Hat 的关联是必需的吗？毕竟，现在关注的是顾客就餐，经过讨论之后，开发小组很可能会确定这些类应当保留在模型中，因为现在感兴趣的是与顾客就餐有关的全部事物。出于这样的考虑，在模型中应当加入另一个类 CoatCheckClerk，因为必须有人负责保管顾客的外套和帽子。

下面用一些表示关联的动词短语来标记上面产生的关联。下面是一些立刻就能想到的动词短语：

The Customer makes a Reservation

The Customer is served by a Server

The Customer eats a Meal

The Customer eats a Dessert

The Customer places an Order

The Customer selects from a Menu

The Customer selects from a DessertMenu

The Customer pays a Check

笔记

The Customer leaves a Tip

The Customer checks a Coat with a CoatCheckClerk

The Customer checks Hat with a CoatCheckClerk

Customer 类的加了标记的关联如图 18-4 所示。

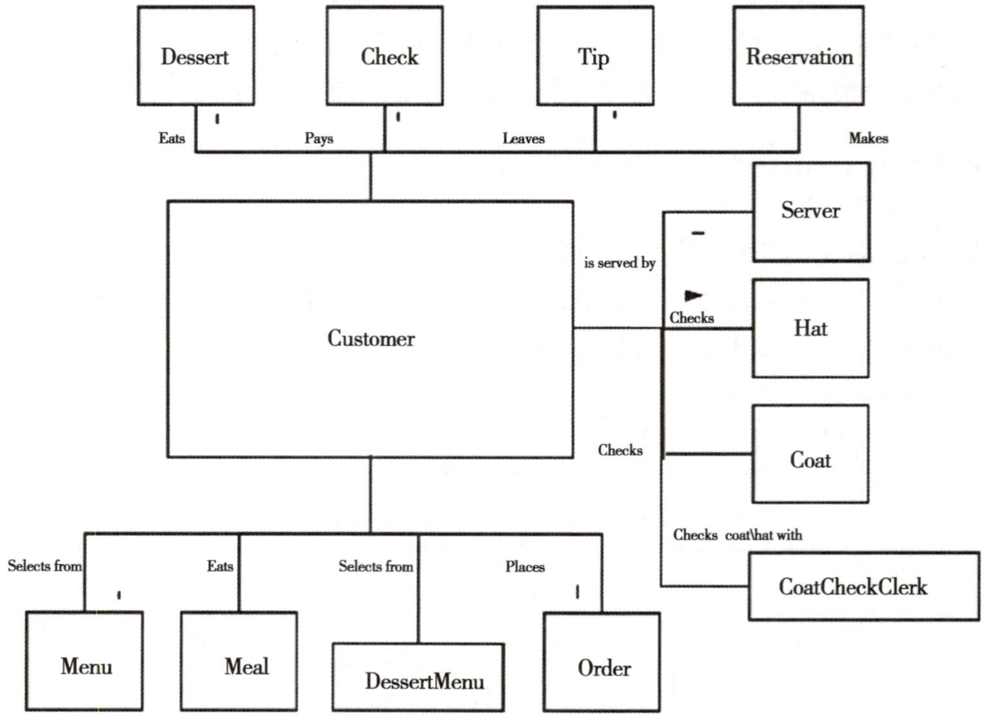

图 18-4　Customer 类的加了标记的关联

接着注意力将转移到关联的多重性。还记得吗？多重性是关联的一部分：它指明类 B 的多少个实例与类 A 的一个实例发生关联。

在 Customer 与其他类的大部分关联中，只涉及类的一个实例。第二个关联的动词短语与其他关联不同，它是被动语态（is served by），而其他关联短语是主动语态（例如 pays 和 leaves）。这说明第二个关联与其他关联有某种不同之处。如果换成主动语态，从服务员的观点看（“The Server serves a Customer”），显然一个 Server 可以为多名 Customer 服务。

最后两个关联短语代表的是以前未遇到过的一种关联：

The Customer checks a Coat with a CoatCheckClerk

The Customer checks a Hat with a CoatCheckClerk

这种关联被称为三元关联（ternary association）。“三元”意味着三个类同时参与一个关联。在模型中，三元关联用一个菱形框表示，在菱形框附近写上关联的名字，如图 18-5 所示。三元关联的多重性含义为当一个类的实例数量固定时，另外两个类的多少个实例参与这个三元关联。在本例中，一个 Customer 可以从一个 CoatCheckClerk 那里取回多于一件的 Coat。参与一个关联的类也可能超过 3 个。由于通用性的缘故，在 UML 中这种关联被称为 *n* 元关联（n-ary association）。

笔记

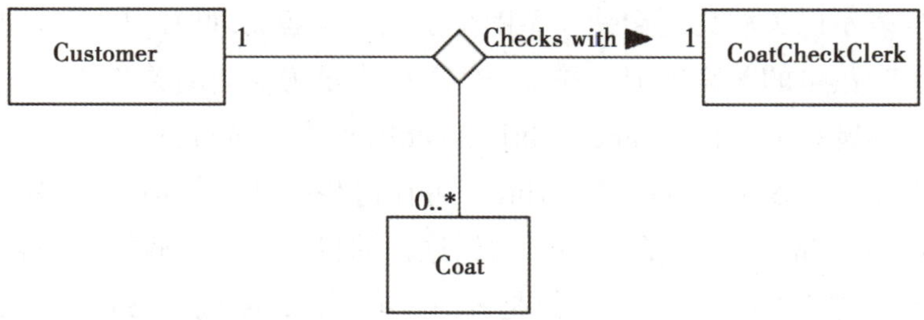

图 18-5　一个三元关联

图 18-6 展示了添加了多重性后 Customer 参与的关联。

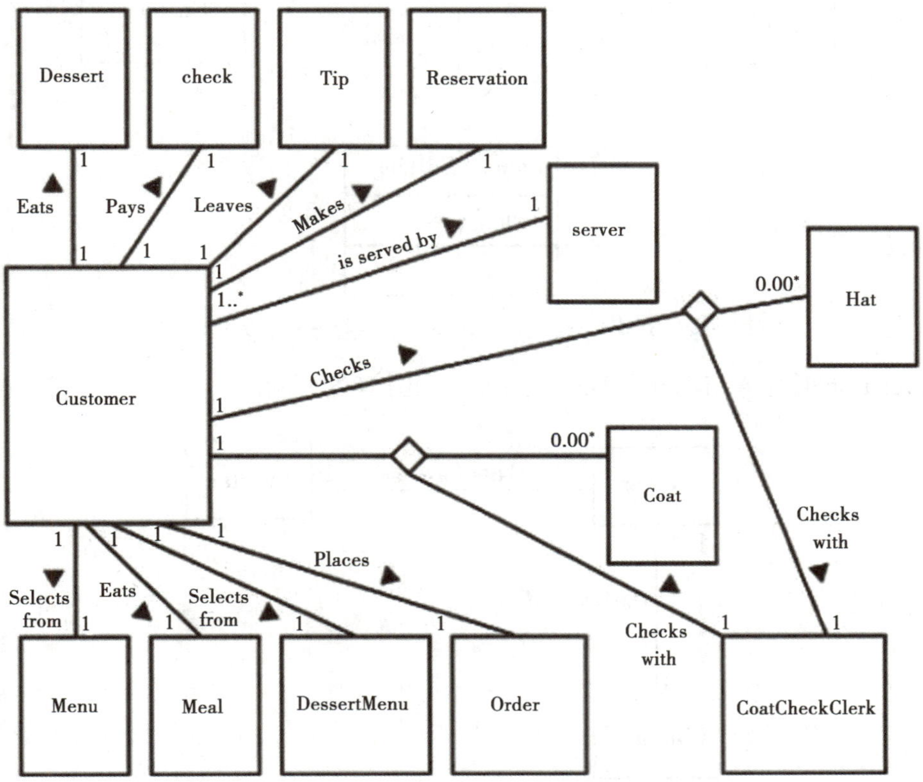

图 18-6　添加了多重性后 Custcmer 参与的关联

18.4.2 Server 参与的关联

用 Customer-Server 之间的关联作为出发点，继续寻找 Server 类参与的关联。对 Server 参与的关联的一种建模方式是将这些关联作为三元关联。

The Server takes an Order from a Customer

The Server takes an Order to a Chef

The Server serves a Customer a Meal

The Server serves a Customer a Dessert

The Server brings a Customer a Menu

The Server brings a Customer a DessertMenu

The Server brings a Customer a Check

The Server collects Cash from a Customer

The Server collects a CreditCard from a Customer

笔记

但是，这样表示的关联无疑会使模型图很复杂，不容易理解。更有效的方法是检查这些关联，使用最少数量的关联标记，并将一些关联表示为恰当的关联类。

Server 的工作显然可概括成 take 和 bring。collect 是一种 take，serve 是一种 bring。可以将 Server 参与的关联标记为 take 或 bring。再在这些关联上附加一个关联类，在这个类中可以指明 take 或 bring 的是什么。为了达到这样的目的，给关联类中设置一个枚举类型的属性 itemType。这个属性可以取的值是 Server 可能 bring 或 take 的东西，图 18-7 显示了活动中的关联。

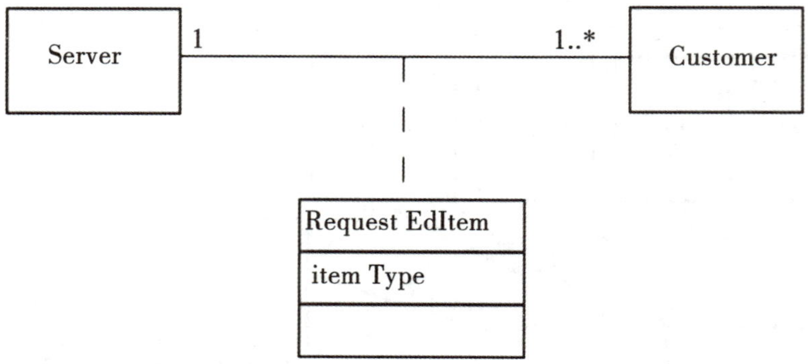

图 18-7　在 Server 参与的关联中使用关联类

Server 还同时与 Assistant 和 Busser 关联，如图 18-8 所示。

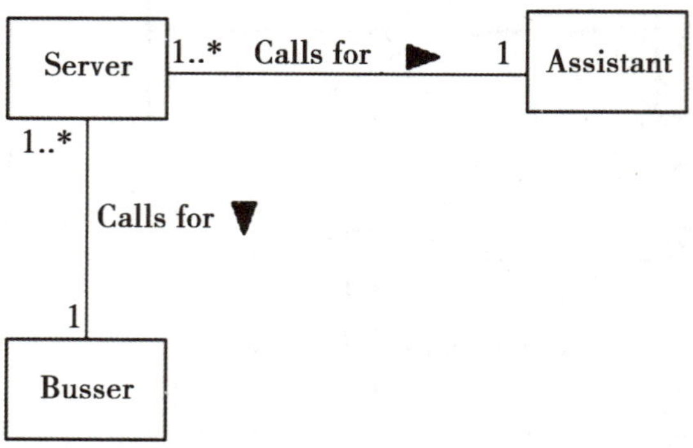

图 18-8　Server 参与的其他关联

18.4.3 Chef 参与的关联

Chef 与 Server、Assistant 以及 Meal 关联，如图 18-9 所示。关联类 Order 对 Server 带给 Chef 的点菜单建模，这个类的属性（可以是一个枚举类型）显示了点菜单状态。

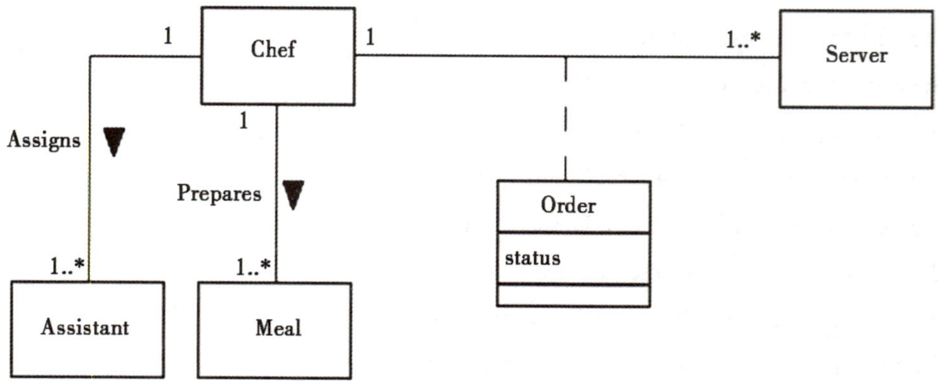

图 18-9　Chef 参与的关联

18.4.4 Busser 参与的关联

笔记

Busser 有两个关联，如图 18-10 所示。其中一个关联表示 Server 招呼 Busser，并且通过多重关系表示有多个 Server 在招呼同一个 Busser。另一个关联表示一个 Busser 摆好了多张桌子。

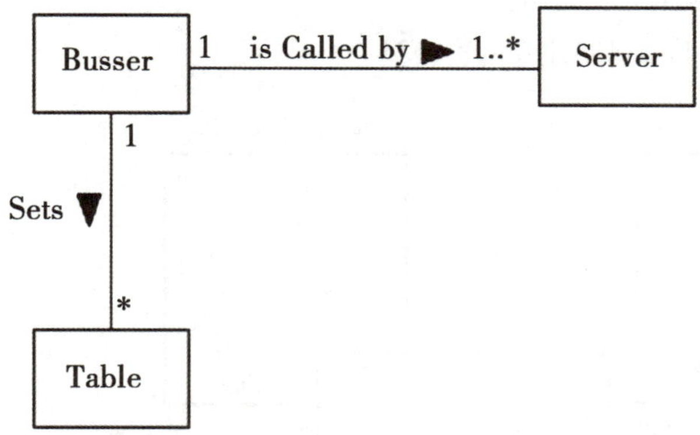

图 18-10　Busser 参与的关联

18.4.5 Manager 参与的关联

Manager 是在领域分析中引进的新类。这个类与许多其他类都有关联，这些关联短语表示如下：

The Manager operates the Restaurant

The Manager monitors the Employees

The Manager monitors the Kitchen

The Manager interacts with the Customer

图 18-11 显示了 Manager 参与的关联。

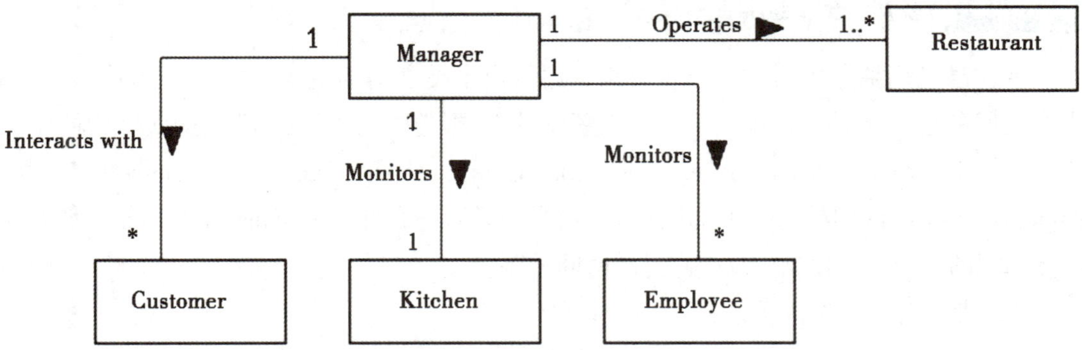

图 18-11　Manager 参与的关联

18.4.6 其他问题

一种思想流派认为应当消除名词在关联中的角色，只使用一个通用的类，例如 Employee。在关联中应当将角色名写在关联端处。

在有些情况下（如一个工资发放系统），这样的模型很有效。但是，在现在这个例子

笔记

中就不一样了。考虑如下的关联陈述：

The Server bring to the Customer

The Server takes from the Customer

The Server bring to the Chef

The Server takes from the Chef

The Server summons the Busser

图 18-12 是采用上述思路建立的类模型。

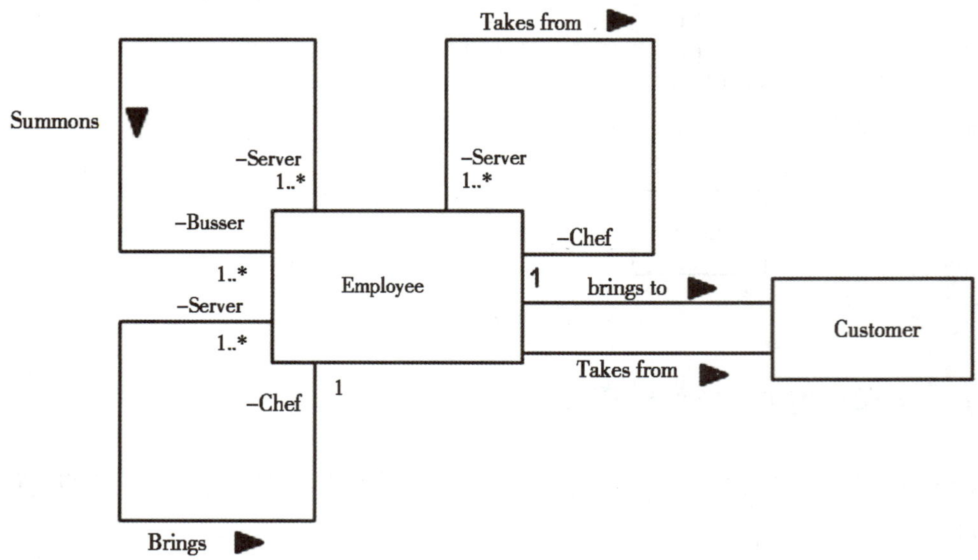

图 18-12　采用上述思路建立的类模型

可以看到，图 18-12 中的类图标很密集，关联的表示很不清晰，并且关联类还没包括进去，加入关联类后图将变得更复杂。

在所有和建模相关的活动中，易于理解的应该是指导思想。

18.5 形成聚集和组成

现在已经用抽象类对类进行了分组，还找出了类之间的主要关联关系。下一步是找出类之间的包含关系，即聚集关系。在餐馆这个领域中，此项工作不是很难。例如，一个 Meal 对象是由一个 Appetizer、一个 MainCourse、一个 Drink、一个 Dessert 组成的。Appetizer 和 Dessert 是可选的，并且这些成员对象代表的事物在 Meal 中是按照一定时间顺序出现的，应当在模型中反映出这种时间顺序。

下面是其他一些组成关系：

（1）一个 Order 由一个到多个 MenuSelection 组成。

（2）一个 Restaurant 由一个 Kitchen、一个到多个 ServingArea、一个 WaitingArea、一个 CocktailLounge 和一个 LaundryRoom 组成。

（3）一个 ServingArea 由一个到多个 Table 组成。

（4）一个 Party 由一名到多名 Customer 组成。

在每种情况中，一个组成体只属于一个聚集体，因此图 18-13 是这些组成关系的模型。

笔记

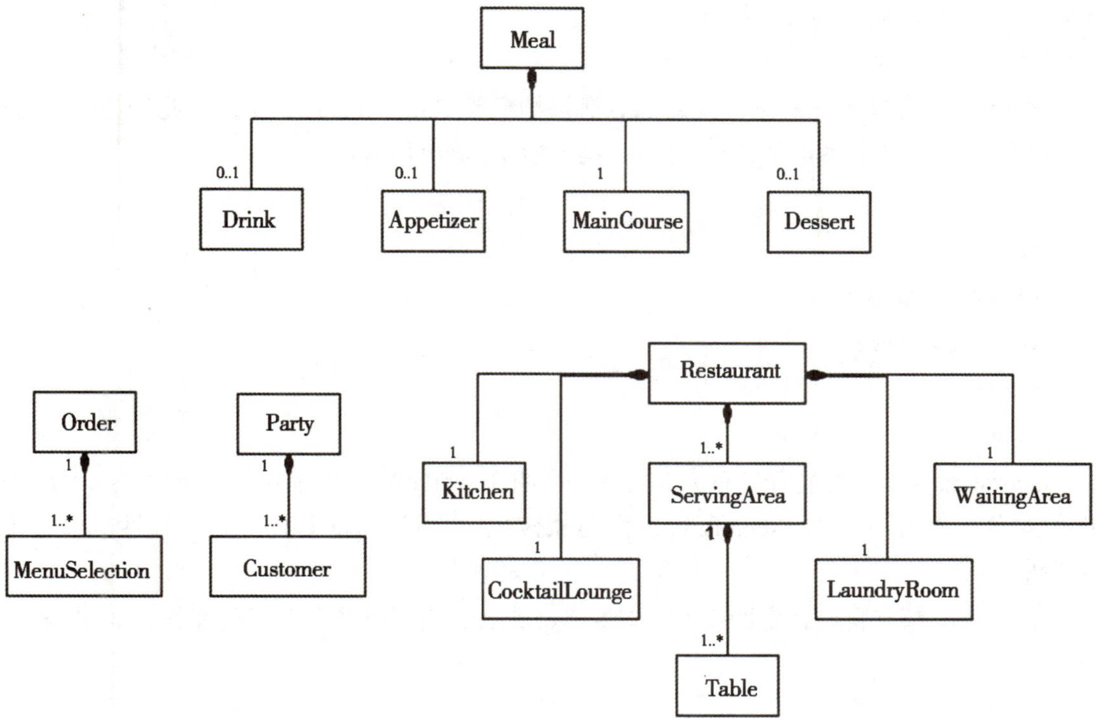

图 18-13　餐馆业务领域中的组成关系

18.6 填充类的信息

进一步的会谈和交流对补充类的信息来说很有必要。需要提醒的是，在每次会谈和交流的时候，对象建模设计师都要在场，使用计算机辅助的建模工具，不断细化和补充模型。现在只是通过为模型中的类添加一些属性和操作说明这个过程。

领域模型中最重要的类当数 Customer、Server、Chef、Manager 和 Assistant。另一个重要的类是 Check 。

18.6.1 Customer 类

Customer 类有哪些明显的属性呢？下面列出了一些：

name

arrivalTime

order

serveTime

又有哪些操作呢？前面的动词列表可以提示出一些操作（但也不是只限于此），具有：

eat()

drink()

order()

pay()

图 18-14 所示说明了 Customer 类。

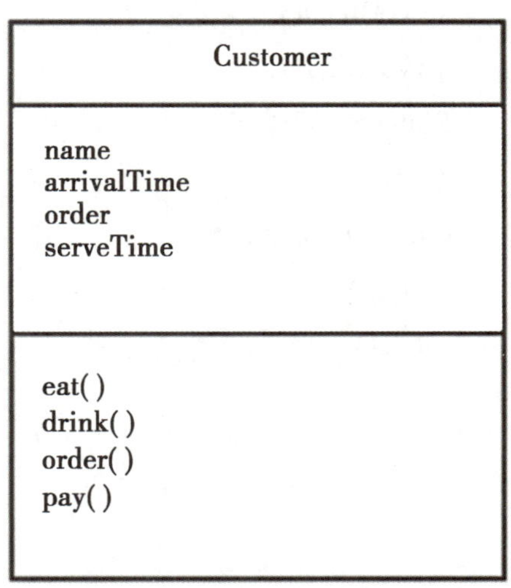

图 18-14　Customer 类

笔记

18.6.2 Employee 类

Server、Chef、Manager 和 Assistant 都是抽象类 Employee 的子类，因此 Employee 类的属性，它的这些子类也都具有。Employee 类的一些属性有：

name

address

socialSecurityNumber

yearsExperience

hireDate

salary

Assistant 类有一些特殊。首先，需要一个叫作 worksWith 的单独属性指明 Assistant 协助的对象。因为一个 Assistant 既可以协助 Server，也可以协助 Chef。这个属性应该是枚举类型。

每个子类都有自己特定的操作。对 Server 来说，有下列这些明显的操作，如图 18-15 所示。

carry()

pour()

collect()

call()

checkOrderStatus()

Chef 的操作：

prepare()

cook()

prioritize()

createRecipe()

Assistant 的操作：

prepare()

cook()

serveBread()

serveWater()

Manager 的操作：

monitor()

operateRestaurant()

assign()

rotate()

笔记

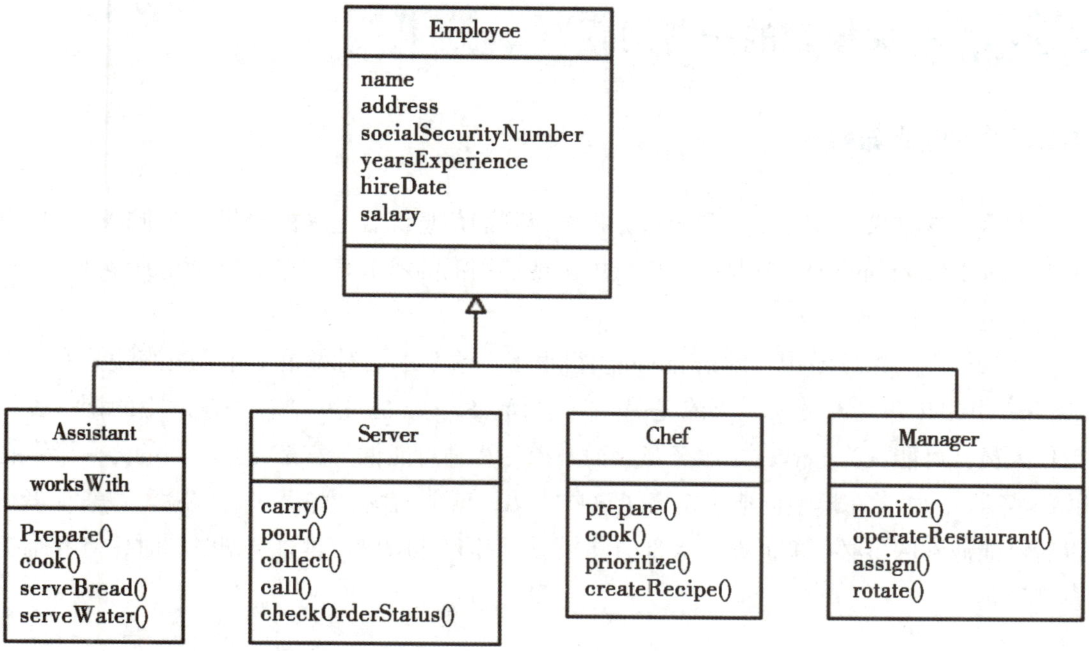

图 18-15　Employee 类和它的子类

18.6.3 Check 类

Check 显然是一个重要的类，因为它包含了支付信息。它的属性有：

mealTotal

tax

total

因为 total 是 mealTotal 和 tax 的和，它是一个导出的变量（derived variable）。为了在模型中反映出这一点，在 total 前面使用了一个反斜杠，如图 18-16 所示。Check 具有操作 computerTotal（mealTotal，tax）和 displayTotal( )。

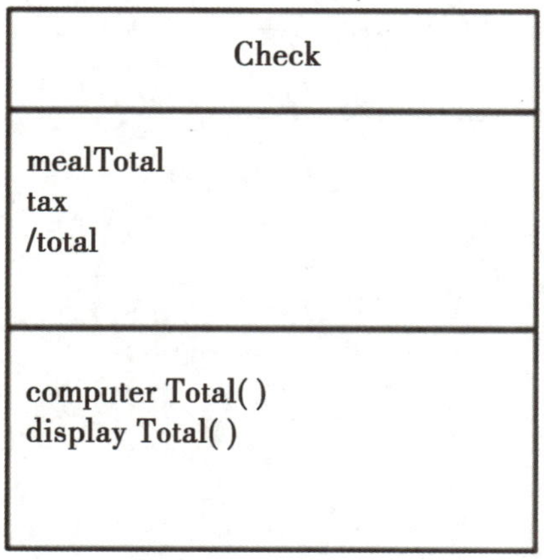

图 18-16　Check 类

笔记

18.7 有关模型的一些问题

18.7.1 模型词典

在将会谈结果、业务过程和领域分析中得到的信息综合起来的时候，要维护一个模型词典（model dictionary）。它是一个模型中出现的词汇的术语表。它将帮助维护模型的一致性，避免二义性。

例如，在餐馆领域中，术语 menu 用得很多，这个术语对餐馆工作人员来说具有一种解释，对 GUI 开发人员来说可能是另一种解释。Server 是另一个有潜在危险的词：餐馆工作人员，可能认为 Server 是服务员，而系统工程师可能认为它是完全不同的另一个事物（如服务器），如果在模型词典中定义了这些术语，就能避免这些潜在的危险，省去很多在以后可能遇到的不必要的问题。大部分建模工具都允许用户在建立模型时同时建立和维护模型词典。

18.7.2 模型图的组织

另一个技巧是模型图的组织。在一个大图中包含所有的类和类的细节信息是一个不好的做法。首先应该绘制一幅主图，主图中包括所有的类以及类之间的连接、关联和泛化关系，但省略了类的属性和操作的细节信息。每个类又可以单独有一幅图，图中详细显示出类的定义。建模工具通常能够让用户采用某种方式组织好模型图。

第 19 章 收集系统需求

学习目标

❶ 学会开发系统映像。

❷ 学会收集系统需求。

知识导图

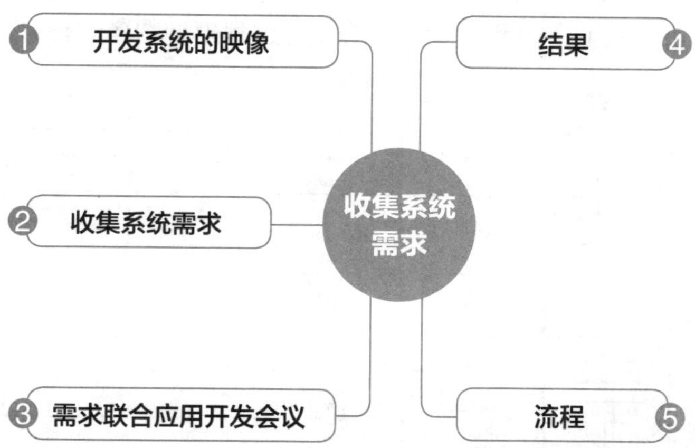

笔记

LaHudra、Nar 和 Goniff 对开发组前面的工作印象深刻。他们已经看到了开发组的工作成果，并且意识到开发组的工作正在沿着正确的方向前进。每个人似乎都已经对餐馆这个领域有了充分的了解——了解得如此充分，以至于连餐馆的工作人员都对自己的工作有了进一步的理解。

现在到了开发组开发未来餐馆的技术框架的时候了。开发组现在已经得到了业务过程模型和系统的类图。下面就可以开始编码了吗？这种想法是错误的，现在甚至离编写一小段程序还有一定的距离。首先，必须要开发出一个系统的视图。

大部分项目都以“构造一个顾客信息数据库系统并使它具有对用户友好的界面，以便可以花费最短的时间对用户培训”或者“构造一个尽量在最短时间内解决问题的基于计算机的辅助桌面软件”进行陈述。而现在，开发组只能从一个不太明确的任务“使用技术建立未来的餐馆”开始。开发组必须事先设想出这个餐馆是什么样子，这样才能估计出餐馆中的各类人员怎样在其中工作。他们现在处在一般的开发组所没遇到过的情况，但是 LaHudra、Nar 和 Goniff 信任他们。

开发组将使用他们所了解到的业务过程知识和新获取的领域知识，为的是看看外出就餐的哪些地方可以使用技术来改善。现在来旁听一个开发组的会议。会议的成员有一名系统分析员、一名建模设计师、一名餐馆老板、一名服务员和一名系统工程师。另有一名主持会议的协调员。

协调员先向大家分发了图 19-1（Serving a customer 的业务过程模型图）和图 19-2（Preparing a meal 的业务过程模型图）的业务过程模型图各一份。

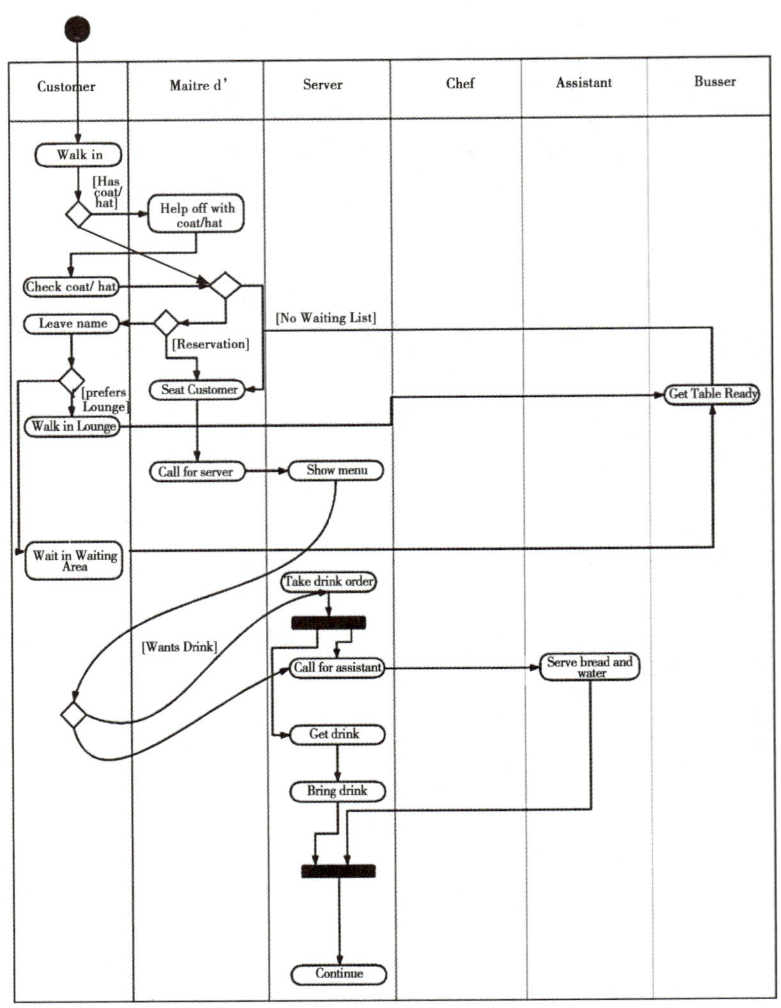

(a)

笔记

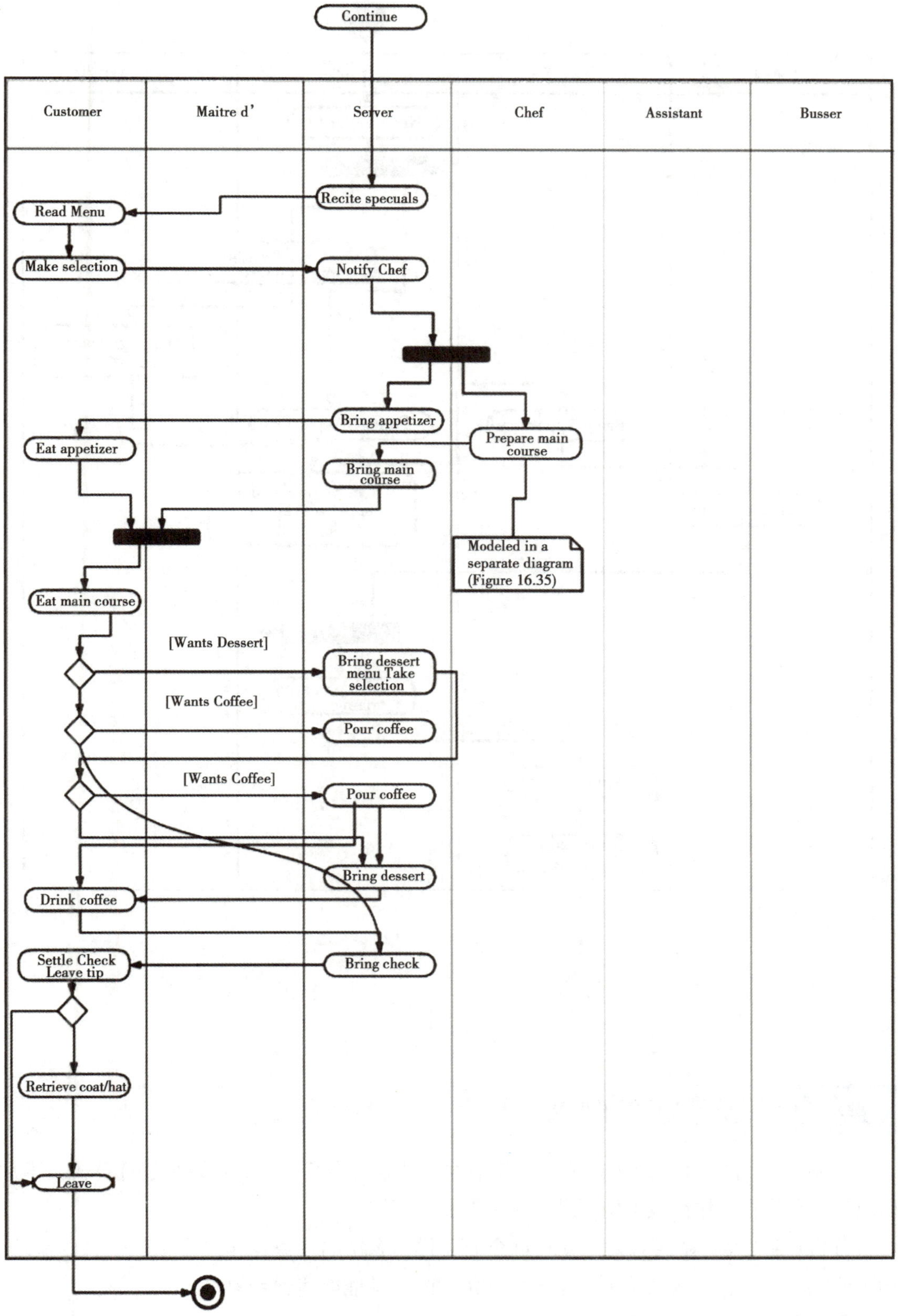

(b)

图 19-1　Serving a customer 的业务过程模型图

笔记

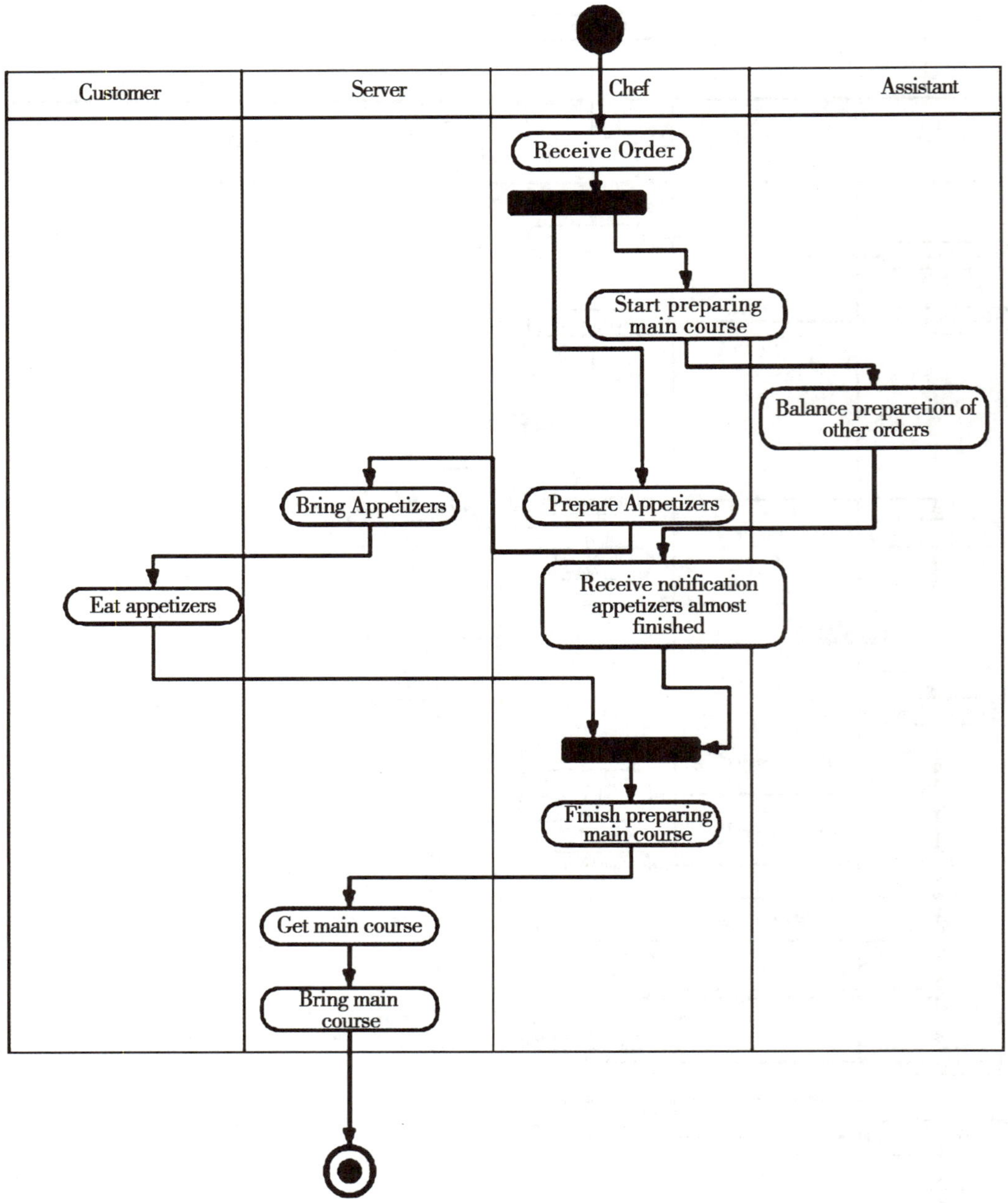

图 19-2 Preparing a meal 的业务过程模型图

19.1 开发系统的映像

协调员："请看业务过程模型图，相信大家都看得出有好几处可以引进计算机技术加以改进。我将在一块白板上做记录，哪位先发言？"

分析员："很明显，与大部分其他企业一样，餐馆的业务运作也要依赖信息的流动。如果能够加速信息的流动（这也是技术所擅长的），就能够达到目的。"

餐馆老板："我还不敢肯定已经理解了你的意思。你所说的"信息流动"指的是什么？我认为的餐馆里一直在流动的是食物。"

系统工程师："我可以帮说明什么是信息流动。当顾客下一份订单后，他就在给服务员传递信息。顺便提一下，Server（服务员）这个词不是指客户 / 服务器（C/S）系统中的一块硬件（服务器）而是餐桌旁的服务员。并且，当服务员将这个订单转交给厨师时，他

笔记

就在使信息继续流动。”

协调员：“还有什么地方有信息流动？”

服务员：“我已经有些明白了，当一名顾客叫我去问厨师订单完成情况时，也有信息流动，对不对？”

分析员：“完全正确。”

厨师：“但是服务员来问饭菜做得如何时，并不能真正做什么，一切还得照旧进行，我在烹饪时不希望被打扰。”

协调员（协调员要缓和厨师的情绪，以使他集中注意力开会）：“或许就能找出一种使这种打扰降至最低程度的方法。对信息流动诸位还有什么看法？”

餐馆老板：“当服务员为顾客背诵每日特色菜点，或者回答顾客就菜单提出的问题时，这是不是信息流动？”

协调员：“肯定也是。”

厨师：“我有时也回答顾客提出的问题。顾客让服务员到厨房来问某个菜做得怎么样时，或者告诉服务员，由服务员转达给顾客，或者不太忙时，会亲自出去解答顾客的问题。顾客喜欢这么做。”

服务员：“有一种我最不喜欢的信息流动。当顾客下了一份订单，我将订单送到厨房，结果听到厨师说缺某个菜。这时必须让顾客再点其他的菜。这通常会使顾客不高兴——也让我不高兴，因为小费会受影响的。”

分析员：“是不是应该把这个过程作为一个单独的业务过程另外讨论？”

协调员（协调员要尽量使与会者注意力集中到会议的主要议题上。注意协调员应避免使用“是的，但……”等等字眼）：“也许。我认为各位会同意再为此单独开一个会。”

分析员：“是的，这么说不是想分散大家的注意力。”

协调员（停下来做总结）：“总结一下会议到目前为止的成果，根据记录，信息流动出现在以下几处：

顾客下一份订单（点菜）。

服务员将订单转交给厨师。

顾客要求服务员到厨房探察订单的完成情况。

服务员为顾客背诵每日特色菜点。

服务员回答顾客就菜单提出的问题。

厨师回答顾客就某样菜烹饪方面的问题。

分析员：“还有一处没有出现在业务过程模型图中。就是顾客如果对账单有些疑问，当服务员回答这些问题时，这也需要信息流动。”

协调员：“对了，确实如此，业务过程中还有需要信息流动的地方吗？”

系统工程师：“在厨师与服务员之间进行协调时是不是也需要信息流动？服务员不是要确保在顾客吃完小菜时，给顾客同时上热的主菜吗？这时需要大量信息流动。”

分析员：“同意。这时的信息要以几种不同的方式流动。”

餐馆老板：“现在只拿出了两幅业务过程模型图。我记得还有一幅。”

协调员：“对了。还有一幅‘清理餐桌’的业务过程模型图，”如图 19-3 所示。

分析员：“看上去这幅图中只有一处信息流动的地方，但这一处的信息流动十分重要：

笔记

服务员通知清洁师立即清理餐桌。”

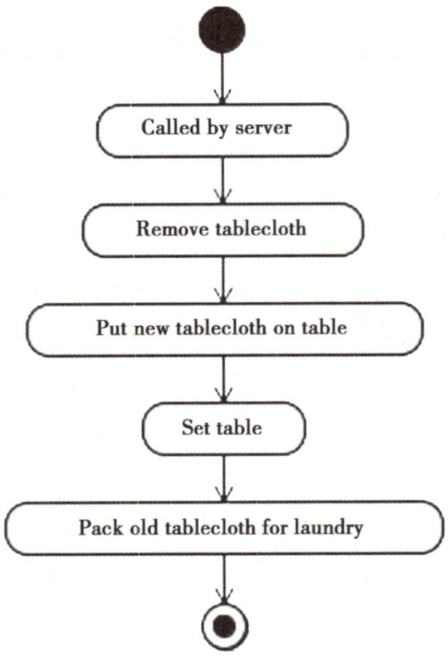

图 19-3 “清理餐桌”的业务过程模型图

餐馆老板：“是的，这是十分重要的。只有餐桌清理好了才能让新来的顾客就座。清理餐桌必须进行得尽可能快，否则餐馆的休息室和候餐区里就坐满了又饿又气的顾客。”

建模设计师：“我在听发言时，同时在修改类图。可以问一个问题吗？让系统（不管实际系统最终是什么样子）具有评估招待顾客的工作效率的功能，这是不是个好主意？”

餐馆老板：“好主意。”有了这项功能就知道是不是要改进工作以及如何改进。大家是怎么认为的？”

建模设计师：“在 Cuslomer 类中设置两个属性 arrivalTime 和 serveTime。再增加一个派生（导出）属性 waitDuration，它是 serveTime 和 arrivalTime 之差。对此有什么看法？”

餐馆老板：“好主意。这样就知道是怎么招待顾客的了。”

分析员：“是的。还可以得到许多有用的数据——例如每天所有顾客候餐的总时间，每天每名服务员招待的所有顾客的平均候餐时间，等等。”

建模设计师：“还有另一种可能。假设在 Customer 类中再增加一个叫作 departureTime 的属性和一个派生属性 mealDuration，它是 departureTime 与 serveTime 之差，这样做如何？”

协调员：“应该不错。还有其他好的想法吗？”

建模设计师：“既然使用了基于时间的属性，不妨也为 Server、Waiter、Chef 类中也添加一些这样的属性，用来告诉经理每个雇员的工作时间？”

餐馆老板：“噢…不，这种监视别人工作表现的做法不适合施加给员工——也不能这么做。并不是他工作偷懒（他不会的），仅仅是他不愿意有一双眼睛始终盯着他。如果能让每个人工作心情愉快，那么的餐馆就是一家好餐馆，顾客也能体会到。”

厨师：“同意。前面讲过，做菜的时候不能被打扰，该需要多长时间就得需要多长时间。我不希望在手里拿着一捆菜时，突然听到经理说必须在 4.5 分钟内把这个菜做好。”

服务员：“我也不想听到顾客在吃完主菜后说我迟迟才将甜食菜单拿来。”

建模设计师：“好，收回刚才的建议。既然刚才提了这么多合理的反对意见，就应当删掉 Manager 类中的 monitor（监视）操作。同时，Customer 类也须做相应的修改”，如图 19-4 所示。

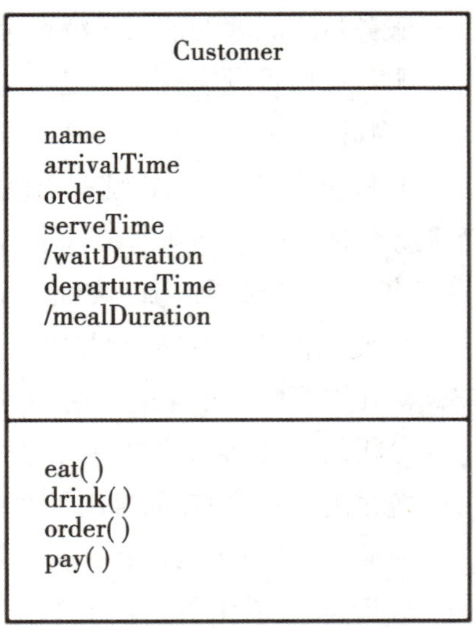

图 19-4 修改后的 Customer 类

知识拓展

一点好处

建模设计师说过的话表明他总是不断地修改类图。

建模设计师、餐馆老板和服务员之间的谈话说明了一个重要结论：让业务领域中的人也参与系统开发是绝对必要的。如果没有餐馆老板和服务员提供的反馈信息，开发组就很可能花费了不必要的时间和金钱实施一些工作监视方面的需求特征，最后反而会自受其害。这样的想法一提出就遭到餐馆中工作人员的反对，这样可以让开发组重新思考，并最终做出有利于餐馆工作人员的决定。

协调员："根据听到的，似乎可以将改进分为两方面，一方面是加速信息的传递速度，另一方面是加快某项个人任务的完成速度。开发组的意见认为第二种加快不太受欢迎，而第一种却大有必要。对不对？"

（全体同意）

分析员："既然已经做了上述决定，下面是不是应该继续讨论系统具体的需求？"

协调员："当然。大家还有其他意见吗？"

服务员："为了传递这些信息，一晚上要来回走很多路。有的时候还必须到离工作区很远的厨房去。携带东西和往返的路程非常花费时间，更别说还要穿着皮鞋来回走。"

分析员："看样子系统必须提供一些功能来消除这个问题，至少是减轻往返路程和携带物品。这样才能加快信息的流动。"

协调员："往返路程和携带物品？"

分析员："是的。系统必须设法减少服务员的来回走动。很显然他要到厨房去取回订单并把订单带回到餐桌旁，假设这是他唯一要到厨房的机会？假设他必须及时到厨房去拿订单？"

系统工程师："使用一个局域网来连接服务员和厨房以及服务员与清洁师如何？这样信息的流动速度就可以加快很多。"

分析员："我不想过分地强调对系统的分析，但是局域网要在各个终端之间布线。这样的话，服务员虽然不用直接跑到厨房去，但也还得必需跑到终端面前。似乎有为了技术而使用技术的嫌疑，能带来什么好处呢？"

系统工程师："如果按照你说的方式来建立系统，那么确实没有带来什么好处，实际情况可能还会更糟糕。但是我的主意不是这样的。"

分析员："那你的主意是什么？赶快说，别让大家等得着急。"

系统工程师："假设每名服务员和清洁师都携带一台终端——一台手提式个人计算机。进一步假设在这些计算机之间建立一个无线网络。厨房和经理办公室里可以分别放一台桌面电脑终端。另一种可选的方案是让服务员和清洁师使用掌上电脑。但手提式个人计算机一般带有显示器和键盘，这种特征可以为以后的设计增加灵活性。"

分析员："哦……我喜欢这种方案。这样的系统可以解决不少问题。例如当一组顾客决定了订单后，服务员可以将用户订单上的菜点输入到手提式个人计算机中，然后传到厨房的桌面电脑。这样可以省去服务员在服务区和厨房之间的往返。"

服务员："我也喜欢这种方案。当顾客吃完小菜时，就可以通过敲击手提式电脑上的键盘通知厨房顾客已经吃完小菜了，这样可以省去亲自到厨房告诉厨师准备上主菜。"

笔记

厨师："这样在厨房就可以获得服务员传来的信息。事实上，所有的助手都可以同时收到通知消息，这可以通过把消息显示在几个大屏幕上做到。这样可以有效地跟踪每个助手在做什么菜，并告知他何时菜应该做好。让每个助手各负其责。"

系统工程师："当完成了订单上的菜点后，可以通过厨房的桌面电脑向服务员的手提式电脑发送消息，告知服务员。服务员可以不必来回往返，校对某个菜是否已经做好。顺便提一句，可以将手提式个人计算机（handheldPC）简称为手提机。"

服务员："太好了。也可以给清洁师发信号让他过来清理餐桌，而不用到处去找他了。这样可以大大提高工作效率。"

餐馆老板："怎么具体实现这些呢？"

系统工程师："现在暂时可以不必关心这个问题。"

协调员："都同意这种方案了吧？系统采用一个无线局域网，服务员和清洁师使用手提式个人计算机，经理办公室和厨房使用桌面电脑。现在只差一件事情了。"

分析员："差什么事情？"

协调员："为这个系统起个很酷的名字。"

厨师："叫'MASTER CHEF'怎么样？"

协调员："这个词代表什么意思？"

厨师："就是'MASTER CHEF（主厨）'的意思。"

分析员："不妨叫 Wireless Interactive Network for Restaurants（餐馆无线交互式网络）？它的简写是 WINER，正好代表胜利者的意思。"

协调员："最后两个字有点多余。"

系统工程师："干脆就来个简洁明快的名字：Wireless Interactive Network——WIN。"

厨师："喜欢这个名字。"

分析员："也是。WIN（胜利）这个名字无可挑剔。"

协调员："大家都同意采用 WIN 这个名字了吗？好，会议已经圆满成功。"

19.2 收集系统需求

开发组将会议结果报告给公司的首脑。LaHudra 几乎不能抑制自己开拓新领域所带来的喜悦心情。Nar 则完全为开发组的创造力所倾倒。Goniff 的眼前甚至已经出现黄金美元的影子。他们要求开发组继续乘胜前进。

既然开发组已经开发出实际系统的一个映像，是不是程序员就可以编码了，系统工程师可以开始部署系统了？绝对不是。开发组必须集中考虑用户的需求，而不能只以技术观点开发系统。尽管会议中确定了某些方案，但是还必须将 WIN 系统中的概念提交给餐馆中的工作人员和经理，以从这些可能的用户那里获得反馈意见。

GRAPPLE 开发过程的下一个动作要做的就是这件事。在一个联合应用开发会议（Joint Application Development Session，JAD Session）中，开发组收集用户的需求，将需求编制成文档，有需求文档在手，就可以对项目耗费的时间和金钱做出估算。

JAD Session 在一间正式的会议室举行，由一名协调员主持。将它称为"联合"会议是因为会议的成员不仅包括开发组成员，还包括系统可能的最终用户和领域专家。参加这次会议的开发组成员有两名分析员，兼做会议记录员，还有一名建模设计师、两名程序员和一名系统工程师。可能的用户是 3 名服务员、两名餐馆老板和两名清洁师。

这次会议的目标是产生能反映系统功能的包图，每个包代表系统的一个功能模块，其中包含了详细说明该功能模块的若干个用例。

笔记

19.3　需求联合应用开发会议

协调员："首先，感谢各位光临本次会议。这次会议的时间可能很长，但也会很有趣。要做的是收集一个被称为 WIN 的系统的需求。"

WIN 系统中的基本概念很容易理解，它的大致情况是这样的：服务员使用手提式个人计算机与厨师和清洁师通信。清洁师也使用手提式计算机通信。厨房中安装一台桌面计算机和一个或多个显示屏幕。经理办公室中也安装一台桌面计算机。WIN 系统如图 19-5 所示。"

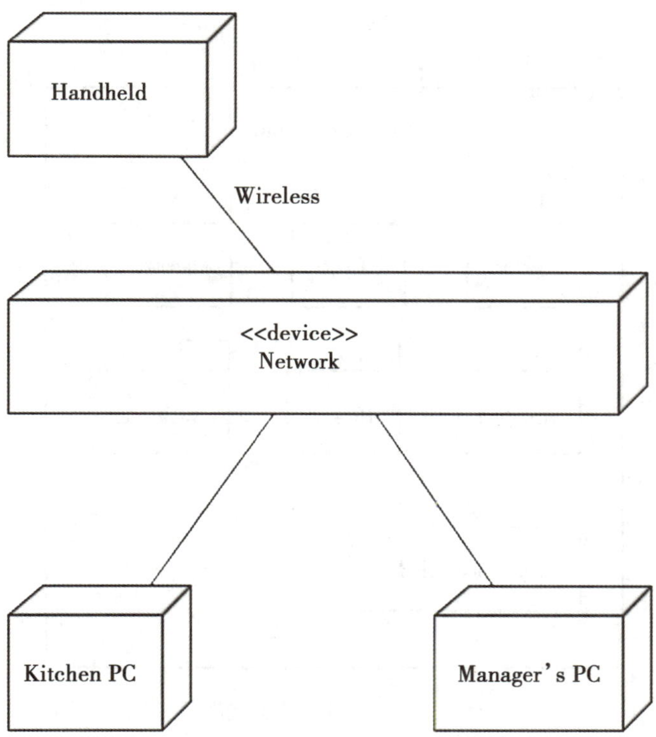

图 19-5　WIN 系统

"将 WIN 系统安装在 LNG 餐馆中，并期望能够改进现有的业务，提高工作效率。为了达到这一目标，需要各位告诉我需要系统做什么。换句话说，如果系统已经就位，那么将怎样使用系统？"

"这个问题在本次会议中将会反复被提出。会议结束时，将得到每个人都满意的一组系统需求。将把它作为程序员构造实际系统所依据的系统蓝图的基础。希望大家时刻记住：需要每个人对系统提出各种需求，不论职位是什么。"

分析员 1："能不能从系统的功能模块划分开始？"

协调员："理所当然。那么如何开始呢？"

餐馆老板 2："可以按照餐馆中的空间区域组织系统的功能模块吗？大家知道，服务区需要一组功能，厨房需要另一组功能，候餐区也有一组功能，等等。"

协调员："这么做是一种可能的选择。"

笔记

分析员 2："看了业务过程图后，我觉得它已经提供了组织功能模块的方法"。

程序员 1："怎么组织？"

分析员 2："按照角色。厨师必须做某些事情，服务员也必须做自己的一些事情，等等。"

协调员："听起来很不错，大家同意这种组织方式吗？"

（全体同意）

协调员："好！根据业务过程图和类图，人员角色有 Server、Chef、Busser、Assistant 和 Manager。"

餐馆老板 2："是不是遗漏了两个？还应该有 Coat Check Clerk 和 Bartender 吧？"

餐馆老板 1："噢，怎么能漏掉它们？"

协调员："将它们补充进角色列表，还将使用 UML 包图表示法跟踪需求"，如图 19-6 所示。

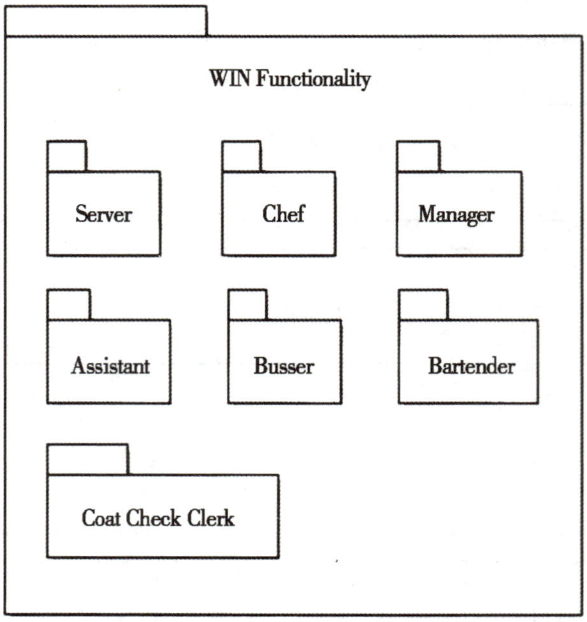

图 19-6　WIN 系统的功能包

建模设计师："我赞成这样做。我会在类图中补充一些信息。CoatCheckClerk 类早已经存在了。我将细化这个类并添加 Bartender（吧台服务员）类。"

餐馆老板 2："现在绘制出的这两个类是什么样子，可以看看吗？"

建模设计师："当然，诸位请看"，如图 19-7 所示。

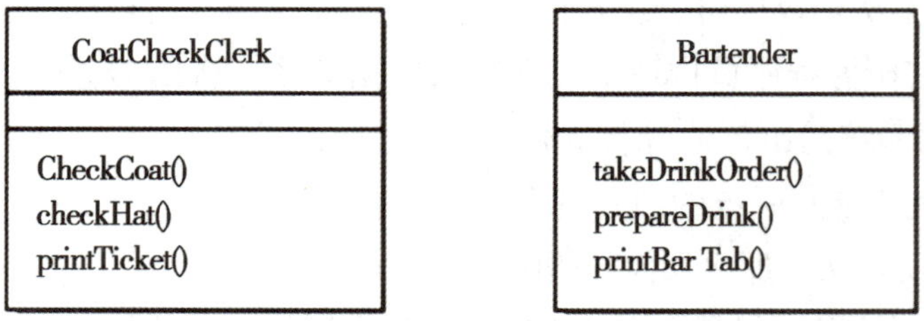

图 19-7　CoatCheckClerk 类和 Bartender 类

笔记

餐馆老板 2："有趣。或许该暂停讨论，解释一下这个类的含义。"

协调员："现在已经有了功能包，应该从哪个功能包开始进一步分析？"

服务员 1："从 Server 包开始如何？"

协调员："好。需要这个包提供哪些功能？各位别忘了，尽管这个包代表的角色可能与各位的职位不一致，但还是请大家从各方面提出看法。每个人的建议都欢迎。"

服务员 2："希望能在计算机中输入订单信息，并将这些信息传递到厨房。"

协调员："好，还有别的吗？"

服务员 1："能跟踪订单的状态吗？"

厨师 2："能在订单完成后通知服务员吗？"

协调员："对，对。我已经把要求的功能写到椭圆形的图标里。这些图标被称为'用例'。之后将重新请大家中的部分人讨论和分析这些用例，但这是下一次会议要做的事。"

19.4 结果

联合应用开发会议持续了好几天。当会议结束后，产生了一组需求，这些需求通过用例表达，若干个相关用例被组织进一个包中。

Server 包中的用例有：

Take an order

Transmit the order to the kitchen

Change an order

Receive notification from kitchen

Track order status

Notify chef about party status

Total up a check

Print a check

Summon an assistant

Summon a busser

Take a drink order

Transmit drink order to lounge

Chef 包中的用例有：

Store a recipe

Retrieve a recipe

Notify the server

Receive a request from the server

Acknowledge server request

Enter the perparation time

Assign an order

Busser 包中的用例：

Receive a request from the server

Acknowledge a request

笔记

Signal table serviced

Assistant 包中的用例有：

Receive a request from the server

Receive a request from the chef

Acknowledge a request

Notify request completed

Bartender 包中的用例有：

Enter a drink recipe

Retrieve a drink recipe

Receive notification from the server

Receive a request from the server

Acknowledge a request

Notify request completed

CoatCheckClerk 包中的用例有：

Print a coat check

Print a hat check

图 19-8 用 UML 表示法表示出了这些包和用例。

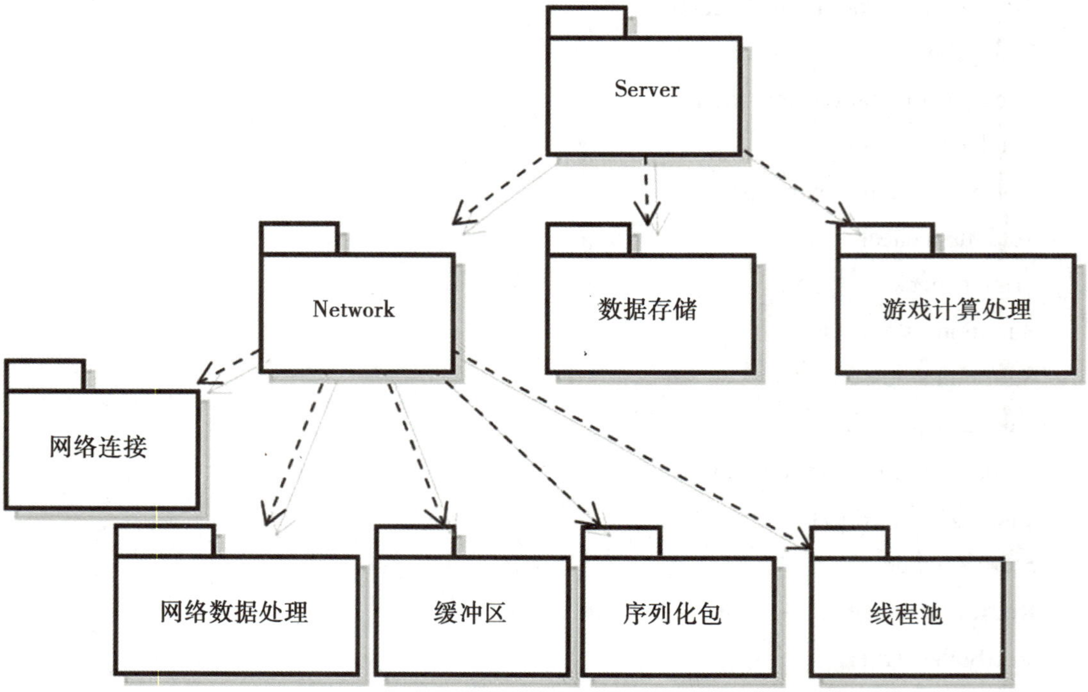

图 19-8　系统功能的包图

建模设计师增加两个类和必要的关联后得到的类图如图 19-9 所示。

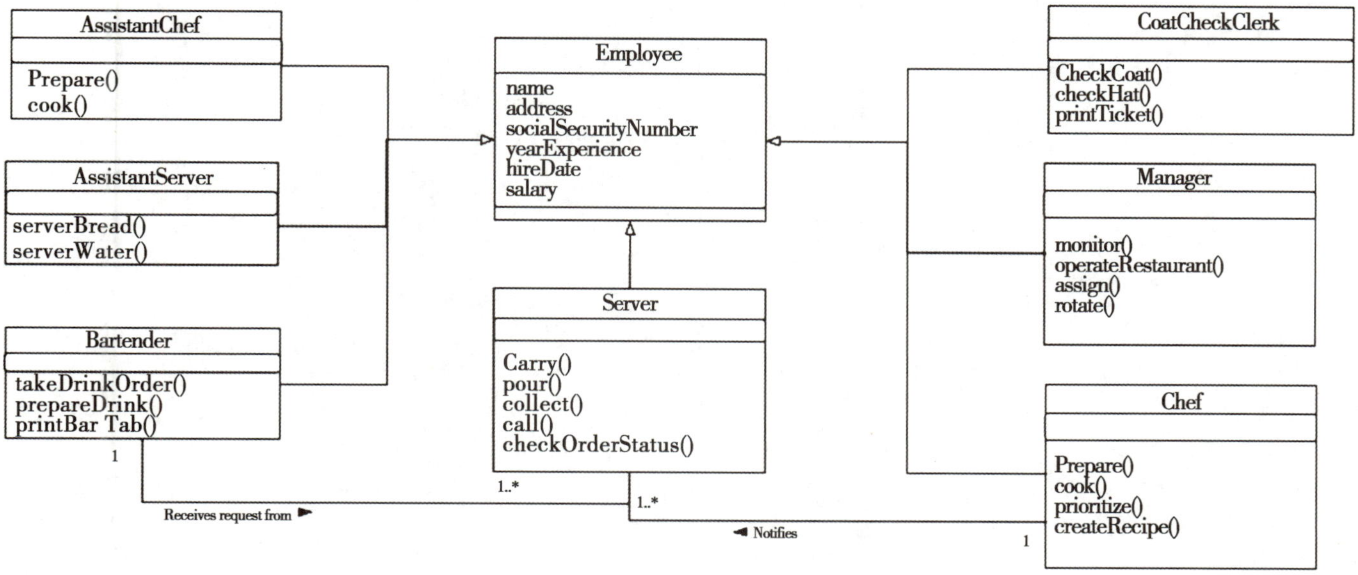

图 19-9　增加类后的类图

19.5 流程

开发组提交给客户的设计文档有很多，包括业务过程图、类图和一组功能包。下面开发组就要编码了吗？还没有，他还要分析功能包中包含的内容。

在开发组的会议中，开发组开发了一个未来餐馆中信息系统的映像。开发组成员认为能否加快信息的流动速度是系统成败的关键，并且为此提出了一些技术方案。

在一次联合应用开发会议中，开发组与系统可能的用户以及领域专家一同收集系统需求。需求收集的结果是一个包图，这个包图中的每个包代表了系统的一个主要功能模块。每个包中的用例详细说明了这个包代表的功能。

第 20 章 开发用例

学习目标

❶ 掌握用例的分析方法。

❷ 掌握系统中的构件。

知识导图

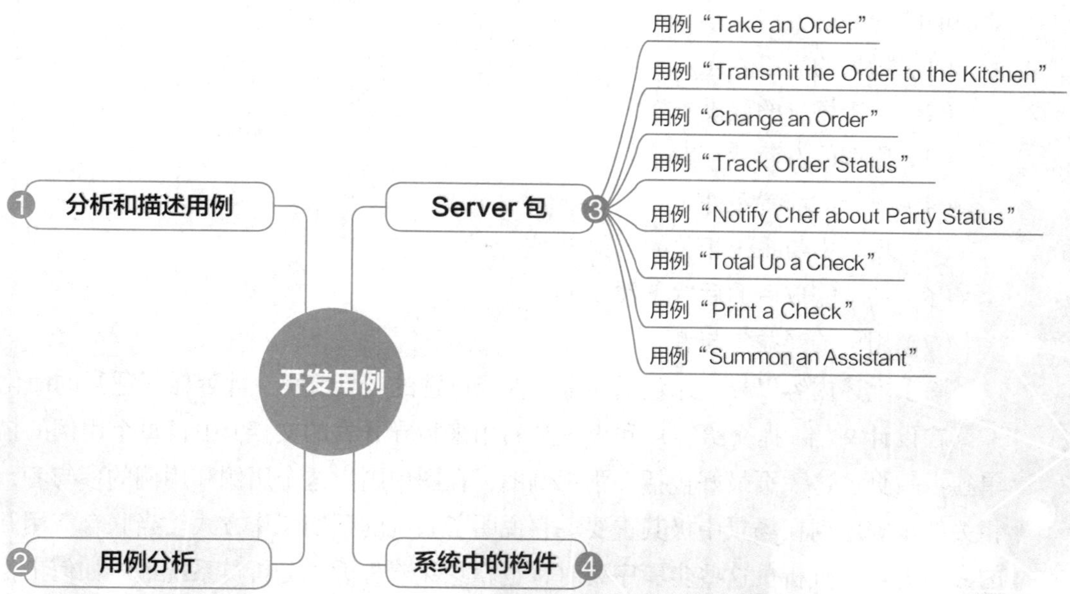

笔记

20.1 分析和描述用例

为了分析用例，还要再开一次联合应用开发会议。这个会议的议题是导出和分析每个用例。

这里有一句告诫：用例联合应用开发会议可能是最困难的会议，因为它需要与会者（最终系统的可能用户）成为系统分析员。在每个人各自的职责范围内，每人都是小的领域专家，必须发挥出各自的专长。典型情况是，他不习惯或者不善于表达或分析出他所了解的业务知识。这可能是因为他以前从没有参与过系统的开发工作，缺乏经验。或者是他不能很清楚地表达出到底要让系统为他做什么事。

为了解决或缓解这个问题，最好在组织联合应用开发会议时一次只请一组用户参加（例如，一组服务员）。这样的话，在服务员分析他的用例时，其他人不用闲坐着。作为整体领域专家的餐馆老板，也应出席会议，帮助参加会议的一组顾客分析他的用例。在处理 Customer 包中的用例时，包括多种用户的混合用户组应当一起参加会议。

20.2 用例分析

用例是一组场景的集合，每个场景又由一系列步骤组成。对于用例中的每个场景，需要说明的内容有：

（1）场景的简单陈述。

（2）关于场景的假设条件。

（3）用例的发起参与者。

（4）场景的前置条件。

（5）场景中与系统相关的步骤序列。

（6）场景完成后的后置条件。

（7）用例的受益参与者。

除了上述内容以外，还包括异常条件或可选的场景流程。此处做了适当的简化。

在设计文档（提交给客户和程序员的用来指导开发的文档）中，每个用例的描述应当单独占一页。这一页最好包括一张用例图，在图中画出这个用例和用例的参与者，与系统相关的步骤序列在场景中极其重要。它说明了系统的预期工作方式。当联合应用开发会议的参与者告诉分析员这些步骤序列时，也就意味着告诉了分析员系统最终如何工作。当会议结束后，分析员就能得出系统中包括哪些构件。

关于场景的假设也很重要。后面将会看到，根据这些假设清单，就可以列出设计中要注意的事项。

以上说明了系统开发过程是由“用例”驱动的。用例是构造系统的途径。

20.3 Server 包

Server 类似乎要参与许多活动。这不足为奇，因为 Server 类几乎与其他每个类都有关联。

Server 包中的用例有：

Take an order（输入订单）。

笔记

Transmit the order to the kitchen（将订单发送到厨房）
Change an order（修改订单）
Track order status（跟踪订单状态）
Notify chef about party status（通知厨师客人的用餐状态）
Total up a check（结算账单）
Print a check（打印账单）
Summon an assistant（招一名助手）
Summon a busser（招一名清洁师）
Take a drink order（带来饮料订单）
Transmit drink order to lounge（传输饮料订单信息到休息室）
Receive acknowledgment（接收对方传来的确认应答）。
Receive notification from lounge（接收来自休息室的通知）
Receive notification from kitchen（接收来自厨房的通知）

20.3.1 用例“Take an Order”

从用例“Take an order”开始，必须根据服务员提供的用例描述、假设条件、前置条件、步骤序列和后置条件来描述用例。功能包和子包早已清楚地指明这个用例的发起参与者（Server）和受益参与者（Customer）。

对这个用例用一句话叙述可以是“服务员将顾客的订单信息输入他的手提式个人计算机中，并将订单信息传递到厨房”。假设条件是顾客想就餐，顾客已经阅读了菜单并做出了选择。另一个假设条件是服务员的手提式个人计算机已经出现了“输入订单”用户界面。

前置条件是顾客已经就座并阅读了菜单。后置条件是订单被输入 WIN 系统中。用例的步骤序列是：

服务员激活他的手提式个人计算机的“输入订单”用户界面。

（1）“输入订单”用户界面出现在显示器屏幕上。

（2）服务员将顾客的菜单选项输入 WIN 系统中。

（3）系统将订单发送到厨房的桌面计算机。

尽管假设存在“输入订单”用户界面，但到目前为止根本不知道这个界面看起来是什么样子，也没有说明传送订单的任何技术细节。

这里的基本原则是当阐述出系统的设计假设后，就开始考虑系统应当能够做什么，并且要开始绞尽脑汁地思考怎样让系统做它应当做的事。用例的步骤序列迫使我们不得不思考组成系统的构件有哪些。记住，用例分析的目标是描述出用户看到的系统。

20.3.2 用例“Transmit the Order to the Kitchen”

准备好进行下一个用例的分析了吗？这个用例至少应被包含（也就是被使用）在两个用例中——“Take an Order”和“Change an order”。

用例的叙述是：“将输入手提式个人计算机中的订单通过无线网络传送到厨房的桌面计算机”。假设条件是已经具备了通信手段（通过无线网络）以及具备了“输入订单”用户界面。与其他用例的假设条件重复的假设条件还要叙述出来吗？是的。每个用例在设计文档中都占单独的页，页号可以作为用例的索引。为了清晰起见，即使与其他用例的假设条件相同，每个用例的假设条件也都应该完整地叙述出来。

前置条件是订单信息已经录入手提式个人计算机中。后置条件是订单被正确传递到厨房的桌面计算机。受益参与者是 Customer。

步骤序列如下：

（1）单击“订单”用户界面上的“send to kitchen”按钮。

（2）WIN 系统将订单发送进入无线局域网。

（3）订单到达厨房中的桌面计算机。

（4）“输入订单”用户界面出现提示信息，提示订单已经被正确传递到厨房的桌面计算机。

很显然，应该修改 Server 包中的用例图。必须在“Take an order”和“Change an order”这两个用例与本用例之间添加 <<include>> 依赖关系。图 20-1 所示是修改后的 Server 包中的用例。

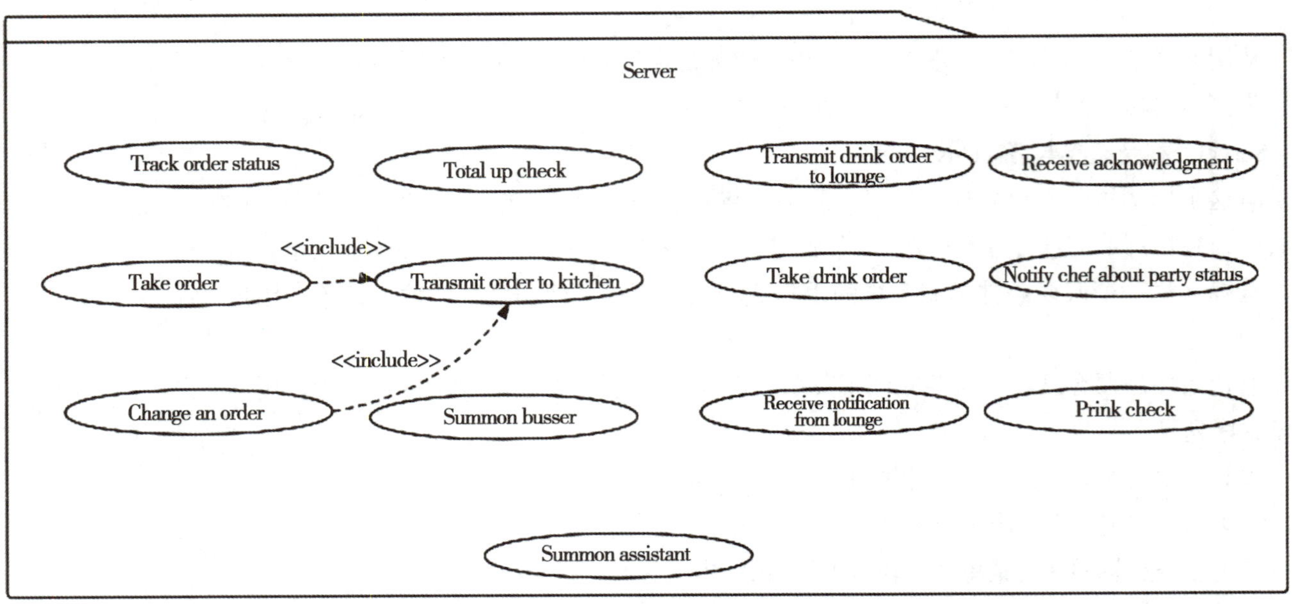

图 20-1　修改后的 Server 包中的用例

20.3.3 用例“Change an Order”

下面分析用例“Change an Order”。它的叙述是：修改一份已经录入 WIN 系统中的订单。假设条件是订单已经录入并发到厨房的桌面计算机中，但是顾客又想修改订单。进一步假设：WIN 系统中有一个订单数据库，服务员可以查询该数据库，了解到是谁输入的订单，订单来自哪个餐桌；服务员可以通过自己的手提式个人计算机访问数据库；WIN 系统可以在服务员的手提式个人计算机与厨房的桌面计算机之间双向传输订单；服务员的手提式个人计算机上有“修改订单”用户界面。

前置条件是订单已经传给厨房的桌面计算机。后置条件是修改后的订单传到厨房的桌面计算机。受益参与者是 Customer。

笔记

本用例的步骤序列是：

（1）服务员激活他的手提式个人计算机中的“修改订单”用户界面。

（2）屏幕上出现了这名服务员已经发送了的订单列表。

（3）服务员在订单列表中选择要修改的订单。

（4）服务员录入要修改的订单的修改信息。

（5）系统将修改后的订单发送到厨房的桌面计算机。

步骤（5）包含了前面分析过的用例“Transmit the order to the kitchen”。

20.3.4 用例“Track Order Status”

也许还记得，在最初的关于未来餐馆的讨论中涉及确定一个顾客的订单何时完成，并从厨房传递出来。本用例描述的就是这项需求。在系统中实施这个用例对方便服务员的工作大有帮助。

用例的叙述是：跟踪已经被输入 WIN 系统中的订单的状态。假设条件有：订单已经被发送到厨房；顾客想知道他点的饭菜何时才能做好。此外，还有两个与前一个用例的假设条件相同的假设条件。还假设服务员的手提式个人计算机和厨房的桌面计算机中都有跟踪订单状态的用户界面。

前置条件是订单已被发送到厨房。后置条件是订单的状态信息被传送到服务员的手提式计算机中，受益参与者是 Customer。

步骤序列包括：

（1）服务员激活他的手提式个人计算机中的“跟踪订单状态”用户界面。

（2）屏幕上出现这名服务员已经发送了的订单列表。

（3）服务员选好欲跟踪的订单。

（4）系统产生一个跟踪消息到厨房的桌面计算机。

（5）厨房的桌面计算机收到了这条消息。

（6）在厨房的桌面计算机上厨师把要跟踪订单的界面激活。

（7）厨师在用户屏幕界面中输入一个时间估算值。

（8）系统将厨师输入的时间估计值传给服务员的手提式个人计算机。

20.3.5 用例“Notify Chef about Party Status”

从这个用例开始，使用更小的子标题描述用例分析的各个方面，使用黑色圆点标记子标题下面的子标题——但有两个例外：步骤序列的每一步前仍使用序号；用例叙述不用黑色圆点分隔。

1. 用例叙述

服务员通过无线网络告诉厨师：顾客马上就吃完小菜。

2. 假设条件

（1）服务员待在顾客所在的服务区。

（2）服务员能够端详出顾客下一步要干什么。

（3）系统提供了“顾客状态”用户屏幕界面。

（4）系统可以在服务员的手提式个人计算机和厨房的桌面计算机之间双向传递信息。

笔记

3. 前置条件

顾客几乎要吃完小菜。

4. 后置条件

厨师做主菜的最后工序。

5. 步骤序列

（1）服务员激活他的手提式个人计算机上的“顾客状态”用户界面。

（2）用户界面上出现了服务员所在的服务区中的餐桌列表。

（3）服务员在列表中选择餐桌。

（4）服务员发送有关这个餐桌的一条“almost finished with appertizer”消息给厨房的桌面计算机。

（5）厨房的桌面计算机接收到这条消息。

（6）服务员收到来自厨房桌面计算机的一个确认应答消息。

最后一步使用了 Server 包中的用例“Receive Acknowledgment”。图 20-2 所示是说明这个用例及相关用例的用例图（如该图用一种比较传统的方式表示受益参与者。很多建模者现在都会因为麻烦而不在用例图中画出这个参与者）。

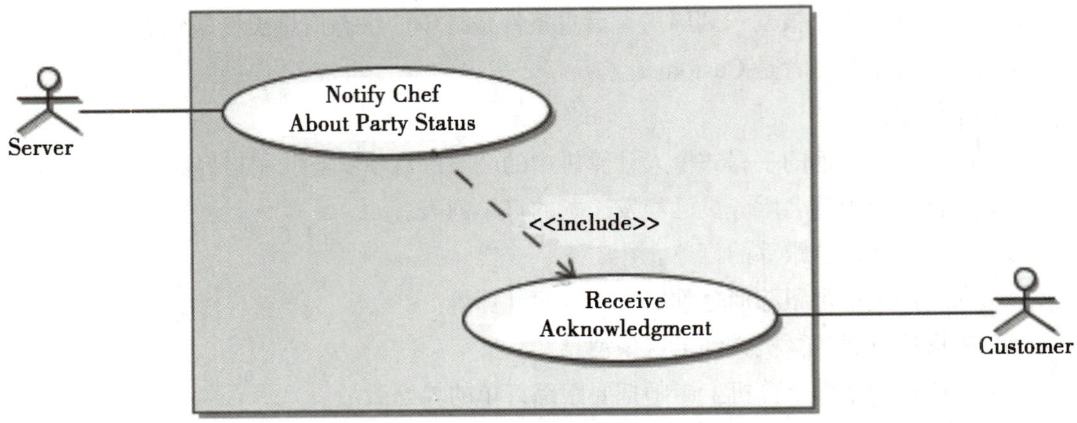

图 20-2　与用例“Notify Chef about Party Status”相关的用例图

6. 受益参与者

受益参与者为 Customer。

20.3.6 用例“Total Up a Check”

这是一个很重要的用例，如果没有它，餐馆就没法赚钱了。

1. 用例叙述

在订单中添加订单条目。

2. 假设条件

（1）系统中有一个能够通过服务员手提式计算机访问的订单数据库。

（2）订单中的每个条目都有标价。

3. 前置条件

一组顾客就餐完毕。

笔记

4. 后置条件

计算账单的总价格。

5. 步骤序列

（1）服务员激活有关的用户界面，使一个活动的订单条目列表出现在他的手提式个人计算机屏幕界面上。

（2）服务员选择要结账的菜单。

（3）服务员单击屏幕上的按钮，计算账单总价格。

（4）系统根据每个订单条目的价格计算账单总价格，并显示在屏幕上。

6. 受益参与者

受益参与者为 Customer。

20.3.7 用例 “Print a Check”

尽管这个用例看起来不起眼，但在实际的交易中它是非常重要的一步。

1. 用例描述

打印计算出总价的账单。

2. 假设条件

每个服务区都有一台（无线）网络打印机。

3. 前置条件

账单总价格已被计算出。

4. 后置条件

打印一份账单。

5. 步骤序列

（1）服务员单击按钮。

（2）网络打印机开始打印。

（3）服务员再单击按钮将这个账单对应的订单从活动订单列表中删除。

6. 受益参与者

受益参与者为 Customer。

20.3.8 用例 “Summon an Assistant”

这是一个重要的用例，因为助手使得接下来的事情顺利进行。

1. 用例叙述

要求一名助手清理餐桌，迎接下一组顾客的到来。

2. 假设条件

（1）系统中允许两名雇员之间进行无线通信。

（2）系统提供了用于向一名助手发送消息的用户界面。

3. 前置条件

存在一个要被清理的餐桌。

4. 后置条件

助手及时赶来，并清理和调整餐桌。

笔记

5. 步骤序列

（1）服务员激活用来给助手发送消息的用户界面，并给他发消息。

（2）服务员接收到来自助手的一个确认应答消息。

要包含用例“Notify Chef about Party Status”，最后一步也要使用“Receive Acknowledgment”用例。

6. 受益参与者

Assistant

通过分析这个用例和 Assistant 包中的其他用例，可以发现将 Assistant 类进一步划分为两个类 AssistantServe 和 AssistantChef 是必要的（可使用例的描述更清晰）。那么，需不需要这两个类的一个抽象超类 Assistant 呢？也许需要，但这样做可能不会带来多大益处，反而使问题复杂化。

必须回到领域分析的结果中创建这两个新类。重新调整后的类图，特别是调整了 Employee 类后的类图如图 20-3 所示。

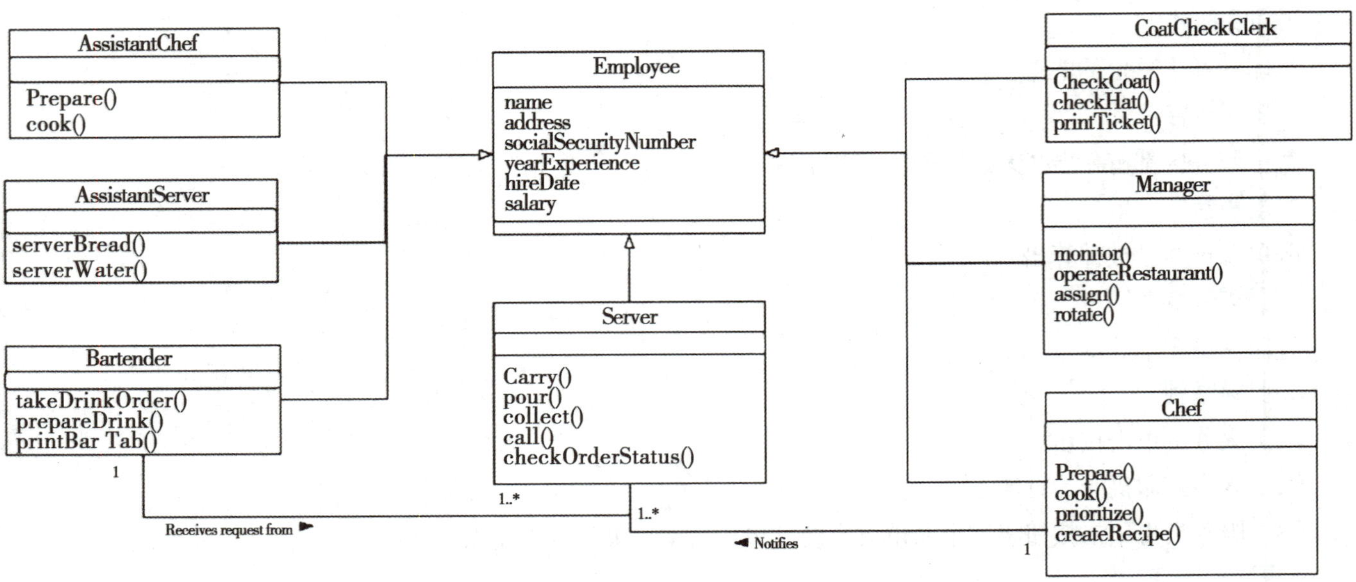

图 20-3　调整后的 Employee 类图

此外，还要修改包图，包括 Assistant Server 包和 Assistant Chef 包。

GRAPPLE 开发过程中的各个阶段相互提供反馈信息。学习案例很好地说明了这一点。在用例分析中发现的新东西可用来帮助改进领域分析的结果。

20.4 系统中的构件

用例分析的一个重要方面是揭示出组成系统的构件。在本章结束之前，记录一下在前面对 Server 包中的用例进行分析时，都提到了系统中的哪些构件。在每个用例的“假设条件”段可以找到这些构件（其余的构件在习题中可以逐渐找到）。

从软件构件来看，显然要包括一组用户界面。WIN 系统需要包括服务员手提式计算机上出现过的“输入订单”“修改订单”“跟踪订单状态”“顾客状态”以及“发送消息给助手”等用户屏幕界面。为了便于组织这些屏幕界面，还可以设计一幅“主屏幕”。WIN 系统还需要厨房的桌面计算机上的用户界面，以帮助厨师查看和跟踪订单状态。通常，这些

笔记

用户界面都应该显示“主屏幕”，接收用户输入并显示信息。如果餐馆真想取悦顾客，所有的用户界面都应该能够跟踪订单以及某个顾客的状态。这样，任何人只需要访问 WIN，就可以回答顾客的问题，并及时注意到顾客的状态。

另一个明显的软件构件是存储和管理所有订单信息的数据库。数据库的记录要包括餐桌号、订单号、订单录入时间、服务员姓名、订单是否处于活动状态等数据字段。

当然，还需要一个订单处理程序，它在创建订单的接口后面工作，把订单发送到指定的地方并在数据库中登记下来。

图 20-4 所示是对接口、数据库和订单处理程序的建模结果。图中还示意了一些操作，第 21 章讨论这些构件之间的交互时，这些操作就派上用场了。

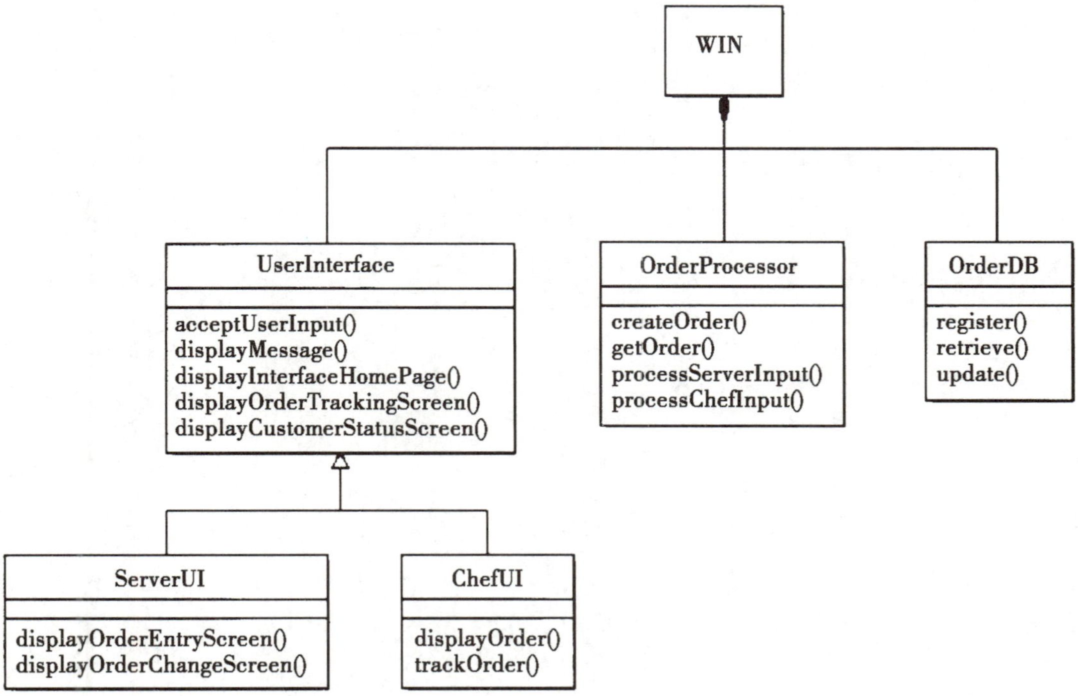

图 20-4　WIN 系统的构件的建模

从硬件构件看，需要一个无线局域网络、可移动雇员（服务员、助手、清洁师）使用的手提式个人计算机以及经理办公室、厨房和休息室里要安装的桌面计算机。每个服务区还要安装一台网络打印机。也许衣帽保管员还需要配备计算机和打印机。

订单处理程序和订单数据库必须驻留在服务器上。一种可能的方案是，订单处理程序和数据库存储在一台中央计算机上，而网络上所有其他的机器都能够访问到它。无线网络则使得手持计算机、台式机和中央计算机之间可以实现无线通信。

更复杂的设计文档将在后面的章节逐步形成。第 21 章将进一步研究用例。

第 21 章 交互

学习目标

❶ 了解系统中的工作部件。
❷ 学会系统的交互方法。

知识导图

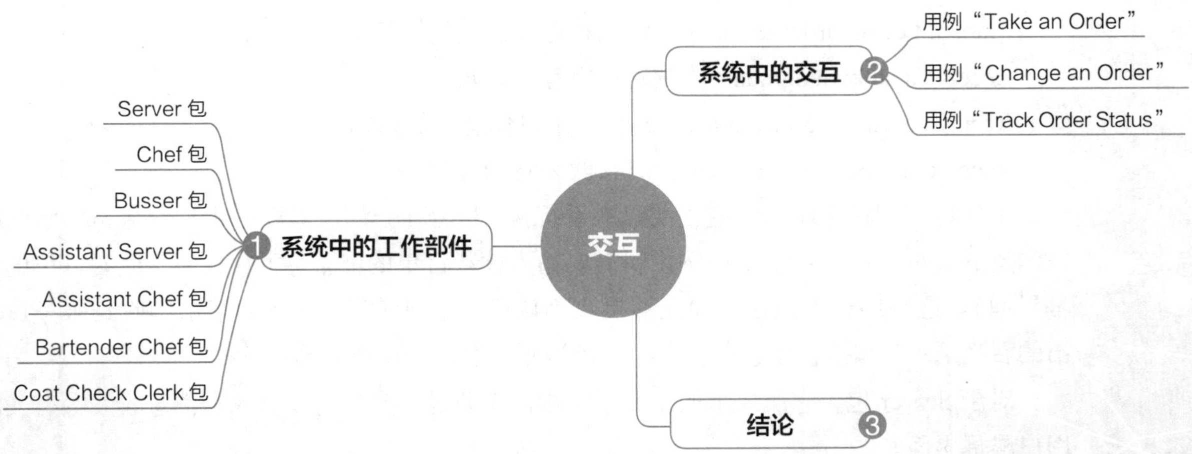

笔记

21.1 系统中的工作部件

一种分析方式是，首先根据每个功能包中的用例列举出系统包括的工作部件。开发组在进行这项工作之前必须已经分析了所有用例。

21.1.1 Server 包

第 20 章通过分析 Server 包中的前 9 个用例列举出了系统的一些软件部件。在个人计算机上，Windows 系统需要“输入订单（order entry）”“修改订单（change order）”“跟踪订单状态（order-status tracking）”“顾客状态（customer status）”和“消息发送（messagc sending）”等屏幕界面。一个主屏幕界面也是必需的。厨房的桌面计算机也需要一个“跟踪订单（order-tracking）”屏幕界面。除此之外，Windows 系统还需要一个数据库保存订单信息。

另外，第 20 章没分析的用例也能提示出系统的构件。为了回忆起 20 章的有关内容，这里重新列举出一些 20 章没有分析到的用例。

Summon a busser（召唤一名清洁师）。

Take a drink order（下一份饮料订单）。

Transmit drink order to lounge（将饮料订单传递到休息室）。

Receive acknowledgment（接收确认应答消息）。

Receive notification from lounge（接收来自休息室的通知）。

Receive notification from kitchen（接收来自厨房的通知）。

上面这些用例提示出一些很明显的系统构件。第 1 个用例需要一个让服务员给清洁师发消息的屏幕界面。第 2 个用例说明需要输入饮料订单的屏幕界面（类似于就餐订单的屏幕界面）。这些用户界面还必须能够接收确认应答消息（例如，一名清洁师收到服务员发出的召唤请求）和接收休息室发来的已经为顾客准备好饮料的消息。

对于 Server 包，它所要求的主要系统构件无非是一些与订单录入和消息收发等有关的用户屏幕界面。

21.1.2 Chef 包

Chef 包中的用例包括：

store a recipe（记录一个菜谱）。

Retrieve a recipe（取得一个菜谱）。

Notify the server（通知服务员）。

Receive a request from the server（接收来自服务员的请求）。

Acknowledge server request（确认服务员的请求）。

Enter the preparation time（输入准备的时间估计值）。

Assign an order（指派一个订单）。

这些用例指示出了系统的哪些构件呢？同样，可以用很直接的方式列举出构件。

笔记

21.1.3 Busser 包

Busser 包中的用例包括：

Receive a request from the server（收到来自服务员的请求）。

Acknowledge a request（对已收到的请求确认）。

Signal table serviced（通知所服务的餐桌）。

21.1.4 Assistant Server 包

回顾 20 章的内容，在 20 章决定将 Assistant 包分解为 Assistant Server 和 Assistant Chef 包。Assistant Server 包中的用例有：

Receive a request from the server（接收来自服务员的请求）。

Acknowledge a request（对已收到的请求确认）。

Notify request completed（通知对方已完成所请求的任务）。

21.1.5 Assistant Chef 包

Assistant Chef 包中的用例包括：

Receive a request from the chef（接收来自厨师的请求）。

Acknowledge a request（对已收到的请求确认）。

Notify request completed（通知对方已完成所请求的任务）。

有人可能认为给一个 Assistant Chef 单独配备一台计算机没必要，因为他要与一名厨师密切合作。如果厨房面积很大，在他们之间建立电子通信联系是有必要的。

21.1.6 Bartender Chef 包

Bartender 包中的用例有：

Enter a recipe（录入一个菜谱）。

Retrieve a drink recipe（取得一个饮料谱）。

Receive notification from the server（接收来自服务员的通知消息）。

Receive a request from the server（接收来自服务员的请求消息）。

Acknowledge a request（对已收到的请求确认）。

Notify request completed（通知对方已经完成所请求的任务）。

这些用例与 Chef 包中的用例类似，这些用例需要的软件构件也与 Chef 包的构件类似。需要的硬件构件同样类似：在吧台后面安装一台桌面计算机比采用手提式计算机更合理。

需要饮料数据库和相应的用户界面屏幕访问数据库中的饮料信息。吧台服务员使用的用户界面必须显示出来自服务员的通知消息（顾客的餐桌已经准备好的消息）以及来自服务员的请求饮料消息。吧台服务员同样要能够发送对上述两个消息的确认应答消息。

21.1.7 Coat Check Clerk 包

笔记

这个包中的用例包括：

Print a coat check（打印存衣票）。

Print a hat check（打印存帽票）。

衣帽保管员的手提式计算机中的软件构件应当包括打印票据的用户屏幕界面。打印出的票据应当包括每个条目名称和条目的描述，而且系统还应当具有一个保管物品信息的数据库。

21.2 系统中的交互

下面说明系统中的构件如何交互，以实现用例代表的功能（回顾以前章节曾提到过的：每个用例的背后都隐藏了一张顺序图）。下面对 Server 包中的用例之间的交互建立模型。用例数目太大，这里没办法看到全部，但实际的开发项目对每个用例都要做这件事。

21.2.1 用例“Take an Order”

先从用例“Take an Order”开始，根据第 19 章的“开发用例”，这个用例的步骤序列为：

（1）服务员激活他的手提式个人计算机的“输入订单”用户界面。

（2）“输入订单”用户界面出现在显示器屏幕上。

（3）服务员将顾客的菜单选项录入 WIN 系统中。

（4）系统将订单发送到厨房的桌面计算机。

根据 20 章开发出的用例模型，这个用例包含“Transmit the order to the kitchen”，此用例的步骤序列为：

（1）单击“订单”用户界面上的“send to kitchen”按钮。

（2）WIN 系统将订单发送到无线局域网。

（3）订单到达厨房的桌面计算机。

（4）“输入订单”用户界面出现提示信息，提示订单已经被正确传递到厨房的桌面计算机。

一张顺序图将会精确地表示出用例中的交互（协作图也起同样的作用）。为了绘制顺序图，必须考虑以下几方面问题。

首先，当服务员接到顾客的订单，实际上，服务员要创建某种事物——一份订单。它是 WIN 系统中的一个对象（同样，也是在前面的领域分析中识别出的 Order 类的一个实例，参见第 18 章“领域分析”）。厨师将使用这份订单作为行动的依据。服务员还要计算订单中的账目总额。顾客根据总额支付账单。因此，这个新创建的订单对象是系统中的重要事物。

其次，如果查看用例“Change an order”和“Track order status”（后面将做这件事），将看到这两个用例要引用一张订单列表。必须有一个订单数据库存放订单列表。订单中的信息如何输入数据库中？这件事必须在用例中完成。

还要考虑其他方面。在被包含的用例中，kitchen 这个词的词义比较含糊。因为现在要对软件构件建立模型，所以必须在此澄清它的词义。用常识知识设想一下，就可得出：订单必须出现在厨师计算机的屏幕界面上。至于是怎么出现的，现在还不是要关心的问题。

考虑到这些方面之后，用例 “Take an order” 的步骤序列就可以修改为：

（1）服务员激活他的手提式个人计算机的 “输入订单” 用户界面。

（2）“输入订单” 用户界面出现在显示器屏幕上。

（3）服务员将顾客的菜单选项录入订单输入界面中。

（4）订单处理程序创建一个订单对象。

（5）订单处理程序将订单传送到厨师的界面。

（6）订单处理程序将订单输入到订单数据库中。

（7）订单处理程序告知服务员，订单已经被传送到厨房并且已经在订单数据库中登记过了。

对于能够表达这个用例的顺序图，需要在类模型上创建。该模型中的类的操作是可以纳入顺序图中的一组消息。

图 21-1 说明了用来理解上述用例的顺序图。为了能回忆起前面有关顺序图的知识，下面再介绍一下顺序图中的主要概念。图的顶部列出的对象图标代表了用例中的构件。Order 对象是在用例执行期间被创建的，因此它的图标的位置比其他对象的位置低，并且指向它的消息上带有构造型 <<create>>。每个对象向下引出的虚线是该对象的 “生命线”，从上到下代表时间的流逝。在生命线上的小矩形框代表该对象的 “激活”。每个激活代表了对象正在执行某个动作的持续时间。从一条生命线到另外一条生命线的箭头表示从一个对象到另一个对象的一条消息。箭头的类型代表消息的类型。Order 对象在这个用例进行过程中创建。因此，它在图中的位置比其他的对象要低，并且指向它的消息都具有 <<create>> 构造型。

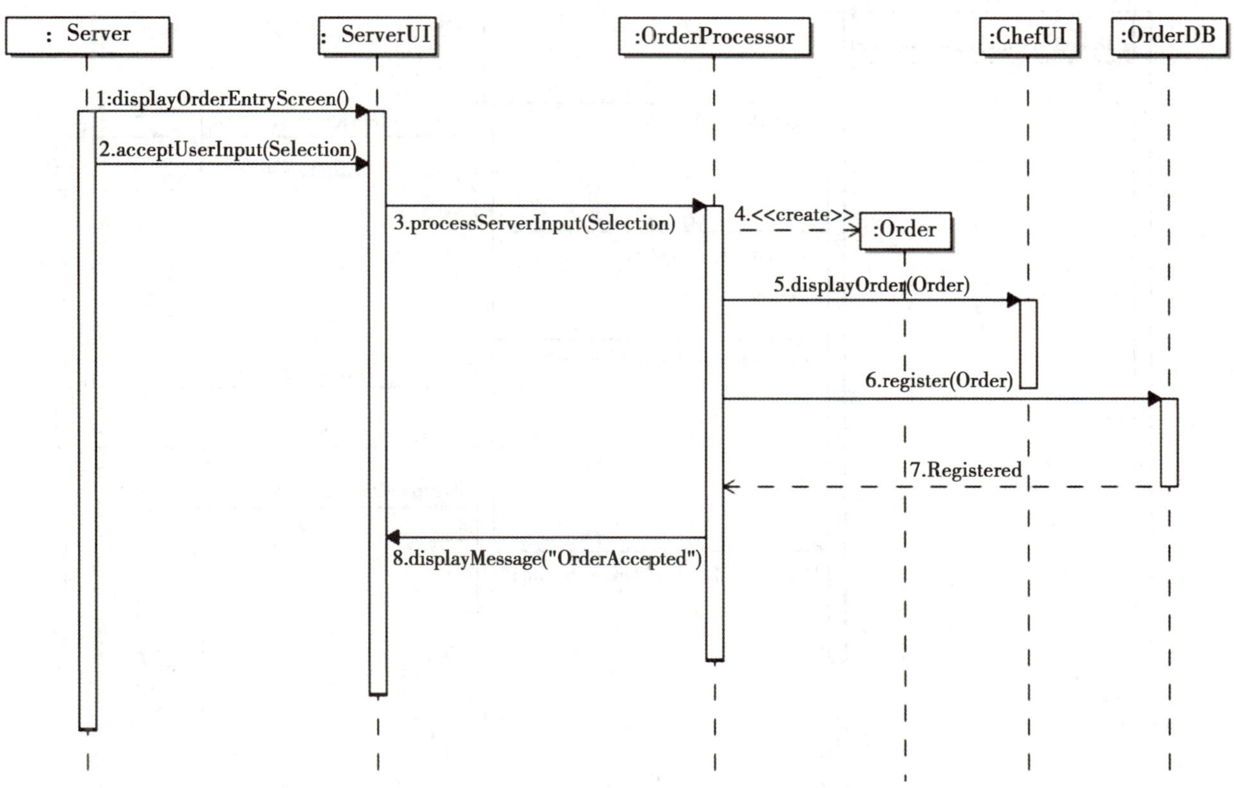

图 21-1　用例 “Take an order” 的顺序图

21.2.2 用例“Change an Order”

笔记

下面分析下一个用例，根据 20 章，用例“Change an Order”的步骤序列为：

（1）服务员激活他的手提式个人计算机中的“修改订单”用户界面。

（2）屏幕上出现这名服务员已经发送了的订单的列表。

（3）服务员在订单列表中选择要修改的订单。

（4）服务员重新录入要修改的订单的修改信息。

（5）订单处理程序将修改后的订单发送到厨房的桌面计算机。

同样，绘制该用例的顺序图可以帮助细化和修改用例。在步骤（4）之后，毫无疑问想要系统创建一份修改后的订单。在步骤（5）之后，系统应该将修改后的订单信息保存到数据库。

因此，新的用例步骤序列应当是：

（1）服务员激活他的手提式个人计算机中的“修改订单”用户界面。

（2）屏幕上出现了这名服务员已经发送了的订单的列表。

（3）服务员在订单列表中选择要修改的订单。

（4）服务员重新录入要修改的订单的修改信息。

（5）订单处理程序将修改后的订单发送到厨房的桌面计算机。

（6）订单处理程序输入新的订单到订单数据库中。

图 21-2 所示是这个用例对应的顺序图。

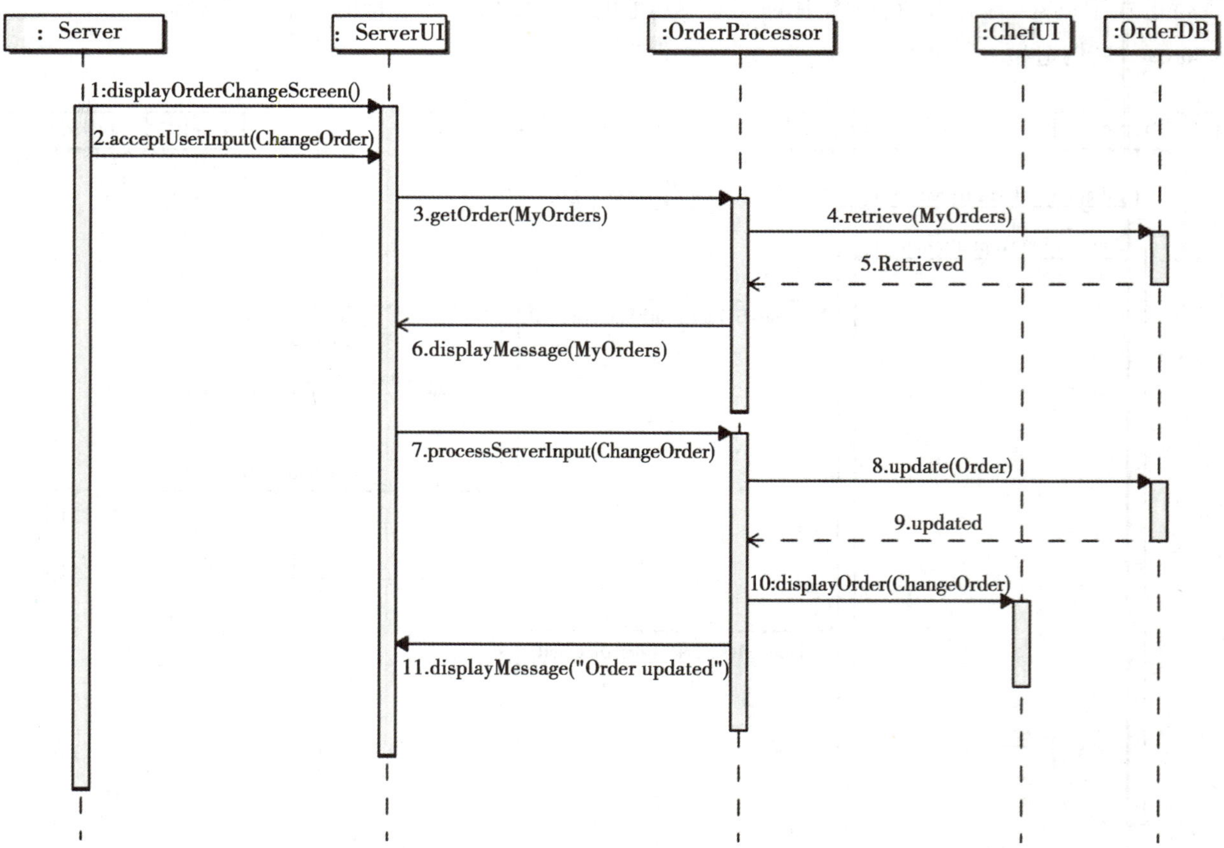

图 21-2　用例“Change an Order”的顺序图

21.2.3 用例"Track Order Status"

笔记

最后再看用例"Track Order Status"。在第 20 章就了解到，这个用例包含下列步骤：

（1）服务员激活他手提式个人计算机中的"跟踪订单状态"用户界面。

（2）屏幕上出现这名服务员已经发送了的订单列表。

（3）服务员在列表中选择要跟踪的订单。

（4）系统传递一个跟踪消息到厨房的桌面计算机。

（5）桌面计算机收到了这条消息。

（6）厨师在厨房的桌面计算机上激活"跟踪订单状态"用户界面。

（7）厨师在该界面中输入一个时间估计值。

（8）系统将厨师输入的时间估计值传给服务员的手提式个人计算机。

看完这些步骤后，可能会确定传送到厨房桌面计算机（也就是厨师的用户界面）的信息，将会显示到订单跟踪界面上，其中高亮显示出所需的订单。这就使得步骤（6）变得不再需要，同时，还要将"系统"（原始用例中的术语）替换为"订单处理程序"。

最后，可能需要找几个厨师交谈，询问他如何估计步骤（7）中所需的时间。也许可以开发一个软件包帮助他完成这一步。图 21-3 说明了这个用例。

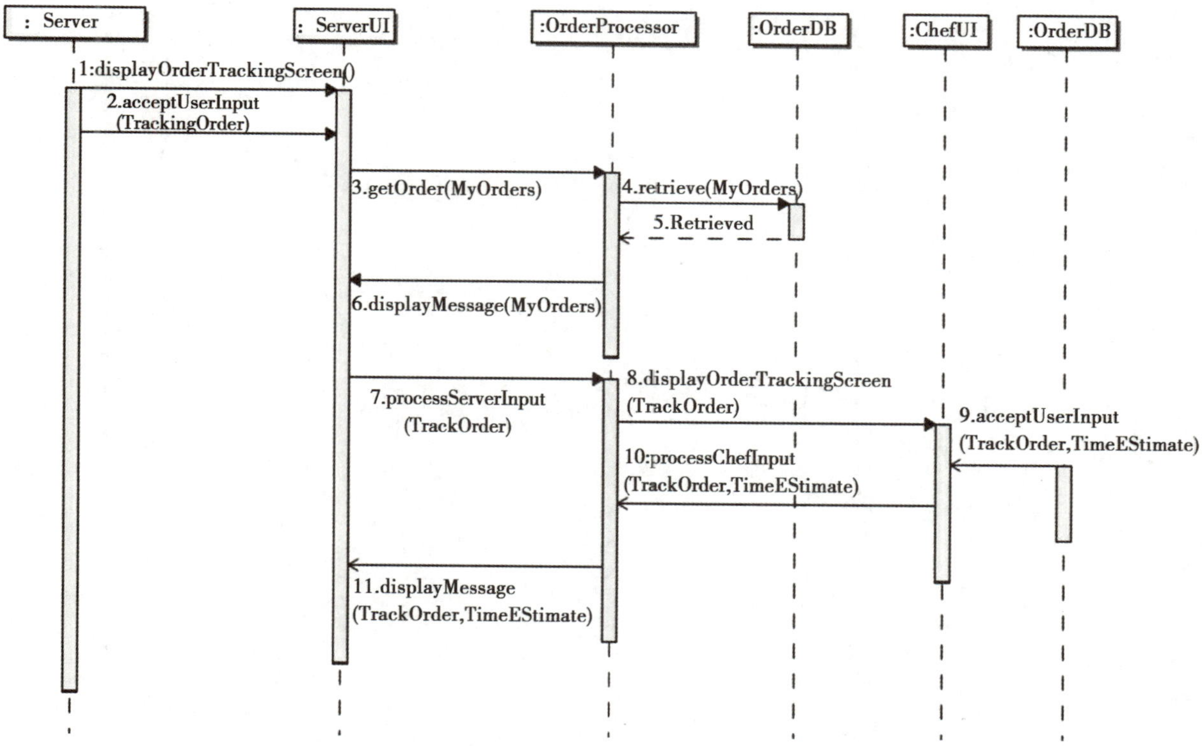

图 21-3　用例"Track Order Status"的顺序图

21.3 结论

看到目前为止开发组取得的成果，LaHudra、Nar 和 Goniff 心中大喜。

"这可能改变整个餐饮业的性质。"Nar 说。

"我同意现在正在做很有意义的事，但是你所说的整个餐饮业的性质是什么意思？"LaHudra 问道。

笔记

“是啊，刚才说的是什么意思？”Goniff 也问。

“好，想想看，服务员的全部工作都要发生变化，厨师也是如此。服务员将不用和以前一样跑来跑去。服务员可以提供有关顾客的信息，因为他一般总是在顾客所在服务区内活动，只在必需的时候才去厨房和吧台。通过他的手提式个人计算机，服务员还可以监视订单上的菜点的准备过程和服务区的经理。他比传统意义上的侍者能做更多的事。事实上，他可以坐在他的服务区内的椅子上工作，因为‘工作’并不需要多少走动。”

“那厨师呢？”

“厨师也带有更强的管理能力。他将使用计算机给助手分配订单，协调厨房内的工作。这对于大的餐馆或大的厨房很重要，因为现在信息的流动是通过网络而不是靠人力。”

“噢……这听起来太好了。”LaHudra 道，“很显然，当传递信息越多时，越可以减少人员的走动，确实很好。”

“当然很好。”Goniff 道。他现在已经开始筹划以后的业务怎么扩展了。

第 22 章 设计外观、感觉和部署

学习目标

❶ 掌握 GUI 设计原则。

❷ 学会设计用户界面并部署。

知识导图

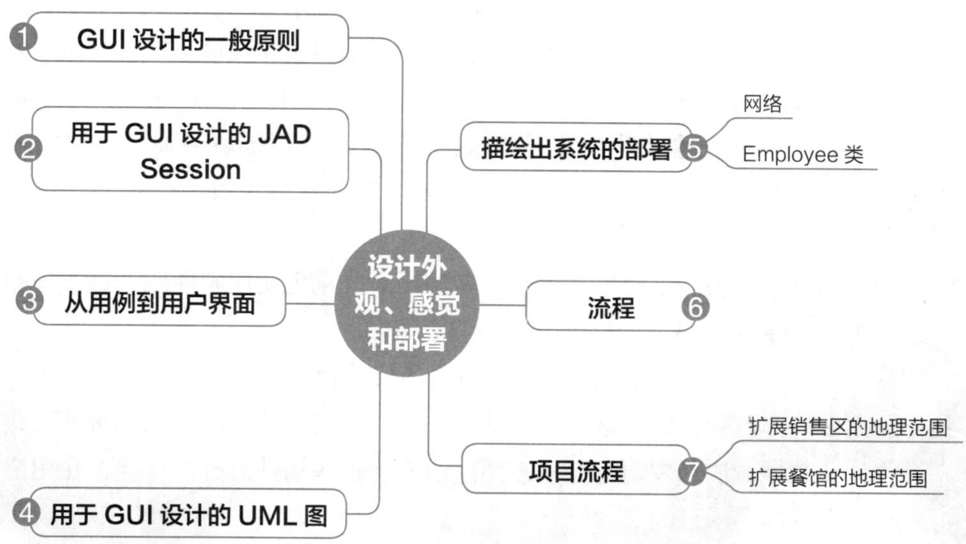

笔记

22.1 GUI 设计的一般原则

用户界面设计同样要讲究艺术性和科学性，它要利用图形艺术家的见解和人性因素的研究者的发现，并要考虑到系统用户的直观感觉。现在已经有许多 WIMP（窗口、图标、菜单、单击设备）风格的用户界面的设计经验，并且总结出了一套一般的设计原则。下面是其中一些主要的设计原则。

典型的用户界面设计都要进行任务分析（task analysis），理解用户任务的性质。前面介绍过的用例分析大致相当于任务分析。

让用户在与系统的交互过程中有掌握控制权的感觉。无论何时，用户发起的交互都应该可以被取消。

要提供多种方式完成每个与界面相关的动作（例如，关闭一个窗口或者文件）并且能够友好地容忍用户操作中的错误。

由于受习惯影响，用户的眼睛通常对屏幕的左上角最敏感。可以将最重要的信息放在屏幕左上角。

充分利用空间关系。屏幕上的图形构件之间的距离不要太远，必要的时候可以用一个框将它们包围起来。

重视可读性和可理解性（文字是赖以生存的东西）。系统应使用主动语气与用户交流。

即使能够在屏幕上添加很多种颜色，也要限制颜色的数量。颜色的使用要慎重。太多的色彩会分散用户对手头任务的注意力。另外，一个好的做法是让用户选择和修改颜色。

如果想用颜色表达某种含义，别忘了对用户来说，理解某种颜色的含义不是一件很容易的事。还要记住，有些用户（大约 10% 左右）容易混淆一些颜色，分辨颜色有一定困难。

和使用颜色的限制一样，字体也不能滥用。要避免使用斜体或者过于华丽的字体。例如，Haettenschweiler 是一个好听不好用的字体名。

尽量保持界面构件（如按钮和列表框）的尺寸相同，但是如果使用了大小不一的类似构件、太多的颜色和字体，这种设计就被 GUI 设计专家称为“小丑 - 喘气”式设计。

构件和数据域应当左对齐——按照左边界将这些构件对齐。这样，在用户浏览屏幕时可以减少眼球的移动范围。

当用户阅读和处理信息并单击按钮时，按钮应该放在信息框的右边并排成一列，或者放在信息框的右下方的一行中。这样的布局符合从左到右的阅读习惯。如果其中有一个按钮是默认按钮，应该加亮显示它，并将它设置在第一个按钮的位置。

并不是只有上述 12 个设计原则，但是这些设计原则是 GUI 设计的基本思想。GUI 设计的难题是在一种不复杂的、容易理解的和直观的可视化环境中向用户传达正确信息。如图 22-1 说明了遵循上述设计原则发生的情况。图 22-2 说明了不遵循上述设计原则发生的情况。

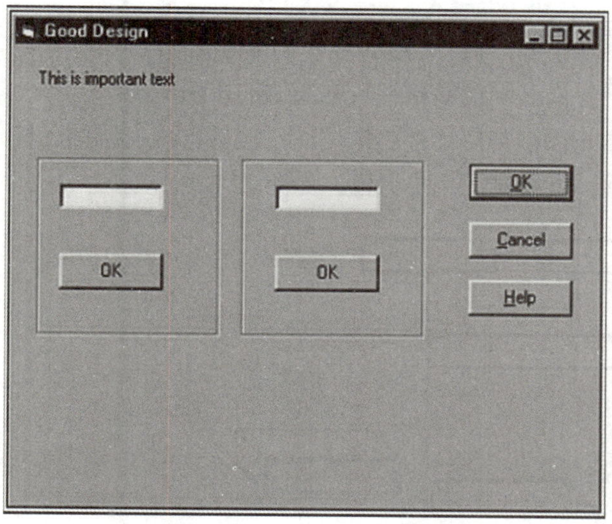

图 22-1　遵循 GUI 设计原则的情况

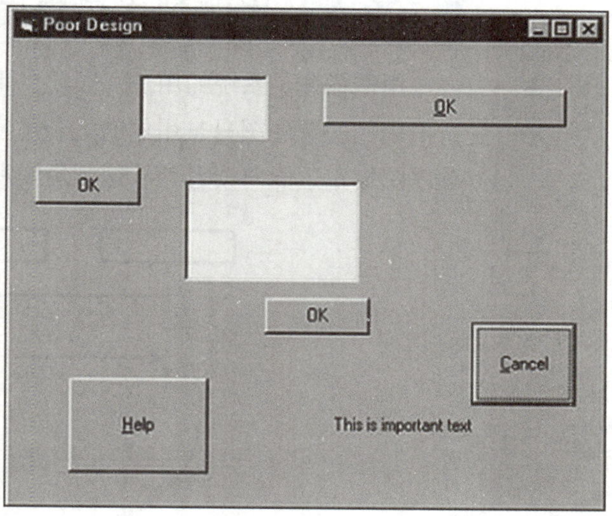

图 22-2　不遵循 GUI 设计原则的情况

22.2　用于 GUI 设计的 JAD Session

尽管这部分内容并不直接与 UML 相关，讨论潜在的用户如何决定系统的 GUI 仍然是个好的做法。这就需要再召开 JAD session。

为了召开会议，应当召集到可能的系统用户。对 WIN 系统来说，要召集到服务员、厨师、服务员助理、厨师助理、清洁师和取衣员。参加会议的开发组成员要包括程序员、系统分析员、建模者和协调者。会议的目标是理解用户的需求，并实现一个基于用户理解的用户界面——它是一个用户将系统平稳地集成到业务过程的接口。传统的开发方式（从一开始就编码，想通过编码过程直接与用户交互，修改业务过程以普及用户的需要）应当被彻底摒弃。

为了保持会议高效率进行，根据用户的角色成组地约见他们。要根据在会议中处理的用例的数量计划好每次会议的时间。这只是粗略的指导原则，因为用例中有一些可能非常复杂，耗时是不相同的。另外，不要忘了在 GUI 设计的过程中可能会发现新的用例。

用户在会议中有两方面任务：第一，要在会议中导出用户界面屏幕；第二，他在会上做出是否认可开发组开发的用户界面原型的决定。

用户如何导出屏幕界面呢？首先由会议协调者提出一个用例，用户就从这个用例开始，讨论如何借助要开发的系统实现这个用例。当他们的讨论深入具体的屏幕界面的层次时，用户就开始使用一些实体模型说明这些界面。协调者提供一张很大的绘图纸，用来代表屏幕，然后在这张纸上绘制出 GUI 构件（如下拉式菜单、按钮、组合框、列表框等）。用户的任务就是要讨论屏幕中应当有哪些 GUI 构件，以及这些 GUI 构件的位置。

当用户就屏幕上构件的种类和数目达成一致后，开发组成员就根据用户的决定开发出界面原型。开发界面原型的时候要遵循 22.1 节提到的 GUI 设计原则。开发出原型后，开发组要将原型提交给用户，征求用户的意见，做出必要的修改。

所有上面介绍的内容的实质，就是尽量由用户推动开发过程。按照这种方式开发出的系统可以在实际的日常业务中发挥最大的作用。

笔记

22.3 从用例到用户界面

用例描述了系统的用法。因此，用户界面必须能够起到实施用例的作用。

用例的顺序图只是用例的一个角度的视图。如果能够将顺序图“旋转”成三维的，使顺序图最左边面向读者，从这个角度观察，就得到了用户界面，如图 22-3 所示。

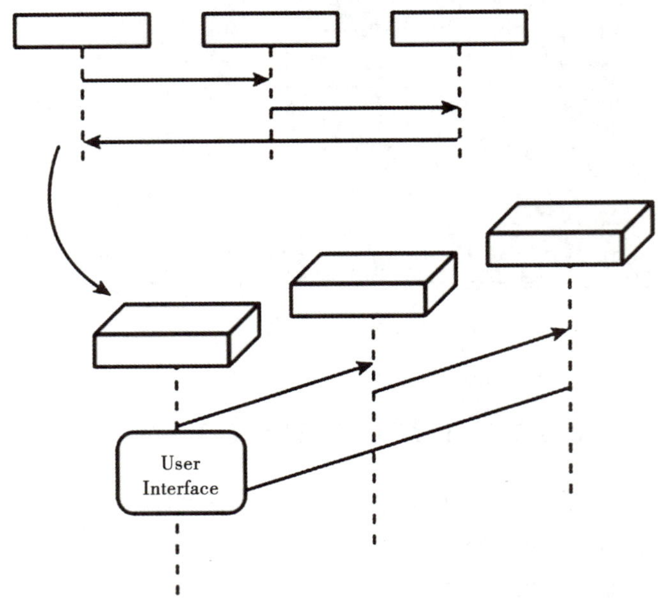

图 22-3　将顺序图旋转以使用户界面面向读者

先考察 Server 包中的用例，并看这些用例如何映射到 WIN 用户界面。下面将这些用例重新列出：

Take an order

Transmit the order to the kitchen

Change an order

Track order status

Notify chef about party status

Total up a check

Print a check

Summon an assistant

Summon a busser

Take a drink order

Transmit drink order to lounge

Receive acknowledgment

Receive notification from lounge

Receive notification from the kitchen

Server 包的接口必须考虑到所有这些用例。

一种方式是将这些用例划分为不同的组。对于上述用例来说，3 个组就足够了。一组处理订单（“Take an order”“Change an order”“Track order status”“Take a drink order”）。另一组处理账单（“Total up a check”“Print check”）。第三组针对发送和接收消息（“Notify chef about party status”“Summon an assistant”“Summon a busser”“Transmit drink order to lounge”“Receive acknowledgment”“Receive notification from lounge”)。

笔记

应当从一个主屏幕开始，然后开始讨论各个用例组对应的屏幕。应当可以从一组用例的界面导航到另一组用例。在一组中的用例对应的界面之间应当能相互导航。图 22-4 是最开始的主屏幕。这个屏幕用于手提计算机，因此它的尺寸要进行必要的压缩。

JAD session 将达成这样一个约定：一组内的导航按钮放在屏幕右边，组间的导航按钮放在屏幕底部。图 22-5 显示了 Server 包接口中的第一屏，也就是显示与订单有关的用例的屏幕界面。

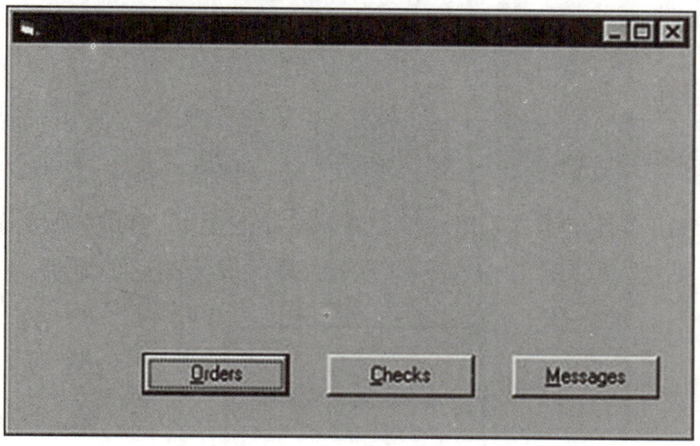

图 22-4　Server 包中用例的最初的主屏幕

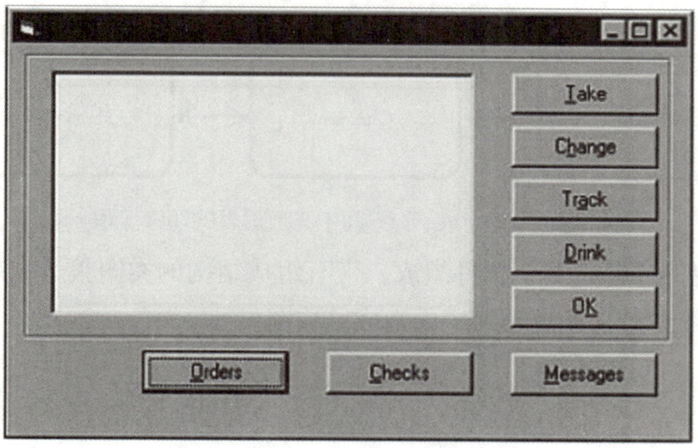

图 22-5　与订单有关的用例的屏幕界面

这个屏幕以 Take Order 模式打开。屏幕中的白色框是可滚动的显示菜单的区域，服务员可以在这个区域中查看顾客选择的菜肴品种（当讨论界面时，谈论的是餐馆这个领域中的事物，要格外小心“菜单”这个词的使用）。单击 OK 按钮就生成订单并且将订单发送到厨房的 PC 中。单击屏幕右部的按钮就可以导航到其他窗口。

单击底下的一排按钮可以引发单独的一组功能。例如，Messages 按钮可以产生如图 22-6 所示的屏幕。另外，用户界面不一定要完全可视，界面可以包含一个语音信号，通知服务员一个消息的到来。用户可以单击 Read 按钮读取消息。

笔记

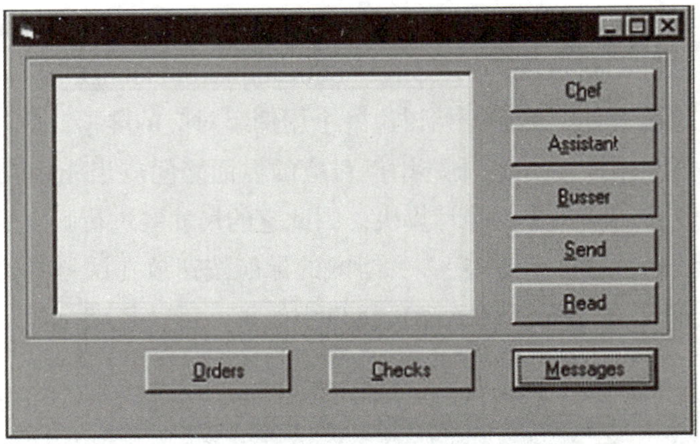

图 22-6　与消息有关的用例的屏幕界面

22.4 用于 GUI 设计的 UML 图

UML 并没有给出具体的有关如何进行 GUI 设计的建议，可以使用状态图来描述用户界面的切换流程。图 22-7 显示了 Server 的界面中高层屏幕的切换流程。

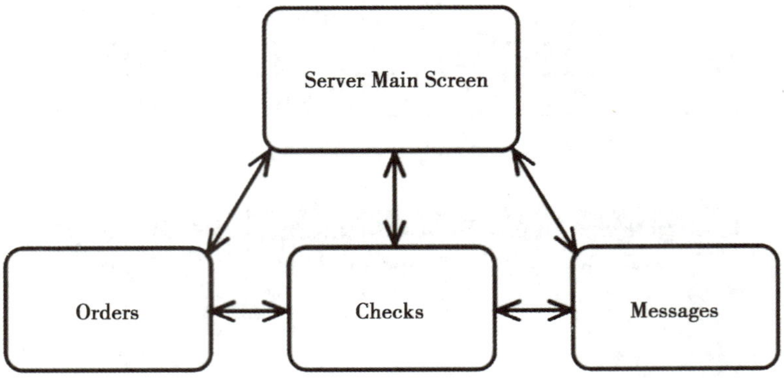

图 22-7　Server 的界面中高层屏幕的切换流程

由于一个特定的屏幕由多个构件组成，带有组成结构的类图很适合用来对屏幕建模。图 22-8 是一个和图 22-5 所示屏幕对应的组成结构图。

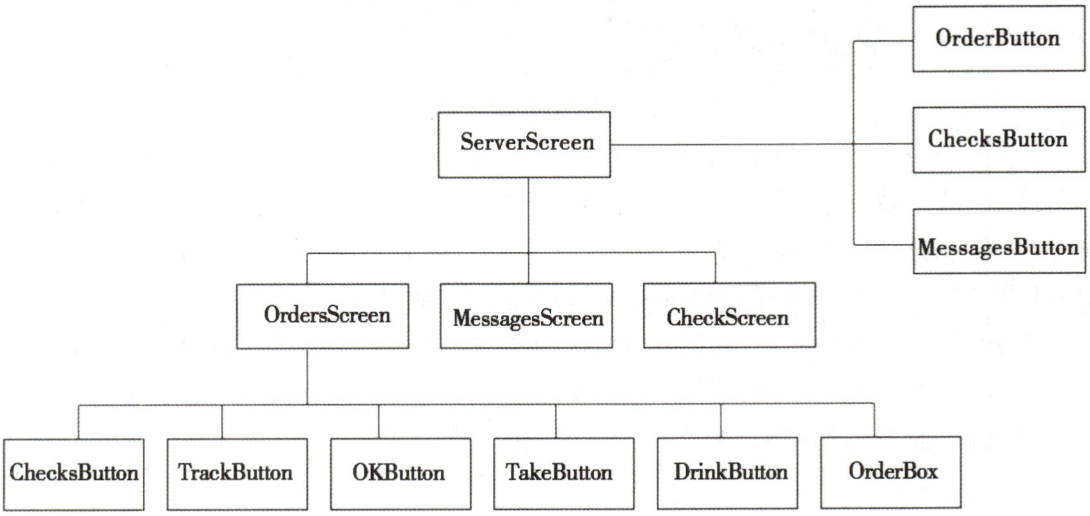

图 22-8　对应于图 22-5 的界面构件类的组成关系图

22.5 描绘出系统的部署

笔记

在 GRAPPLE 开发过程的分析段产生 WIN 系统的概念后，系统工程师就要开始考虑系统的物理体系结构是什么样子。系统工程师将考虑各种可选的网络拓扑结构以及如何用无线方式实现这些结构。他还要考虑网络的每个节点中应该部署哪些软件构件，这个设计段不必等到分析段完全结束就可以开始。它的动作可以与其他 GRAPPLE 中的段中的动作并行进行，例如可以和 GUI 设计并行进行，关键的一点是项目经理要跟踪所有段中的所有动作。

22.5.1 网络

有几种不同类型的网络结构，系统工程师面临多种选择。选择的依据是能够采用无线结构平稳地连接系统中的手提式计算机。

为了理解系统工程师采取的决策，先来看无线局域网（Wireless LAN，WLAN），通常一个被称为访问点（access point）的无线收发装置坐落在某个固定位置，并和无线设备通信。访问点可以和一个局域网（通常的范围为一个花园大小的有线局域网）连接起来。访问点越多，无线局域网的范围越大，访问它的用户也就越多。

系统工程师必须决定在餐馆中要布置多少个访问点，无线网络采用什么类型和布局，手提式计算机中内置的无线局域网功能还需要安装什么类型的 PC 卡支持无线网络，等等。

22.5.2 节点和系统部署图

前面早已提到过系统中的一些节点。服务员、服务员助理、清洁师将使用手提式计算机。假设系统工程师选择了需要 PC 卡的手提式计算机。

厨房、存衣间和休息间中将使用桌面计算机。每台桌面计算机都连了一台打印机，此外，每个服务区都有一台连着打印机的桌面计算机，以便服务员打印和获取账单，而不用跑很远（这台桌面计算机可以描述为服务员的打印服务器）。

为了说明系统的部署，系统工程师绘制和提交的部署图如图 22-9 所示。这个图最终将被删掉，但它用来开头很不错。

笔记

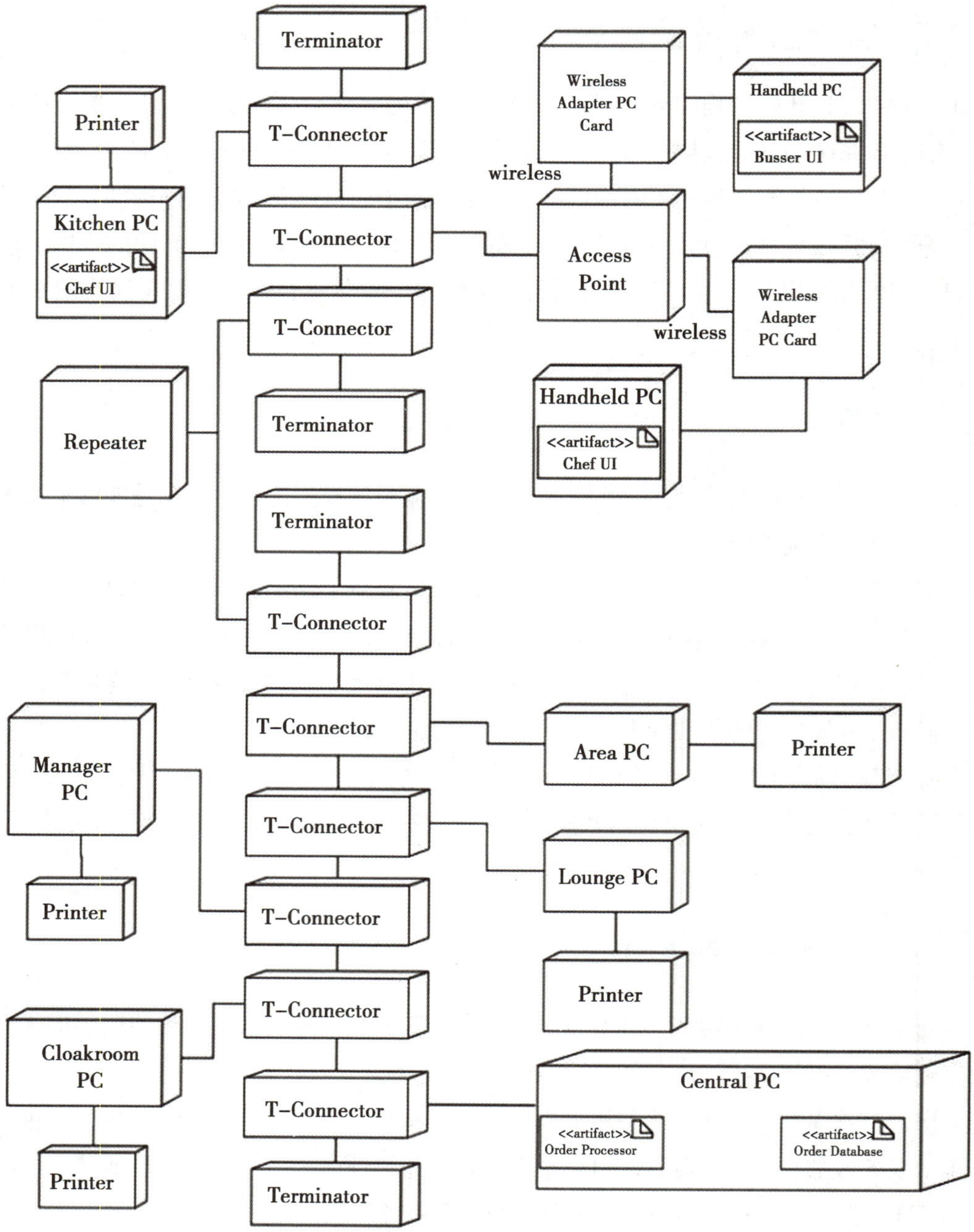

图 22-9　WIN 系统的原始部署图

22.6 流程

开发组已经经历了从用例到用户界面再到 WLAN 的系统部署，首先，系统分析员要整理模型。他要查阅模型字典，消除模型中的二义性。他要确保在所有图中使用的术语前后一致，例如“菜单”和“服务员”之类的有二义性的术语不能在图中出现。当 GRAPPLE 开发过程的所有必要的分析和设计段都完成后，开发组要将分析和设计的结果编制成设计文档，并提交一份文档的副本给客户和程序员。

下面程序员将设计转变为程序代码（编码部分已经超出本书的范围）。编制出的代码要经过测试，然后根据测试结果修改代码——这个过程反复进行，直到全部代码都通过测试为止。用例分析是进行测试的基础。

笔记

接着是文档编制人员开始编制系统的文档，并且他还要编制用户培训材料。好的文档编制过程应该像一个好的系统开发过程一样（要仔细规划、分析和测试），并且在开发过程中尽早开始。

进行扎实的分析和设计并且得到了内容丰富、组织良好的文档，系统部署就可以平稳地进行。

核心思想是要将主要精力集中于分析和设计之上，以尽量减少开发者在系统的实施中遇到的问题，并且项目最终的成果是产生能够完全满足客户需要的系统。

22.7 项目流程

LaHudra、Nar 和 Goniff 为所采用的开发过程无比兴奋。开发组让他们在整个过程中都待在自己的岗位上，并提供了基于 UML 的蓝图来表明项目的进度。他们也为系统工程师选择可移动设备的策略感到高兴。

整个开发工作激发了他们的想象力，驱使他们去寻找利用新技术的手段——不仅用在餐馆领域之内也用在餐馆领域之外。他们已经意识到大部分的业务过程都包括信息的流动。越是利用技术来加速信息的流动，就越能获得竞争争中的优势。

22.7.1 扩展销售区的地理范围

3 个企业家意识到在餐馆之外的领域可以复用无线局域网的解决方案，用于大范围区域中的商业组织。复用不是很困难，因为整个项目中的完整建模信息被完好无损地保存下来。

这个思想可以用在大型日用商品百货商店，这个商店可用来满足自己动手做（do-it-self）类型的用户需要。这个商店柜台前的售货员可以使用一个手提式计算机，通过一个无线局域网获得商品信息。这样一个系统可以帮助售货员回答诸如商品的存放地点、商品是否在仓库里以及该商品的用法等信息。

这对售货员和顾客都有吸引力。顾客总是能够确信他从售货员那里获得的是最新的和最准确的商品信息。新来的售货员经过培训可以很容易地学会如何使用这个系统，并且很快就可以开始工作。

LaHudra、Nar 和 Goniff 不久要涉及改善家居生活这个领域了。

知识拓展

尽管 LaHudra、Nar 和 Goniff 是这个领域突出的开拓者，但是在移动设备和无线局域网的应用领域中并不只有他们。

例如，一种移动式计算机已经开始应用到餐馆领域中了。有一个饭店已经使用这种计算机实现了数字化酒水单。该计算机被无线连接到一个关于酒水的信息库。如果下一次听到斟酒员将一种酒描述成“有点烈性，带有有趣的、轻快的酒花”，那么他可能要通过一个笔记本电脑和一个无线局域网来完成这个工作。

当然，饭馆和咖啡屋中的“Internet 服务区”也很受欢迎。带上无线膝上计算机在这里小憩，并通过饭馆的无线局域网阅读 E-mail，这是多么惬意的事情。

那么，服务员如何使用手持无线设备向厨房发送订单呢？在为本书第一版而构思整个例子的时候，觉得会在某一天看到这种餐馆。显然，这个“某一天”就是现在。在以色列一家叫作 Zozobra 的餐馆里，服务员已经不再使用铅笔和小纸板，而是使用无线手持计算机。据说，服务员和顾客都对此感到欢欣鼓舞。

22.7.2 扩展餐馆的地理范围

笔记

这种移动式销售商店对 LaHudra、Nar 和 Goniff 来说还不够，他们想要利用技术来彻底革新餐馆的业务。他们认为可以在全世界主要城市都开设基于 WIN 的餐馆。技术可以加快业务运行速度并可以方便顾客的就餐。

Goniff 一直致力于寻找赚钱的新途径，他已经对这个问题思考了一段时间（至少在第 20 章结束前都在思考）。

他对他的伙伴说："如果能在世界主要城市中都开设这样的餐馆，就可以更进一步利用技术使信息在全世界范围传递。"

"为什么呢？" Nar 问道。他的理解总是比别人慢。

"想一想，如果餐馆是跨国的，就可以使用 Web，并且……"

"等等，" LaHudra 说，"不早就可以上网了吗，每天不是都在 www.lahudranargoniff.com 这个网站上点击吗？"

"让我说完，LaHudra，可以使用 Web 让人进入全世界开设的这些餐馆，还可以使用 Web 给他提供一份免费的三明治。

"什么？？？" Nar 和 LaHudra 异口同声，难以置信地问。

"按照下面说的来做，可以在 Web 站点上专门设计一个餐饮部的主页。如果有人点击这个页面，输入了自己的姓名和一些其他信息，并选择了他想要的三明治。并且如果数据库信息显示这个顾客以前没有做过这件事情，他就可以转到另一个页面打印出一张三明治的赠券。顾客可以凭这张赠券到开设的最近的餐馆领取三明治，品尝它，享受它，并有可能成为餐馆的回头客。

"好主意，但是 Web 无处不在，而我们的餐馆却不是，如果有人住的离餐馆比较远但仍想通过 Web 品尝三明治怎么办？" Nar 问。

"等等，让我想想"，LaHudra 说，"他可以使用信用卡在通过的站点支付一笔象征性的送货费，然后最近的餐馆立刻给他送上一份装在冷藏容器中的三明治。冷藏容器的价格微不足道。顾客收到三明治后，可以将它放到微波炉里加热后品尝。按照这样的方式，顾客可以体验一次'LaHudra-Nar-Goniff 式的经历'。如果这个顾客刚好游经某个城市发现了我们的餐馆后，他很可能就到餐馆里就餐了。

"顺便问一下，打印赠券之前顾客输入的其他信息怎么利用？" Nar 问。

"在之前就想好了。" Goniff 回答道，"可以根据顾客输入的信息给顾客发送电子邮件为餐馆做促销和广告，可以根据人数统计来确定——如果某个顾客同意给他发电子邮件，就给他发这样的邮件。"

"那开发组在哪？现在就得去找。"

第 23 章 理解设计模式

学习目标

1. 理解参数化的意义。
2. 掌握设计模式。

知识导图

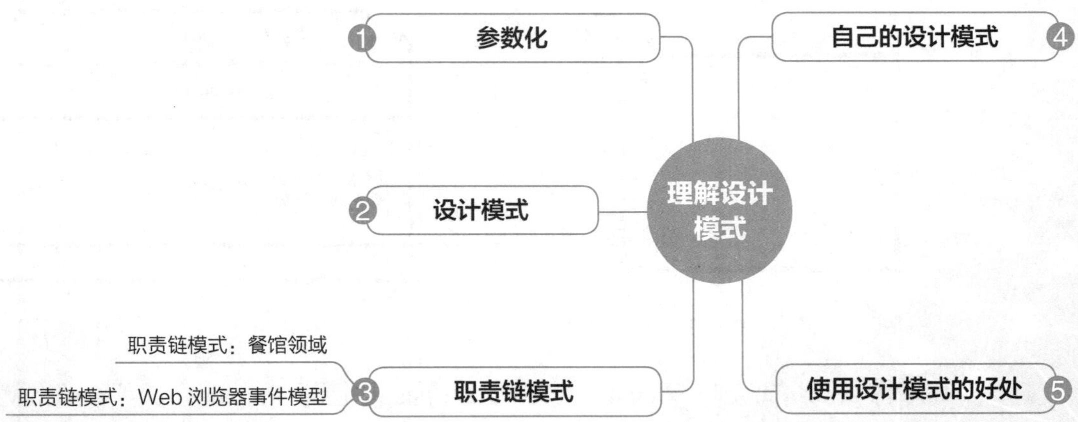

笔记

23.1 参数化

对象是类的一个实例，这里以洗衣机为例详细指明洗衣机（washing machine）类（使用正确的表示法应该叫 WashingMachine）具有 bandName（品牌）、modelName（型号）、serialNumber（序列号）和 capacity（容量）等属性，以及具有 acceptClothes( )（添加衣物）、acceptDetergent( )（添加洗涤剂）、turnOn( )（取出衣物）操作后，就有了创建洗衣机对象的模板。每次创建一个洗衣机对象，都要给这些属性指定具体的值。

UML 可以更进一步。它提供了一种类似于创建新对象的创建类的机制。可以为某类的一个属性子集指定值，从而生成一个具体的类，而不是类的对象。这种类被称为参数化类（parameterized class）。它的 UML 表示法如图 23-1 所示。类矩形框右上角挂着一个小的虚线框，框中是为了生成具体类所需要指定值的参数。为了记录的方便，这些参数被称为无界参数（unbound parameter）。当为这些参数指定值时，就说这些参数被绑定到这些值上。右上角虚线框中的 T 是一个分类，它说明这个类是创建其他类的模板。

这里有一个例子。假设将 LivingThing（生物）设置为参数化类。它的无界参数可以是 genus（种）和 species（属），它还具有生物通常都具有的属性，如 name、height、weight 等，如图 23-2 所示。

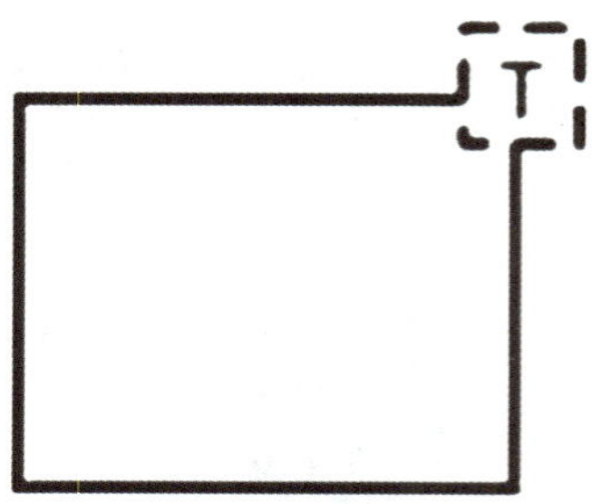

图 23-1　带参数的类的 UML 图标

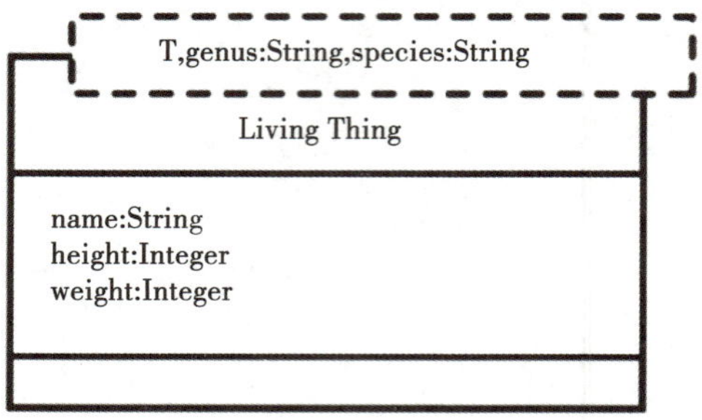

图 23-2　LivingThing（生物）

如果将 genus 绑定到“homo（人类）”，species 绑定到“sapiens（人）”，那么就生成了一个叫作“Human（人）”的类。类的名字被绑定到 T。图 23-3 显示了绑定关系的一种表示法。这种风格的表示法被称为显式绑定（explicit binding），因为它明确显示出生成的类和参数之间的依赖关系，并提供了生成的类的名字。

Human 和 LivingThing 之间的连接使用的是在前面见过的用来表示接口的实现关系的箭头。接口拥有一些简单的操作，接口和类之间的连接实现了这些操作。Human 实现了 LivingThing 的一些规范。注意，说的是“多少”。为了表现出这种关系的特殊性，使用了 <<Bind>> 并用括号把绑定参数括起来。

另一种风格的表示法叫隐式绑定（implicit binding）。不显示出依赖关系，绑定参数出现在产生的类名后面，并用尖角括号括起来，如图 23-4 所示。

不论采用哪种表示法，都可以为 name、height 和 weight 等属性指定值来创建 Human 类的对象。

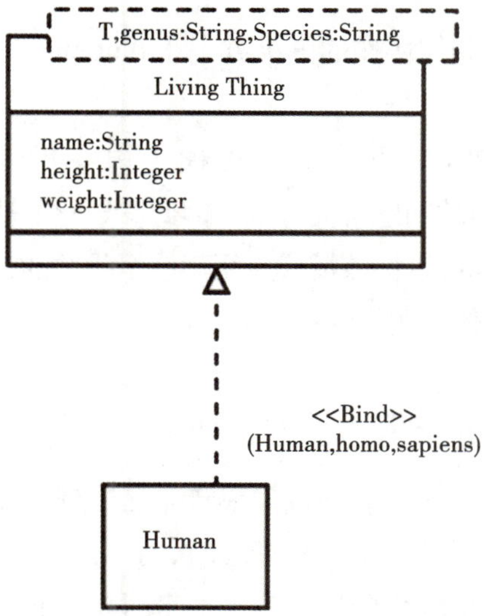

图 23-3　参数化类 LivingThing 的显式绑定

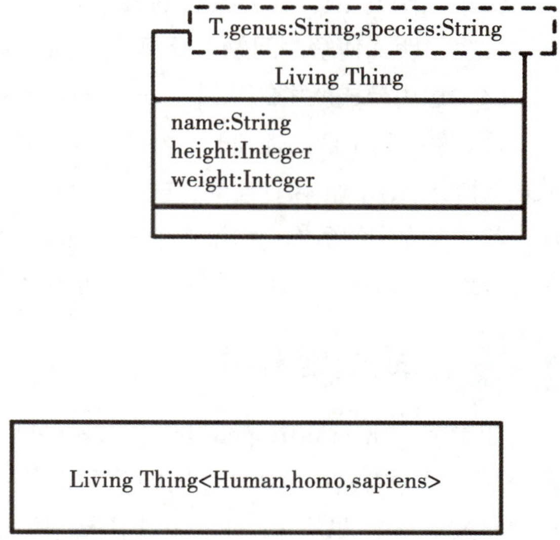

图 23-4　带参数的类 LivingThing 隐式绑定的表示法

笔记

23.2 设计模式

可以将参数化的思想进一步扩展。任何 UML 分类都可以带参数，即参数化。实际上一组互相协作的分类都可以被参数化，这就引出了一个令人感兴趣的研究领域。

面向对象技术在近几十年得到了日益广泛的应用，对经常重复出现的类似问题，运用面向对象技术已经总结出许多健全的解决方案，这些解决方案被称为设计模式（Design Pattern）。由于设计模式是面向对象技术领域的产物，因而它也具有容易形成概念、容易被表示成图以及容易被复用的特点。因为现在使用的是 UML，它是一种通用的面向对象建模语言，因此也可以用来解释和描述设计模式。

使设计模式日益流行起来的第一本著作的名称叫作 Design Pattern（由 Addison-wesley 出版社于 1995 年出版）。该书的作者有 4 个人（Erich Gamma、Richard Helm、Ralph Johnson 和 John Vlissides），因此以“Gang of four（四人组）”著称。

设计模式实际上是一个设计问题的解决方案（一个模式）。它是在项目遇到具体的设计问题后被提出的，并且开发组发现提出的问题解决方案在其他语境中也同样适用。每个设计模式都描述了一组相互通信的对象或者类。这组对象可以在具体的语境中用来解决一个设计问题。

在他的书中，四人组分类整理了 23 个基本的设计模式。根据每个模式的用途，这些设计模式被分为 3 类：

（1）创建型模式（creational pattern）处理新对象的创建过程。

（2）结构型模式（structural pattern）处理对象和类的组成。

（3）行为模式（behavioral pattern）详细说明对象或类之间如何交互以及如何分配职责给对象或类。

他还进一步根据某个模式是应用于对象，还是类，对模式进行了分类，这种分类标准被称为范围（scope），大部分模式的范围都处于对象层次。

每个设计模式都有 4 个基本组成元素：

（1）为了便于用文字描述而对模式所起的名称（name）。

笔记

（2）该模式能解决的问题（problem）。

（3）说明如何解决问题以及模式中的对象或类之间如何协作的解决方案（solution）。

（4）运用模式产生的后果（consequence）。

现在就要讨论前面提到的这个“令人感兴趣的研究方向”：可以用 UML 模型中的一个参数化的协作表示一个设计模式。由于设计模式是一种通用的问题解决方案，因此参数化的协作也起一个通用的名称。给模式指定对应特定领域的名称可以使该模式应用于一个具体的模型。参数化的协作可以在模式的语境中可视化地表达出具体问题领域的解决方案。

23.3 职责链模式

职责链（chain of responsibility）是一种可用于许多具体领域的行为模式。这个模式用来处理一组对象和一个请求之间的关系。当一个请求可以被多个对象处理时，就可以运用这种模式。链中的第一个对象获得请求，解决它或者把请求传到链中的下一个对象，直到有一个对象可以解决请求，这个传递才会停止。最初发出请求的对象并不知道它发出的请求是被哪个对象处理的。最终处理请求的对象被称为隐含接收者（implicit receiver）。

餐馆就是按照这种模式组织的，汽车代理商购买汽车也是按照这种方式。在一个餐馆中，顾客通常并不直接向某个厨师发送请求，并且顾客通常也不熟悉厨师。相反，顾客首先发给服务员一份订单，服务员将订单交给厨师，这个厨师可能履行订单上提出的要求或者将订单转发给助理厨师（LaHudra、Nar 和 Goniff 的餐馆里采用的就是这种工作方式）。在汽车代理商购买汽车时，购买者要向好几个金融机构提交贷款请求，直到某个机构决定提供贷款。

现在已经在几个具体的语境中看到职责链模式的应用，接着就可以抽象地理解它了。这个模式中的参与者包括一个 Client（客户）类、一个抽象的 Handler（处理者）类以及几个抽象 Handler 类的具体子类。请求由客户对象发起。如果一个具体的处理者对象能够处理这个请求，那么就处理它。如果该处理者对象不能处理这个请求，则将这个请求转发给职责链上的下一个具体的处理者对象。图 23-5 显示了这种模式的结构。

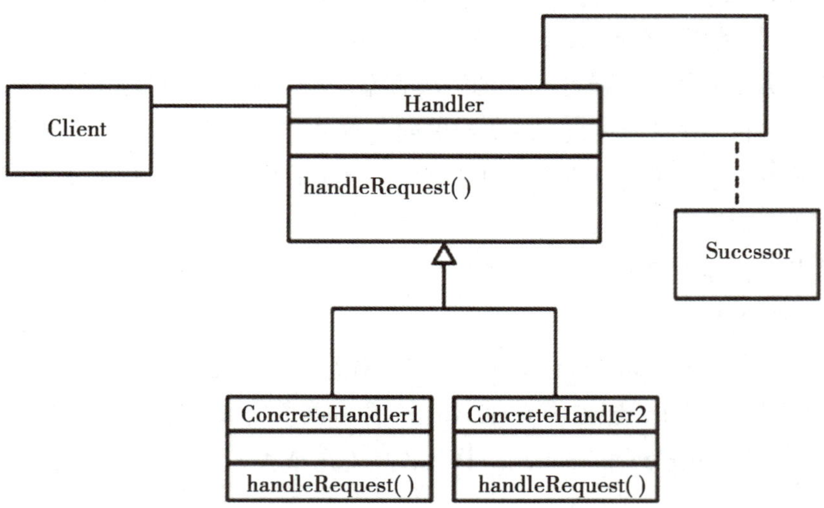

图 23-5　职责链模式的结构

这种模式背后隐藏的思想是使一个对象不必知道哪个对象满足了它发出的请求。在为对象分配职责时，这种模式给设计增加了灵活性。这种模式的缺点是，它没有保证一定有某个对象处理请求。例如，贷款购车可能不会得到任何一家金融机构提供的贷款。

笔记

注意图中抽象类 Handler 的自身关联。四人组这样设计的目的是要表明具体的 Handler 类实施了抽象的 Handler 类（在这种语境中，一个对象能够根据自身信息找它的后继对象）。而倾向于将这种实施关系用如图 23-5 所示中的一个 Successor 类表示，这样的设计允许对后继者类增加属性。

23.3.1 职责链模式：餐馆领域

在餐馆领域中，抽象的处理者类是 Employee（雇员）类，具体的处理者类包括 Server（服务员）类、Chef（厨师）类和 assistantChef（助理厨师）类。客户类是 Customer（顾客）类，由他发起一个请求，例如签一份订单，并且他并不知道谁最终处理他的订单请求。

将图 23-5 中的类名替换为具体领域中的类名，得到图 23-6。

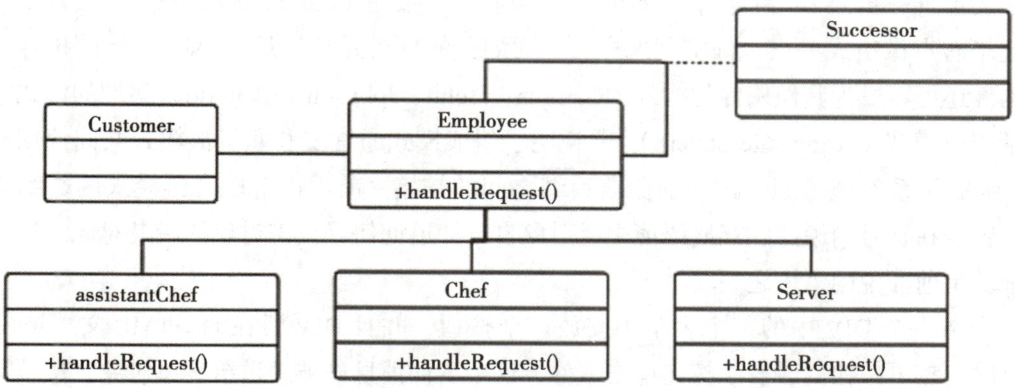

图 23-6　特定于餐馆领域的职责链设计模式

如图 23-6 所示虽然很有用，但是它并没有说明特定领域的类名如何对应到模式中的类名。要显示出这种语境，可使用如图 23-7 所示的参数化协作表示法。

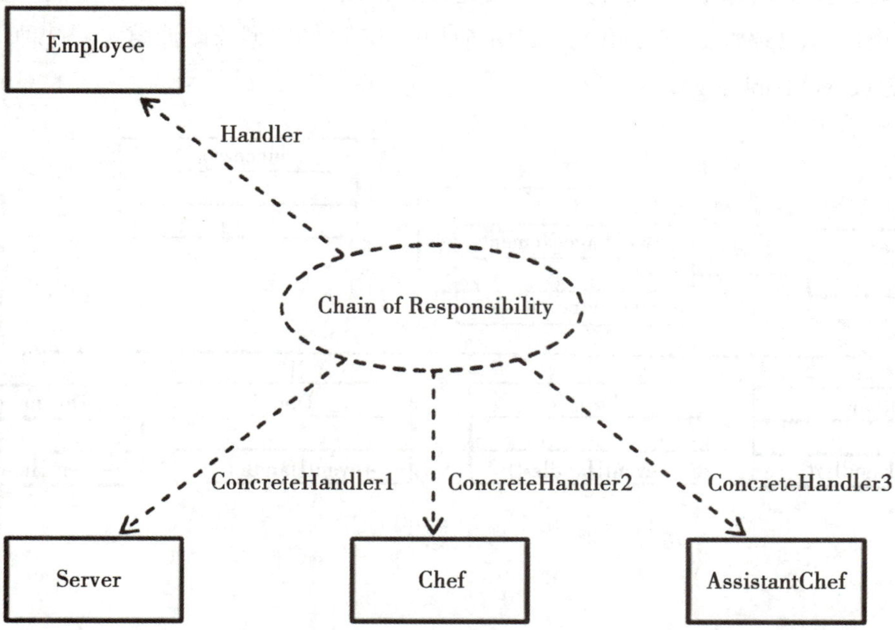

图 23-7　用参数化协作表示特定于餐馆领域的职责链设计模式

笔记

如图 23-7 所示，引出虚线的椭圆代表设计模式中的协作，椭圆中的名字就是模式的名称。模式外围的矩形框代表协作的参与者对象。带箭头的依赖关系线表示合作要依赖参与协作的对象。依赖关系线上的标签说明被依赖的、参与协作的对象在模式中担当的角色。协作的参数化是通过在模式中使用特定领域的类名表达的。

23.3.2 职责链模式：Web 浏览器事件模型

在开发交互式 Web 页面（Web page）时，设计者必须考虑浏览器刚刚被打开时的事件模型。对于 Internet Explorer（IE），可以编定 Java Script 或者 VBscript 代码响应诸如鼠标单击这样的事件。这段代码被称为一个“事件处理器（event handler）”，它说明了如果有用户鼠标单击事件发生后，Web 页面如何做出响应。

在一个 HTML 文档（document）中，一个页面被分为一些被称作 DIV 的区域，每个 DIV 还被进一步分为几个表单（form）。可以将一个按钮（button）放置在一个表单中。这听起来有点像组成关系。确实是这样。上面划分的每个元素都是 HTML 文档的构件，某些构件还可以成为其他构件的构件。Gamma、Helm、Johnson 和 Vlissides 整理的模式中也包括组成模式（composite pattern），并说明了组成模式通常要和职责链模式共同使用。构件 - 组成关系实施了职责链中前驱与后继之间的链接。前面讲解职责链模式的类结构图时，曾经在括号内说过在某些语境中，对象自己知道如何寻找该对象的后继对象。这里的语境就是前面说的语境之一。

当在一个 DIV 中的某个表单中安放一个按钮，并且 DIV 所在的 HTML 文档被用 IE 打开时，按下按钮就触发了按钮单击事件，这个事件消息先被发送给表单对象，接着被发送给表单对象所在的 DIV 对象，最后被发送给 DIV 所在的文档对象。这些可能接收消息的每个文档元素对象都有自己的事件处理器响应按钮单击事件。

如果一个 HTML 文档中的脚本程序动态地指明了哪个元素对象的事件处理器被触发执行，那么这段脚本程序就被称为是职责链设计模式的一个实例。图 23-8 显示了事件模型中的类图，图 23-9 所示参数化协作表示应用于 IE 事件模型的设计模式。这种模式叫作事件转发（event bubbling）。

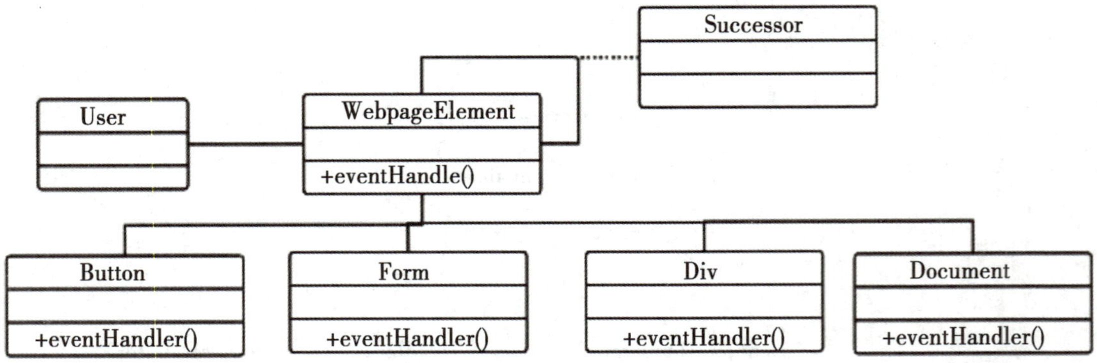

图 23-8　IE 打开 Web 页时的职责链模式

笔记

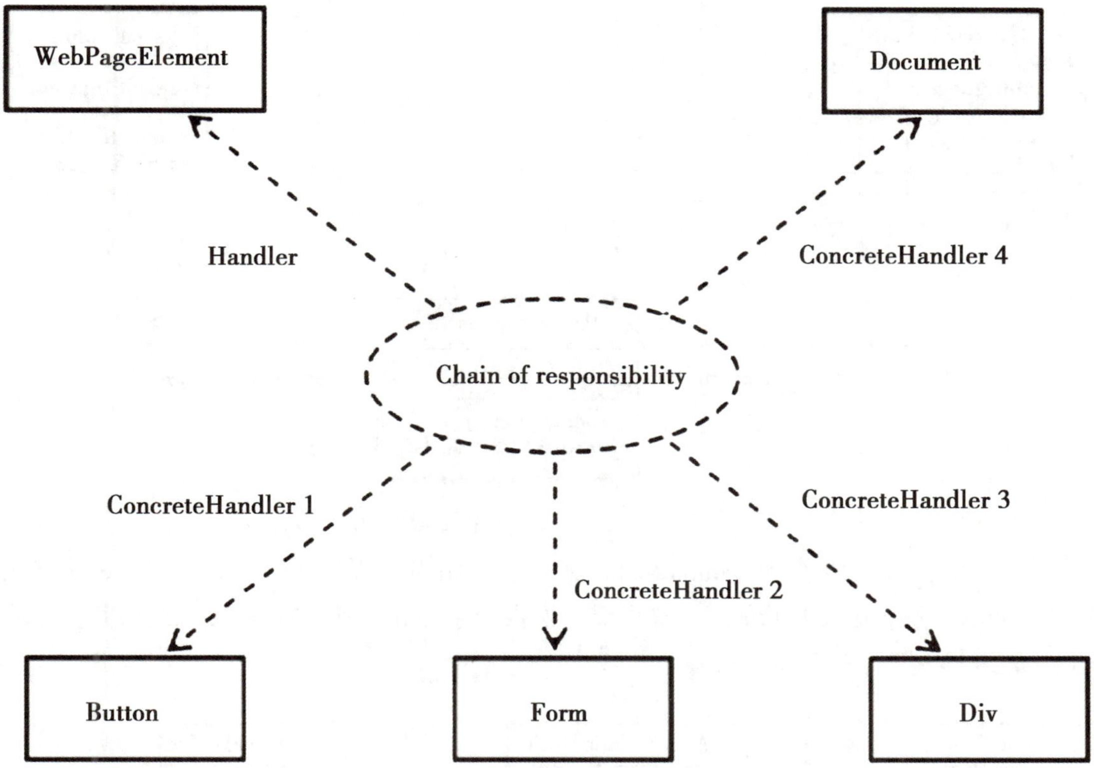

图 23-9　用参数化协作表示的 IE 打开 Web 页时的职责链模式

Netscape 公司的网络浏览器 Navigator 也有一个事件模型。它的事件模型正好和 IE 的事件模型相反，叫作事件捕获（event capturing）。在 Navigator 中，最高层的元素（文档）首先获得事件消息并将它向链上的后继者传递，直到到达最初发起这个事件的元素。

23.4 自己的设计模式

四人组因为研究并分类整理了他们的设计模式而著称，但是这不意味着他们的模式是唯一可能的模式。相反，他们的意图是鼓励人彻底发现和使用模式。

为了解决每个问题要设置一个初始值或者一组中间值，还要按照一定的规则累加中间值，最后整个算法以得到数列中的第 n 个数而终止。

可以把上述模式称为“数列计算器（Series Calculator）”模式。尽管只使用一个对象就可以实施这种模式，但为了说明设计模式中的一些概念，可以用一组对象之间的协作实施这种模式。

数列计算器模式有 3 个参与者类，分别是 InitialValue( )（初始值）类、AccumulationRule（累加规则）类和 FinalValue（终值）类。图 23-10 所示是这个模式的类图。开始值用属性 first 表示。如果第 2 个开始值有必要的话，例如在计算 Fibonacci 数时，它用 second 属性表示。有时，在计算阶乘时，这个模式需要一个 zeroth（第 0 项）。累加规则的算法由 AccumulationRule 类中的 accumulate( ) 操作实现。要计算的项的数目用 AccumulationRule 类中的属性 nth 表示。

笔记

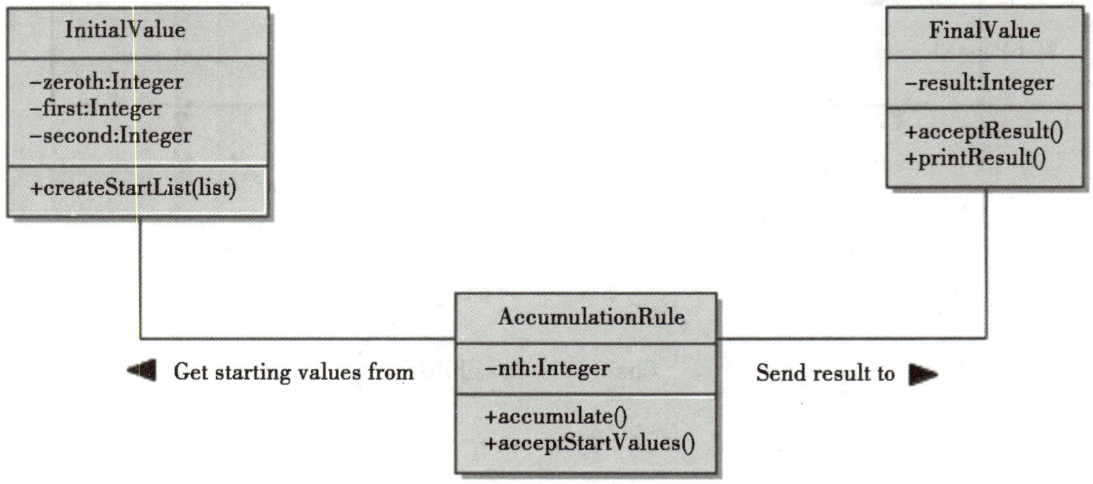

图 23-10　数列计算器模式的类结构

在对象之间的协作中，InitialValue 创建了一组开始值，AccumulationRule 对象从 InitialValue 对象处接收开始值，计算所需要次数的累加和，FinalValue 接收结果并打印输出。图 23-11 说明了这个交互过程。

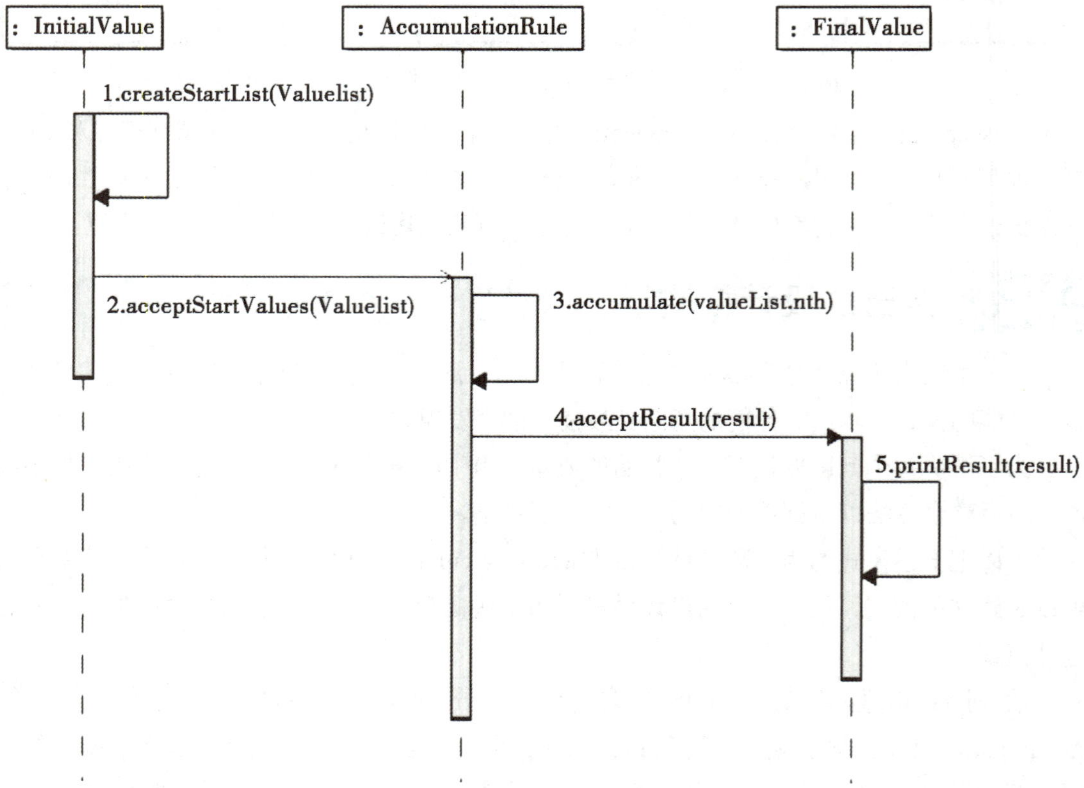

图 23-11　数列计算器模式中对象之间的交互

为了将这个设计模式运用到计算三角数中，将模式中的类用计算三角数这个特定问题中的名称命名，并用参数化协作表示用于计算三角数的设计模式，如图 23-12 所示（这种协作，显然避免了“琐碎”的解决方案。）

笔记

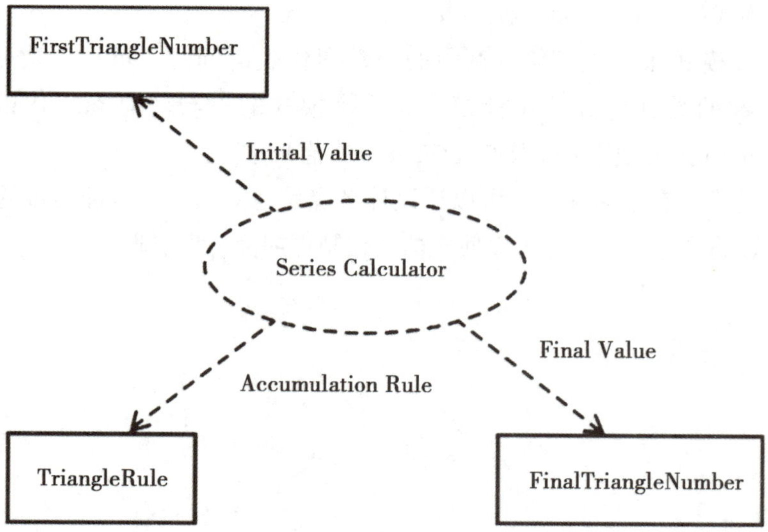

图 23-12　计算三角数的参数化协作

另外，再把计算阶乘的参数协作用图 23-13 表示出来。

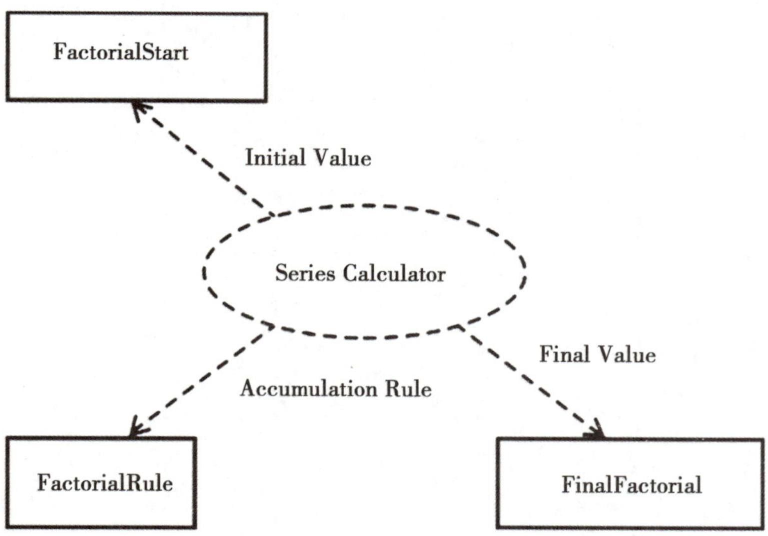

图 23-13　计算阶乘的参数化协作

23.5　使用设计模式的好处

设计模式在许多不同的方面都很有用途。首先，它可以增进复用。如果将一个健全的设计用设计模式表达，那么这些模式就很容易在日后被他人重新使用。另外，设计模式可以提供清晰、简洁的方式用来思考和讨论如何用一组相互协作的类或者对象解决问题。这增加了用这种模式作为构件设计的可能性。最后，如果在设计过程中运用了模式，会使文档的编制更容易。

参数化的类（带参数的类）具有无界参数。用值对这些参数绑定可以创建新类。UML 中的任何分类都可以被参数化或带参数。一个参数化的协作可以用来表示设计模式——在许多领域中都适用的解决方案。

“职责链”是设计模式中的一种。在这个模式中，对象发送的请求被沿着由对象组成的职责链逐个向后传递，直至遇到一个能处理该请求的对象为止。这个模式来自一本最著

笔记

名的介绍设计模式的著作——*Design Patterns*。

自己的设计模式用来处理第 9 章中的活动图代表的问题。可以创建一个用来计算数列中第 n 个数的数列计算器设计模式。这个模式的参与者有 InitialValue（初始值）、AccumulationRule（累加规则）以及 FinalValue（终值）等类。

使用设计模式具有很多优点。可以让设计者容易地复用已经被证明过的问题解方案，在设计中引入好的设计思想，并可以使文档的编制更加简化、清晰。

第 24 章 嵌入式系统建模

学习目标

1. 理解嵌入式系统。
2. 学会嵌入式系统的建模方法。

知识导图

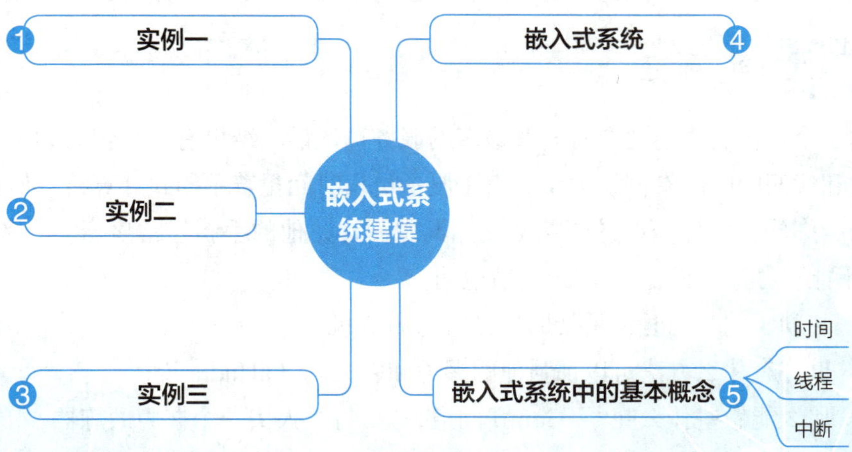

笔记

24.1 实例一

LaHudra 和他的有闯劲的同伴 Nar 和 Goniff 经营了一个很红火的餐馆。这家餐馆的服务很好，做的饭菜也非常可口，吸引了数千米外的人来到这里愉快地品尝这儿的美味佳肴。

但是，有两个缺陷影响了这里的优美情调。他读完月销售报告后，发现有一个不吉祥的征兆。“看看这里。”Nar 说，将手中的打印结果交给 Goniff 和 LaHudra。“赚了很多钱，但是应该赚得更多才对。服务员似乎比正常情况摔掉了更多的盘子。”

“是的，我也注意到了这点”Goniff 说，“每次他摔破一个盛满食物的盘子，厨师就得重新做，并且，必须多花一份钱。”

“如果服务员戴上防滑手套会怎样呢？”LaHdra 问。

“可能有点用。”Goniff 回答说，“几个碟子在这，几个碟子在那里，过不了多久又将讨论钱的问题了。但是，服务员还有其他问题令人头疼。”

“什么问题？”Nar 问。

LaHuda 说，“这些报告表明，他们的病假时间太多了。结果掌握了一项技术，获得这个技术对餐馆是很好的事情。它能在人手短缺的时候提供帮助——总能够用不够的人手完成通常要更多人才能完成的事情。现在应该找出是哪个地方出了毛病。”

24.2 实例二

三个老板召集前两个月病假最多的服务员谈话，结果有一个惊人的发现：被打破的碟子数和病假的时间有密切关系。由于服务员长时间提着手提式计算机，使得他的手腕变得越来越虚弱，就像松散的焊接会使船漏水一样，他的手腕经常疼痛，导致无法正常工作。“能不能想办法帮助他？”Nar 同情地问。

“帮助了他，同时也是帮助自己”，Goniff 说。

“也许有什么方法可以加强他的握力和腕力。”LaHudra 说。

“那么能做些什么呢？”Goniff 问道，“给每个人买一个握力锻炼器？”

“应该做最坏的打算。”LaHudra 说，“但是确实不知道小小的握力锻炼器到底有多大效果，但不管怎样，它或多或少地能起到锻炼握力的作用。”

“不管怎样，这仍是个好主意。”Nar 说，“也许只比从商店能买到的握力锻炼器再好一些就行。”

“真的吗？那怎么得到更好的握力锻炼器呢？”LaHudra 问。

Nar 说道，“大部分人都认为最好的和最有效的锻炼方式是在肌肉发挥力量时产生尽可能大的反作用力。如果能够制造出一个能够在锻炼者前臂肌肉尽力时产生尽可能大的反抗力的握力锻炼器，服务员就能比使用普通的握力器花费少一半的时间达到同样的效果。”

“那么，怎么得到这样的握力器呢？”LaHudra 迫不及待地问。

“用和经营餐馆的同样办法得到它，使用技术。”Nar 回答。

“等一等。”LaHudra 说，“餐馆里能使用计算机的地方都使用了，你的意思是不是在告诉我要在握力器里加一台计算机？”

“为什么不？” Nar 回答。

“确实是这样。” Goniff 插嘴说，“如果制造出这样的握力器，还可以在市场上出售。我已经给它起了一个完美的名字，叫 LNG GetAGrip（锻炼一下握力）怎么样？”

“人们会喜欢上它的。” LaHdra 小心谨慎地说。

“我早已经喜欢上它了。” Nar 充满幻想地说，“GetAGrip 的开发组在哪里？”

笔记

24.3 实例三

研制 GetAGrip 首先由 WIN 开发组重新集合起来，新任务是将一个叫作 GetAGip 的“智能式”手腕 / 前臂锻炼设备从设想变为现实，这种设备能够在锻炼者往复用力时提供可变的反作用力。肌肉越用力，挤压 GetAGrip 就越费力。

在实施过程中，开发组对如何测量肌肉紧张程度做了研究。他们学到一种来自肌肉活动纤维的电子信号，这种信号叫 EMG，它是残疾人操纵电子设备时使用的仪器的基础。

知识拓展

使用 EMG 信号工作

这不是一次科幻旅行。20 世纪 90 年代初期，神经科学家 David Warner 在 Loma Linda 大学医学中心将一些电极安置在一个男孩的面部，并将这些电极与一台计算机连接，这个男孩由于一场车祸，颈部以下全身瘫痪。该装置能够通过控制某些面部肌肉的收缩指挥一些计算机屏幕上的对象移动。

开发组得出结论：可以在人的前臂上安放一些小的、价格不太贵的电极，这些电极再将捕获到的 EMG 传送到一台计算机。可以使用这些信号计算如何调节握力锻炼器的反作用力。这就要用到实时数据采集和分析技术，因为反作用力的调整必须在肌肉收缩后，越快计算出来越好。

一种可能的设计方案是将表面电极放在前臂上，再将它连接到一台桌面计算机，让这台桌面计算机分析收集到的 EMG 信号，对握力器的反作用力做出必要的调节。这种方法的优点是，可以在桌面计算机的显示器上显示出各种数据，并可以打印出一些有用的中间过程信息，分析各种数据变化的走向。但是，它的缺点是，锻炼者必须和一台计算机连在一起才能锻炼。

另一种方案是将计算机芯片直接嵌入握力器中，这样锻炼者就可以带着这个握力锻炼器到处走动而不影响锻炼效果。图 24-1 所示是这种设计方案的示意图。在每次往复用力的时候，锻炼者都要握住压条，并使它尽量向底座方向移动。

嵌入式设计方案的好处是，锻炼者可以在任何地方使用这种握力锻炼器（除非握力锻炼器中的电池没电了）。缺点是，无法得到桌面计算机可以存储和显示的信息。

JAD session 讨论的结果表明，所有人都更喜欢第二种设计方案，这就进入了神奇的嵌入式系统世界。

笔记

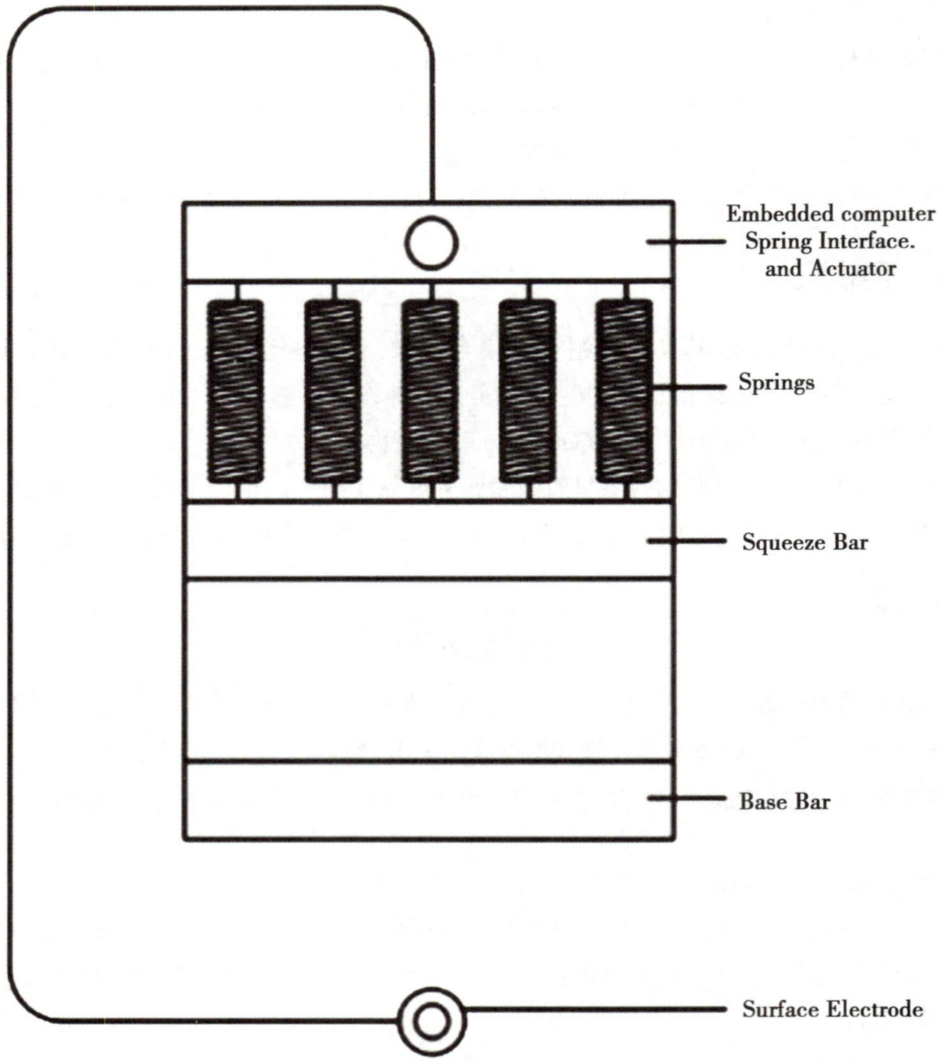

图 24-1 GetAGrip 的嵌入式版本

24.4 嵌入式系统

现在，我们已经知道到处都有计算机的存在。但是可能不知道的是，“到处”代表的版图有多大。所看到的周围的计算机只是冰山一角。还有许多计算机隐藏在不容易看到的表层下。它们嵌入在各种电器、汽车、飞机、工厂中的机器、生物医学设备及其他更多的设备中。即使是经常使用的打印机中，也带有计算能力很强的微处理器。

所有这些肉眼不容易看到的计算机都是嵌入式系统的例子。只要有“智能式”设备的地方，就有嵌入式系统。

嵌入式系统通常不带有与其直接进行交互的键盘和显示器等设备。相反，它通常只是一个安放在某台设备（如家用电器）中的芯片，并且这台设备看上去一点也不像通常见到的计算机。嵌入式系统决定了它所控制的设备所能做的事情。

使用这种类型的系统时，丝毫没有使用一台常见计算机的感觉，只是和一台普通的设备打交道。例如，在使用电烤箱烤一块面包时，根本不必关心其中的嵌入式计算机芯片如何分配热量——只想着面包能被烤熟就可以了。

当在桌面计算机上完成所需要的工作后，可以关闭这台计算机的电源。嵌入式系统可不具备这种奢侈的功能。一旦嵌入式系统就位后，它就得日复一日甚至年复一年地连续工作。

如果在使用文字处理软件或者电子表格软件时系统发生了点故障，那么很可能引起桌面系统的崩溃，只需要重新启动计算机就可以恢复工作。但如果嵌入式系统中的软件失效了，结果可能是灾难性的。

因此，一个嵌入式系统并不做通常意义上的计算。它通常用来帮助其他类型的设备完成自己的工作。其他类型的设备是与用户和外界环境交互的设备。

可见，为嵌入式系统编程不是一件简单的事。程序员需要了解许多有关系统方面的知识——它发出什么信号，它具有什么样的时间参数等。

24.5 嵌入式系统中的基本概念

下面介绍的都是嵌入式系统中重要的概念。

24.5.1 时间

回顾到目前为止对嵌入式系统的讨论，会看到时间约束是嵌入式系统中很重要的概念。事实上，时间约束是嵌入式系统分类的基础，嵌入式系统按照时间约束被分为软（soft）系统和硬（hard）系统。

软系统只是力求尽快地工作，而不需要在一个指定的时间界限内完成。硬系统也要尽可能快地工作，除此之外，它还要在一个严格的时间界限内完成任务。

24.5.2 线程

在嵌入式系统中，线程（thread，也叫作任务，task）是一个简单的程序，它是应用程序的一部分，并在应用程序中完成一些有意义的工作。它要尽力获得 CPU 的使用权。多任务（multitasking）处理是在有多个线程要执行的情况下，对 CPU 执行各个线程的时间进行调度，并在线程之间切换对 CPU 的占有。

每个线程都有一个号码，代表该线程在应用程序中的优先级。并且一个线程通常有 6 个状态：

（1）休眠（dormant）——线程驻留在内存中，但是操作系统不能使用它。

（2）就绪（ready）——线程具备了运行的条件，但是有一个更高优先级的线程正在运行，因此它暂时不能运行。

（3）延迟（delayed）——线程将自身挂起一段指定的时间。

（4）等待事件（waiting for an event）——必须在某一事件发生后该线程才能运行。

（5）运行（running）——线程正在占用 CPU。

（6）中断（interrupted）——CPU 正在处理中断。

如图 24-2 显示了这些状态和状态之间转移的 UML 状态图。注意，图中没有起始状态和终止状态。这说明线程从一个状态转移到另一个状态的过程是一个无限循环过程。

笔记

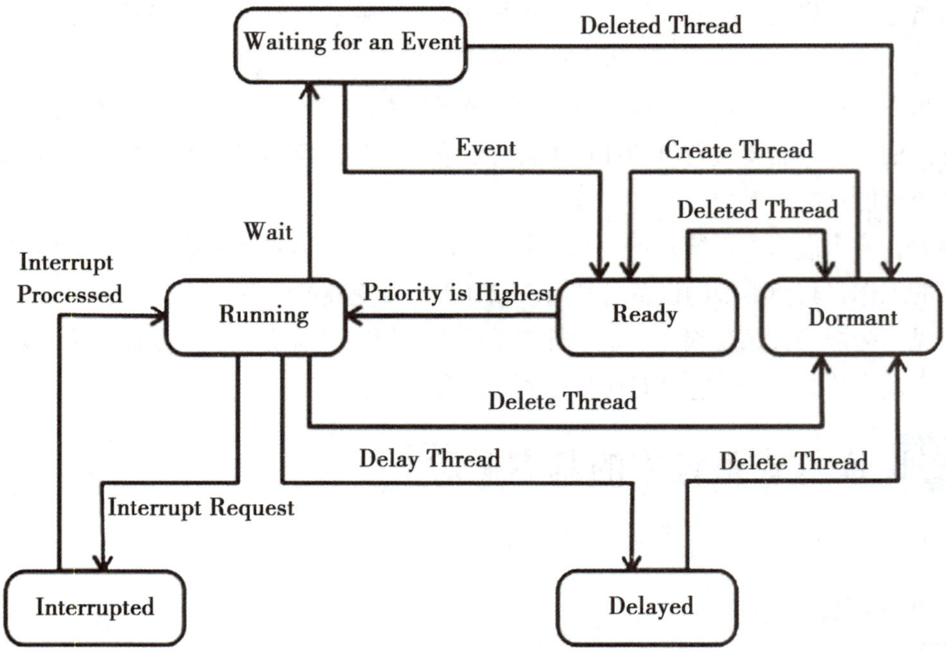

图 24-2　嵌入式系统中线程的状态图

什么是“中断”，请继续阅读，寻找答案。

24.5.3 中断

中断（interrupt）是嵌入式系统中的一个重要概念，它是通知 CPU 某个异步事件发生的一种基于硬件的机制。如果某个事件的发生时间是不可预测的（也就是无法“同步”），那么这个事件就是异步的。例如，在 GetAGrip 中，EMG 信号就是异步发生的。

当 CPU 识别出某个中断，它就将当前环境保存起来，然后调用一个 ISR（中断服务例程，Interrupt Service Routine）处理引起中断的事件。当 ISR 完成中断事件的处理后，CPU 会将周围环境恢复到刚好发生中断时的状态。

中断处理完成后，CPU 如何恢复到刚好发生中断的状态，取决于操作系统的类型。

系统具有中断能力是很重要的，因为它能使 CPU 脱离正在运行的线程而转去处理突然发生的事件，中断对于一个实时系统来说更加重要，因为实时系统必须能够及时地响应外界环境中发生的事件。

时间约束如此重要，嵌入式系统必须考虑到中断和它的处理过程所要花费的时间，即使这个时间非常短暂。从 CPU 被通知一个中断到它开始保存周围的环境（也就是中断上下文，context）需要消耗一定的时间，这段时间叫作中断延迟时间（interrupt latency）。中断响应时间（interrupt response）是从中断请求到达 CPU 再从 CPU 启动 ISR 所需要的时间。当 ISR 运行结束时，CPU 重新回到刚刚发生中断时的状态（恢复上下文）所需要的时间叫作中断恢复时间（interrupt recovery）。

有一种特殊类型的中断：时钟周期（clock tick）中断。时钟周期中断是系统的一种“心脏”，它每隔一个固定的时间间隔发生一次（典型的时钟周期中断每隔 10~200μs 发生一次）。时钟周期决定了一个嵌入式系统的时间约束。例如，处于延迟状态的一个线程要在指定数量的时钟周期内保持延迟状态。

参考文献

[1] Mala D J，Geetha S．UML 面向对象分析与设计 [M]．北京：清华大学出版社，2018．

[2] 夏丽华．UML 建模、设计与分析 [M]．北京：清华大学出版社，2018．

[3] Hassan Gomaa．软件建模与设计：UML、用例、模式和软件体系结构 [M]．北京：机械工业出版社，2014．

[4] 胡荷芬，吴绍兴，高斐．UML 系统建模基础教程 [M]．2 版．北京：清华大学出版社，2014．

[5] Grady Booch，James Rumbaugh，Ivar Jacobson．UML 用户指南 [M]．2 版．北京：人民邮电出版社，2013．

[6] 樊波，袁国铭，周萍，等．UML 状态图在软件工程设计中的应用研究 [J]．微型电脑应用，2015（11）：36-37，44．

[7] 王忠波，罗喜伶，齐鸣，等．基于 UML 和 XSD 的航班信息交换模型研究与实现 [J]．计算机技术与发展，2017（4）：139-144．

[8] 熊永刚，唐慧佳．基于 XMI 的 UML 模型到 XML 文档转换的实现 [J]．计算机应用与软件，2010（4）：68-70．